高等职业教育精品工程系列教材·微课版

ABB 工业机器人现场编程

徐明辉　陈中哲　阙献书　主　编
傅云峰　黄鹏程　副主编

電子工業出版社
Publishing House of Electronics Industry
北京·BEIJING

内 容 简 介

按照教育部"一体化设计、结构化课程、颗粒化资源"的教材建设理念，本书编写团队系统地规划了课程结构，根据当前应用型本科和高职院校教学需要，精心编排了 8 个项目，包括工业机器人认知、ABB 机器人基本操作、搬运工作站操作编程、焊接工作站操作编程、涂胶装配工作站操作编程、码垛工作站操作编程、带变位机的焊接工作站操作编程和视觉分拣工作站操作编程。本书将知识点和技能点融入典型工作站的项目实施中，以满足"工学结合、项目引导、教学一体化"的教学需要。另外，编写团队着眼于"理论+实践"的教学方式，开发经典的项目案例，精心打造真实的机器人工作站作为项目实训和开展实验的综合一体化平台，用于提高读者的实战能力。

本书可作为高职高专院校、中等职业学校和应用型本科院校工业机器人相关专业的教材，也可作为企业技术人员的参考用书及社会培训机构的培训教材。

图书在版编目（CIP）数据

ABB 工业机器人现场编程 / 徐明辉，陈中哲，阙献书主编．—北京：电子工业出版社，2021.3

ISBN 978-7-121-40751-2

Ⅰ. ①A… Ⅱ. ①徐… ②陈… ③阙… Ⅲ. ①工业机器人—程序设计—高等职业教育—教材 Ⅳ. ①TP242.2

中国版本图书馆 CIP 数据核字（2021）第 042260 号

责任编辑：郭乃明
印　　刷：北京市大天乐投资管理有限公司
装　　订：北京市大天乐投资管理有限公司
出版发行：电子工业出版社
　　　　　北京市海淀区万寿路 173 信箱　邮编　100036
开　　本：787×1 092　1/16　印张：16　字数：409.6 千字
版　　次：2021 年 3 月第 1 版
印　　次：2021 年 8 月第 2 次印刷
定　　价：45.00 元

凡所购买电子工业出版社图书有缺损问题，请向购买书店调换。若书店售缺，请与本社发行部联系，联系及邮购电话：（010）88254888，88258888。

质量投诉请发邮件至 zlts@phei.com.cn，盗版侵权举报请发邮件至 dbqq@phei.com.cn。

本书咨询联系方式：（010）88254561，34825072@qq.com。

前　言

随着制造业新技术的不断发展，基于信息物理系统的“智能工厂”“智能制造”正在引领变革。工业机器人产业是当前寻求突破、重点发展的十大产业之一，工业机器人已然成为“高端装备”的重要组成部分。按照工业和信息化部发布的关于制造业人才发展的相关规划，2021年，我国工业机器人应用技术人才需求将达到25万人，预计未来每年以20%～30%的速度持续递增，企业对掌握机器人操作、编程和维护的工程师需求越来越紧迫。

工业机器人现场编程是装备制造专业群的核心课程，注重现场操作与编程，是一门实践性很强的课程。本书根据当前高等职业院校教学需要精心编排，共包含8个项目，包括工业机器人认知、ABB机器人基本操作、搬运工作站操作编程、焊接工作站操作编程、涂胶装配工作站操作编程、码垛工作站操作编程、带变位机的焊接工作站操作编程、视觉分拣工作站操作编程。本书按照教育部“一体化设计、结构化课程、颗粒化资源”的理念规划了教材的结构体系，以“知识技能树”和“知识能力目标”强调知识输入和技能输出，形成了以下鲜明特色。

（1）以企业典型案例为载体组织教学内容，遵循“任务驱动，项目导向”原则，案例具有代表性。理论知识的讲解紧紧围绕完成工作任务的需要展开，以“从完成简单工作任务到完成复杂工作任务”所需能力的培养为目标，按照“知识结构由易到难、由浅入深”的原则设置学习任务。

（2）每个项目由若干任务组成，结合行业发展动态，以工业机器人典型工作站编程能力培养为核心，重点培养学生自主学习能力。

（3）任务的选择在“普适性”的基础上，重点突出“完整性”。书中的每个项目均归纳了知识目标和能力目标，学习者可根据具体任务要求完成工业机器人编程基本原理、编程指令应用、程序设计等过程的学习。

（4）每个项目后附有一定数量的习题，有利于激发学生的学习兴趣，提高学生之间相互协作能力，还可培养学生思考和解决问题的能力。

（5）本书配备教学课件、微课视频等数字化教学资源，便于学生更好、更快地掌握课程内容，提升学习效果。部分资源已通过二维码的形式嵌入纸质教材，可通过扫码观看，方便自学。

本书由徐明辉、陈中哲、阙献书担任主编，提出教材编写的基本思路和整体框架，编写项目1、项目5～项目8，并开发全书配套使用的视频、PPT课件等数字化学习资源；傅云峰、黄鹏程任副主编，编写项目2～项目4。

由于新技术更新发展较快且教材涉及面较宽，有些想法难以一并体现在书中，加之作者水平有限，书中错误和不妥之处恳请广大读者批评指正。

编　者

目　　录

项目1　工业机器人认知

项目导读

工业机器人指面向工业领域应用而研制的多关节机械手或多自由度机械装置，一般用于机械制造业中代替人完成具有大批量、高质量要求的工作（如高铁、汽车、摩托车、船舶及家电产品的制造，化工等行业自动化生产线中的点焊、弧焊、喷漆、切割、电子装配及物流系统中的搬运、包装、码垛等作业）。了解工业机器人的组成、发展、种类和行业应用，学会区分工业机器人的机械结构，认识工业机器人常规部件及机器人本身系统结构，是学习工业机器人编程操作的前提。

知识目标

（1）理解工业机器人的定义。
（2）了解工业机器人的产生与发展过程。
（3）了解工业机器人的分类。
（4）了解工业机器人的典型应用。
（5）了解工业机器人的基本结构。
（6）认识工业机器人的控制体系。

能力目标

（1）认识并能区分各类工业机器人。
（2）掌握工业机器人在各行业中的典型应用。
（3）掌握工业机器人的编程方式。

知识技能点

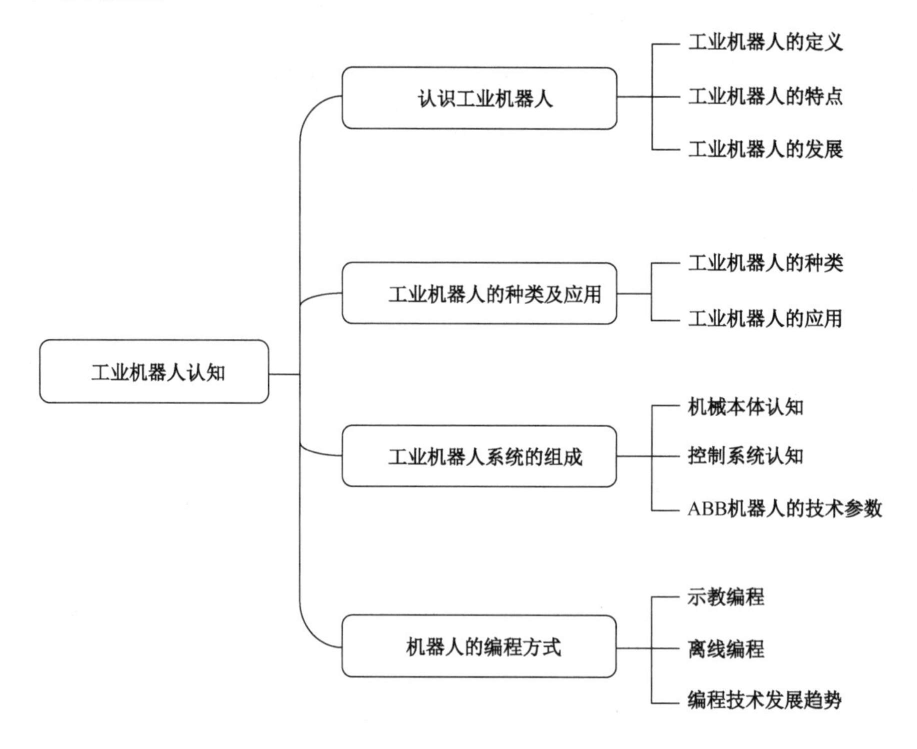

任务 1　认识工业机器人

认识工业机器人

任务导读

了解工业机器人的技术现状是学习和认识各类工业机器人的前提和基础。本任务以工业机器人的定义、特点和发展历史为切入点，加深操作及维护人员对工业机器人基础知识的认知。

相关知识

1.1.1　工业机器人的定义

在生产活动中，某些特定的机械装置能不知疲倦地自动工作，人们将这类服务于人类的机械装置命名为机器人。后来，机器人一词也频繁地出现在科幻小说和电影中，如图 1-1 所示。

图 1-1　科幻电影中的机器人

随着现代科技的不断发展，机器人这一概念逐步演变得更为具体，现在的机器人既可以接受操作人员的现场指挥，又可以按预先编排的程序运行，也可以根据基于人工智能技术制定的原则行动。在现代工业的发展过程中，机器人逐步融合了机械、电子、动力、控制、传感检测、计算技术等多门学科的技术，成为现代科技发展中极为重要的组成部分。工业机器人是机器人家族中的重要一员，也是目前技术发展相对较为成熟、应用较多的一类机器人。

在“智能制造”“工业 4.0”等概念的指引下，各种工业生产设备不断向智能化、自动化方向发展，机器人也搭上了智能化时代发展的快车，目前机器人在工业、医学、农业、军事甚至日常生活等领域均有重要应用。但是，在机器人诞生与发展的这几十年时间内，人们对其的定义仍然没有统一，其中一个重要的原因是机器人技术还在不断发展，新的机型和新的功能还在不断涌现。工业机器人在世界各国的定义不完全相同，但基本含义仍旧保持一致。

（1）美国工业机器人协会（RIA）将工业机器人定义为“一种用于移动各种材料、零件、工具或专用装置，依据程序来执行各种任务，并具有编程能力的多功能操作机（Manipulator）”。

（2）日本工业机器人协会（JIRA）将工业机器人定义为“一种装备记忆装置和末端执行装置，能够完成各种动作，以代替人类劳动的通用机器”。

（3）国际标准化组织（ISO）将工业机器人定义为“一种自动化的、位置可控的、具有编程能力的多功能操作机；这种操作机具有若干个轴，能够借助可编程操作来处理各种材料、零件、工具和专用装置，以执行各种任务”。

（4）国际机器人联合会（IFR）将工业机器人定义为“一种可自动控制的、可重复编程的（至少具有三个可重复编程轴）、具有多种用途的操作机”。

（5）我国部分专业机构将工业机器人定义为“一种自动化的机器，这种机器具备一些与人或者生物相似的智能能力，如感知能力、规划能力、动作能力和协同能力，是一种具有高度灵活性的自动化机器”。

以上为国际和国内机器人领域的一些权威机构对工业机器人的定义。工业机器人是一种面向工业领域的多关节机械手或多自由度装置，它能自动执行动作指令，并依靠自身动力和控制能力来实现各种功能。它可以接收人类发出的指令，按照预先设定的程序来执行某些特定的工作动作，新型的工业机器人还可以根据基于人工智能技术制定的程序指令行动。

1.1.2 工业机器人的特点

根据以上工业机器人的定义不难发现，工业机器人具有以下显著特点。

1）拟人化

工业机器人具有特定的机械结构，这些机械结构在功能上模仿人的腰、手臂、手腕、手、腿等部分，可与各种传感器技术相结合，感知不同的工作环境，以实现工业生产自动化。

2）可编程

工业生产自动化的进一步发展是智能柔性自动化，工业机器人作为柔性制造系统的重要组成部分，其可随工作环境变化而再编程的功能被越来越多地应用于具有均衡高效率的小批量/多品种柔性制造过程中。

3）通用性

工业机器人具有通用性良好的特点，除了一些专门设计的专用的工业机器人，一般的工业机器人在执行不同的作业任务时只更换工业机器人手部末端执行器（手爪、工具等）就能完成不同的作业任务。

4）交互性

工业机器人具备良好的环境交互能力，可在无人为干预的条件下，完成对工作环境的自适应控制和自我规划，且完整的机器人系统在工作中可以不依赖人的干预。

1.1.3 工业机器人的发展

1. 工业机器人的产生

世界上第一台工业机器人（Unimate 机器人）诞生于 1959 年，如图 1-2 所示。当时其作业能力仅限于上、下料这类简单的工作。与此同时，美国 AMF 公司也开始研制工业机器人，即 Versatran（Versatile transfer）机器人，如图 1-3 所示。它主要用于机器之间的物料运输，采用液压驱动。该机器人的手臂可以绕底座回转，沿垂直方向升降，也可以沿半径方向伸缩。Unimate 机器人和 Versatran 机器人的控制方式与数控机床大致相似，但二者外形特征迥异。

此后机器人进入了缓慢的发展期，直到 20 世纪 80 年代，机器人产业才得到了巨大的发展。由于汽车行业的蓬勃发展，人们开发出了点焊机器人、弧焊机器人、喷涂机器人以及搬运机器人这四大类型的工业机器人，其系列产品已经成熟并形成产业化规模，有力地推动了制造业的发展。20 世纪 80 年代后期，为了进一步提高产品质量和市场竞争力，装配机器人及柔性装配线又相继开发成功。目前工业机器人已发展成为一个庞大的家族，应用于制造业的各个领域之中。

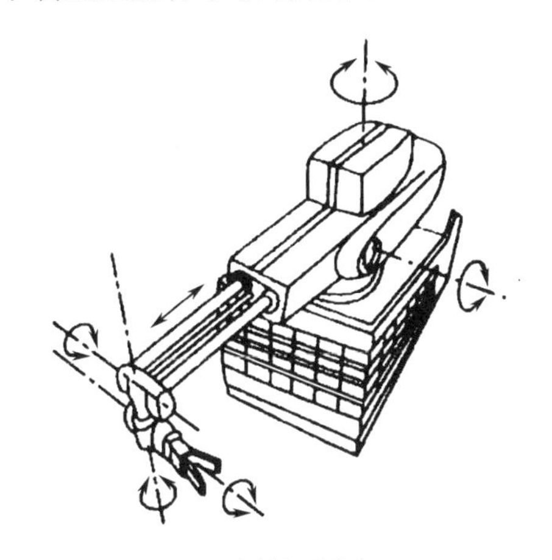

（a）各轴运动方向

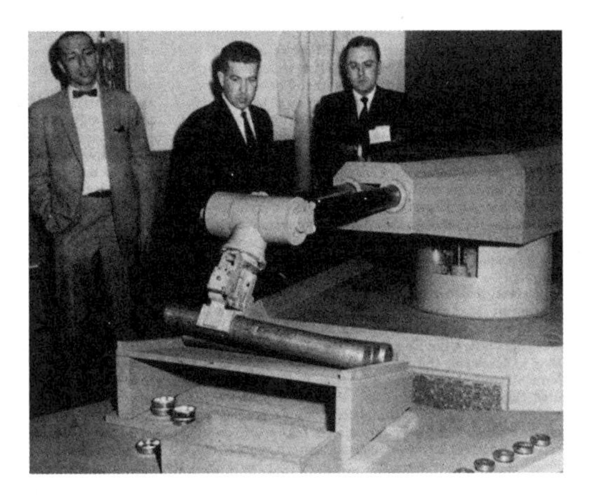

（b）实物图

图 1-2　Unimate 机器人

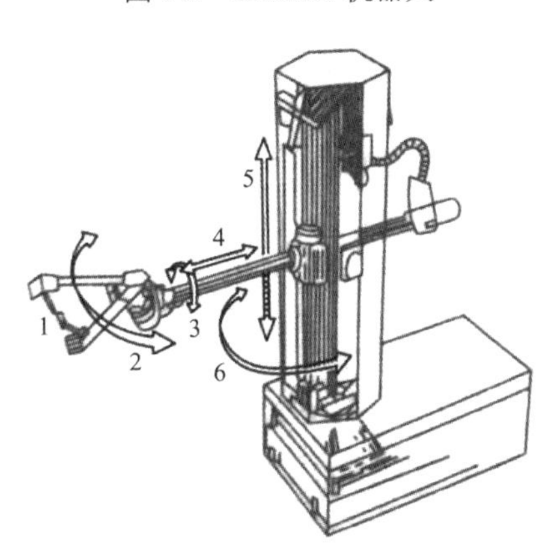

图 1-3　Versatran 机器人

2．我国工业机器人发展史

我国工业机器人起步于 20 世纪 70 年代初期，其发展过程大致可分为三个阶段：20 世纪 70 年代的萌芽期、20 世纪 80 年代的开发期和 20 世纪 90 年代之后的应用期。20 世纪 80 年代以后，国家重视工业机器人的发展，投入资金开展工业机器人关键技术的研究，对工业机器人及其零部件进行攻关，完成了示教再现型工业机器人成套技术的开发。从 90 年代初期起，我国先后研制出了点焊、弧焊、装配、喷漆、切割、搬运、包装、码垛等各种用途的工业机器人，并实施了一批机器人应用工程，形成了一批工业机器人产业化基地，为我国工业机器人产业的腾飞奠定了基础。

目前我国机器人研究的主要方向如下：

1）示教再现型工业机器人产业化技术研究

这些研究主要包括：关节式、侧喷式、顶喷式、龙门式喷涂机器人产品的标准化、通用化、模块化、系列化设计；柔性仿形喷涂机器人的开发；焊接机器人的标准化、通用化、模块化、系列化设计；弧焊机器人搭配激光视觉焊缝跟踪装置的开发；焊接机器人的离线示教编程及工作站系统动态仿真；电子行业用装配机器人的标准化、通用化、模块化、系列化设计；批量生产机器人所需的专用制造、装配、测试设备和工具的研究开发。

2）智能机器人开发研究

这些研究主要包括：遥控加局部自主系统构成和控制策略研究；智能移动机器人的导航和定位技术研究；面向遥控机器人的虚拟现实系统；人机交互环境建模系统；基于计算机屏幕的多机器人遥控技术。

3）机器人化机械开发研究

这些研究主要包括：并联机构机床（VMT）与机器人化加工中心（RMC）开发研究；机器人化无人值守和具有自适应能力的多机遥控操作的大型散料输送设备。

4）以机器人为基础的重组装配系统

相关研究项目主要包括：开放式模块化装配机器人；面向机器人装配的设计技术；机器人柔性装配系统设计技术；重构机器人柔性装配系统设计技术；采用视频识别等技术的智能装配策略及其控制技术。

5）多传感器信息融合与配置技术

这项技术主要包括：机器人的传感器配置和融合技术在水泥生产过程控制和污水处理自动控制等系统中的应用；机电一体化智能传感器的设计应用。

任务 2　工业机器人的种类及应用

工业机器人的种类及应用

任务导读

在完成了工业机器人的定义、特点及发展史等基础知识的学习后，本任务以工业机器人的种类及应用为切入点，介绍不同种类工业机器人在行业中的应用，这些内容为学习者后续进行工业机器人选型提供重要依据。

相关知识

1.2.1　工业机器人的种类

当前工业机器人的种类繁多，关于工业机器人如何分类，国际上没有统一的标准。一般的分类方式是依据负载重量、控制方法、自由度、机械结构、应用领域等的不同。下面按照控制方法和机械结构对工业机器人进行分类。

1．按控制方法分类

1）非伺服控制机器人

这类机器人的控制处于开环状态，每个轴只可以设定两个位置，机械一旦开始移动，将持续下去，直到碰到适当的定位挡块为止，对中间过程的任何运动都没有监测。从控制的角度来看，这是最简单的控制方式。此类机器人亦称为端点机器人、选取—装入机器人或开关式机器人。非伺服控制方法成本低，操作简单，在较小型的机器人控制中较为常见。与伺服控制机器人相比，非伺服控制机器人的特点有：

①机械臂的尺寸小且轴的驱动器施加的是满动力，机器人的运行速度相对较高。

②价格低廉，易于操作和维修，同时也是极为可靠的设备。

③工作重复精度约在±0.254mm 范围内，即返回同一点的误差在±0.254mm 范围内。

④在定位和编程方面的灵活度有限，虽然可使一个以上的轴同时移动，但却不能使机械手末端握持的工具沿直线移动（除非该直线与机器人的运动轴重合），也不能实现几个轴同时到达预定终点的协同运动。

2）伺服控制机器人

这类机器人的各轴都是闭环控制的，传感器对有关位置和速度的信息进行连续监测，并将相关信息反馈到与机器人各关节有关的控制系统中去。伺服控制机器人的特点：

①与非伺服控制机器人比较，有较大的记忆存储容量。

②机械手末端可按点到点、直线、连续轨迹三种不同类型的运动方式移动。

③在机械允许的极限范围内，位置精度可通过调整伺服回路中放大器的增益加以改动。

④编程工作一般以示教模式完成。

⑤机器人几个轴之间的“协同运动”，可使机械手的末端描绘出一条极为复杂的轨迹，一般在小型或微型计算机控制下自动进行。

⑥与非伺服控制机器人相比，价格昂贵，可靠性稍差。

一般来讲，伺服控制机器人又可分为点位（点到点）控制机器人和连续轨迹控制机器人。如图 1-4 所示是点位控制机器人和连续轨迹控制机器人的轨迹示意图。

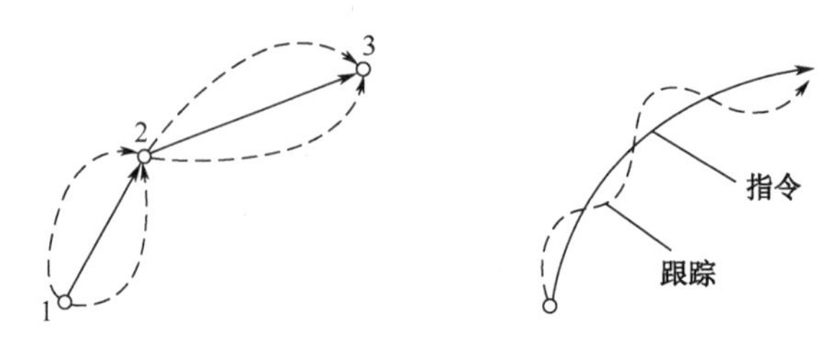

（a）点位控制机器人的轨迹　　（b）连续轨迹控制机器人的轨迹

图 1-4　机器人轨迹示意图

①点位控制机器人。点位控制机器人广泛用于执行将部件从某一位置移动到另一位置的操作，仅控制机器人离散点上手爪或工具的位姿，尽快而无超调地实现相邻点之间的运动，对运动轨迹不做控制，可以进行码垛或装卸托盘作业等。

②连续轨迹控制机器人。连续轨迹控制机器人广泛用于要求机械手的作用半径够大，能运送较重的负载物，需要机器人沿空间中一条复杂的轨迹运动，还可能要求手臂末端高速运动等场合。其中涉及的具体应用包括喷漆、抛光、磨削、电弧焊等，要求执行的任务十分复杂。连续轨迹控制机器人需要控制手爪的位姿、轨迹，要求速度可控、轨迹光滑、运动平稳。

2. 按机械结构分类

1）串联机器人

串联式机构是一个开放的运动链（Open loop kinematic chain），其所有的运动部件没有形成一个封闭的结构。串联机器人采用串联式机构，其特点：

①工作空间大。

②运动分析较容易。

③可避免驱动轴之间的耦合效应。

④各轴必须独立控制，并且须搭配编码器与传感器以提高机构运动时的精准度。

按照运动副的不同，串联机器人可分为直角坐标系机器人、柱坐标系机器人、球坐标系机器人和关节坐标系机器人等。

①笛卡尔坐标系机器人（直角坐标系机器人）：其结构相对简单，如图 1-5 所示，其机械手的连杆按线性方式移动。机器人的机械手构件受到约束，在平行于坐标轴的方向上移动，机械臂连到主干，而主干又与基座相连。这种形式的机器人从支撑架伸出的长度有限，刚性差，但是重复性好、精度高。其坐标系更接近自然状态，故编程容易。可是对于有些运动形式，如方向与任何轴都不平行的直线轨迹，采用此结构可能较难完成。

②柱坐标系机器人：水平臂或杆架安装在一个垂直柱上，垂直柱安装在一个旋转基座上，如图 1-6 所示。

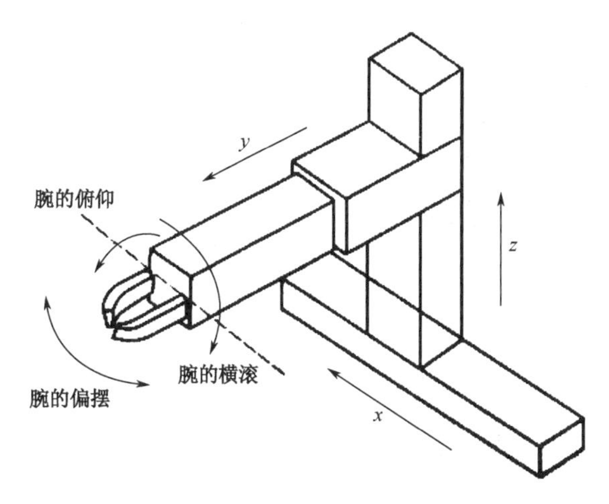

图 1-5　笛卡尔坐标系机器人

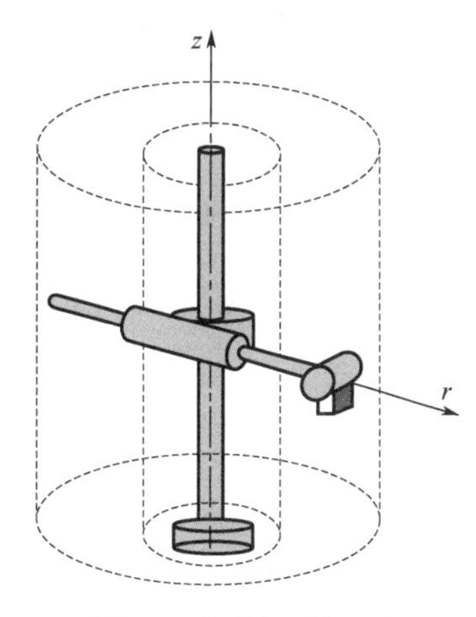

图 1-6　柱坐标系机器人

这种机器人具有三个自由度：水平臂可伸缩（沿 r 方向）；滑动架（托板）可沿柱上下移动（z 轴方向）；水平臂和滑动架组合件可作为基座上的一个整体而旋转（绕 z 轴）。由于机械结构上的限制，其伸出长度有最小值和最大值，所以此机器人总的体积或工作包络范围是圆柱体的一部分。

③球坐标系机器人。这种机器人的运动是球坐标系下的运动，故称为球坐标系机器人，如图 1-7 所示。球坐标系机器人的运动方式是机械臂可伸出和缩回（R），类似可伸缩的望远镜套筒；在垂直面内可绕轴回转（φ）；在基座水平面内可转动（θ）。

由于机械结构和驱动器的限制，机器人的工作包络范围只是球体的一部分。

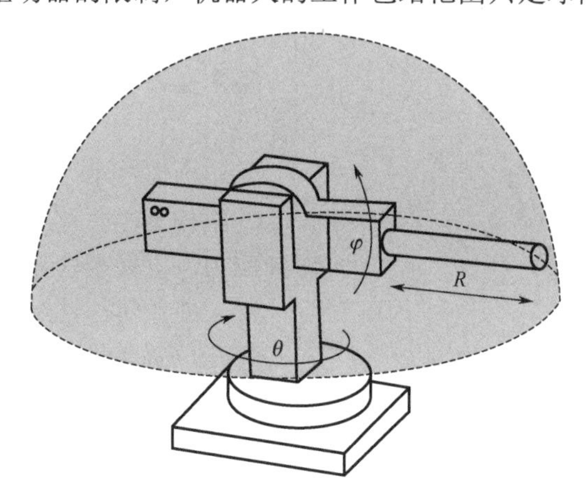

图 1-7　球坐标系机器人

④关节坐标系机器人。关节坐标系机器人（简称关节机器人）一般由多个转动关节串联若干连杆组成，如图 1-8 所示。其运动由前后的俯仰运动及立柱的回转运动构成，工作轨迹较为复杂。

这种机器人具有显著的优点：结构紧凑、工作范围广且占用空间小；动作灵活，有很高的可达性，可以轻易避开障碍，进入狭窄弯曲的管道作业；对多种作业都有良好的适应性。但与此同时，也有运动模型复杂、高精度控制难度大的缺点。

目前，关节坐标系机器人已经广泛应用于装配、货物搬运、电弧焊接、喷漆等场合，成为使用最为广泛的工业机器人。

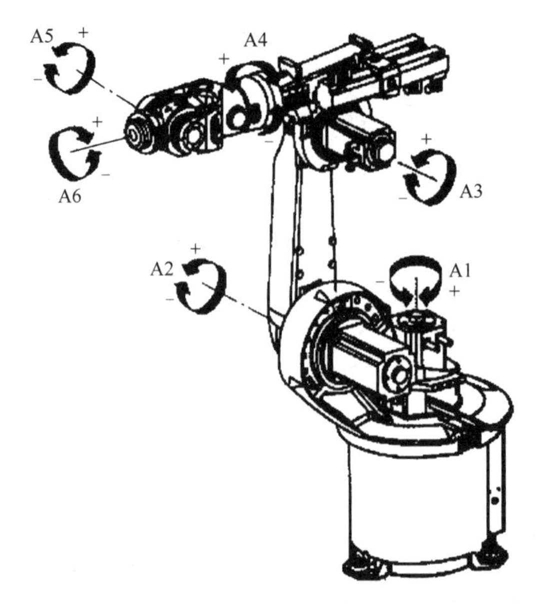

图 1-8　关节坐标系机器人

2）并联机器人

并联机器人和串联机器人在工业应用上构成互补关系，它是一个封闭的运动链（Close loop kinematic chain），如图 1-9 所示。与串联机器人相比较，并联机器人具有以下特点：

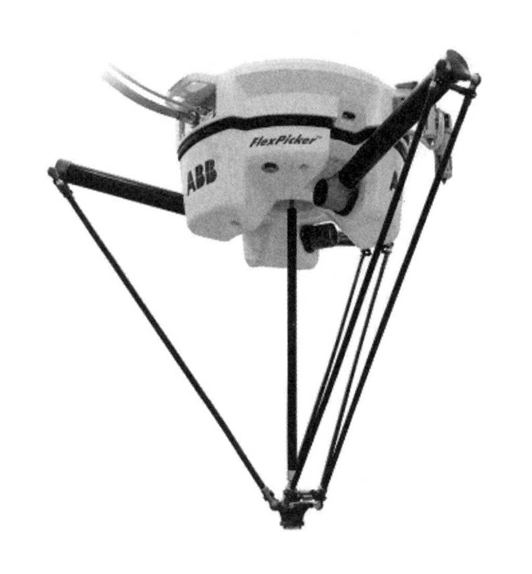

图 1-9　并联机器人

①不易产生动态误差，无累积误差，精度较高。

②运动惯性小。

③结构紧凑、稳定，输出轴承受大部分的轴向应力，机器刚性高，承载能力大。

④采用热对称性结构设计，热变形量较小。

⑤在位置求解上，串联机构正解容易，反解困难；而并联机构正解困难，反解容易。

⑥工作空间较小。

⑦驱动装置可固定在平台上或接近平台的位置，这样运动部分重量轻，速度快，动态响应好。

⑧部分并联机器人采用完全对称的结构，具有各向同性的特点。

根据这些特点，并联机器人在需要高刚度、高精度、大载重、小工作空间的领域内得到了广泛应用。

3）混联机器人

如图 1-10 所示，混联机器人采用混联结构，既有并联结构刚度好的优点，又有串联结构工作空间大的优点。

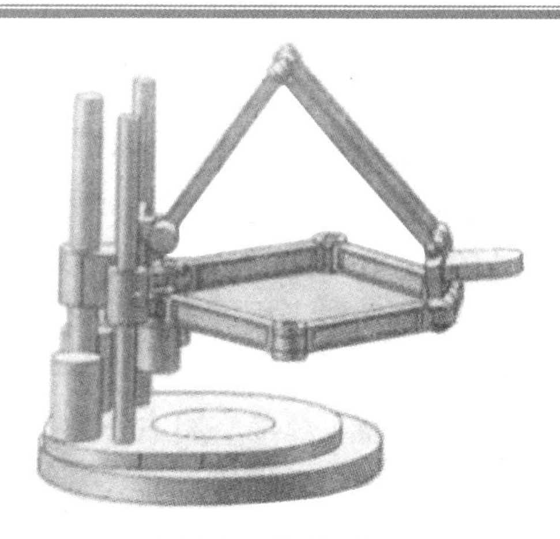

图 1-10　混联机器人

1.2.2　工业机器人的应用

工业机器人的典型应用包括焊接、刷漆、组装、采集和放置（如包装、码垛）、产品检测和测试等；所有工作的完成都具有高效性、持久性、高速性和准确性。

在北美洲地区，工业机器人的应用非常广泛，其中以汽车工业与汽车零部件工业为最主要的应用领域。2012 年，北美洲地区这两个行业对工业机器人的需求占全行业总份额的 61%，如图 1-11 所示。亚洲地区对工业机器人大规模应用的时机已经成熟。汽车工业对工业机器人的需求量持续快速增长，食品行业的需求也有所增加，电子行业则是工业机器人应用最广泛的行业。工业机器人产业正成为受亚洲各国政府财政扶持的战略性新兴产业之一。

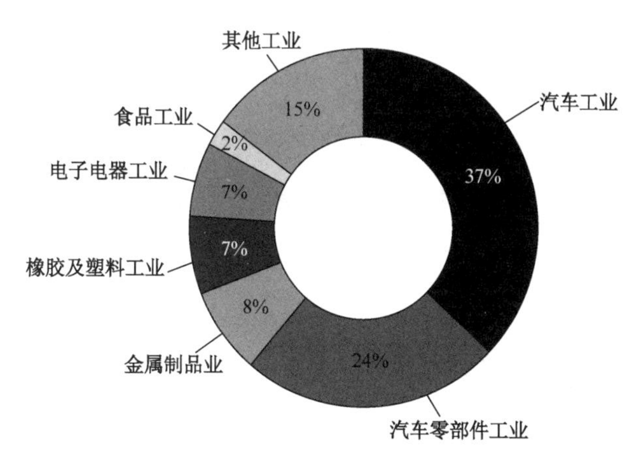

图 1-11　北美洲地区工业机器人行业应用占比

工业机器人在机床加工行业的应用前景可观。工业机器人能在一定程度上替代越来越昂贵的劳动力，同时能提升工作效率和产品质量。工业机器人可以承接精密零件的组装任务，更可替代人在喷涂、焊接、装配等不良工作环境中工作，并可与数控超精密机床等工作母机结合进行模具加工生产，提高生产效率。使用工业机器人可以降低废品率和产品成本，提高机床的利用率，降低工人误操作所带来的残次零件风险等。其带来的一系列效益也十分明显，如减少人工用量，减小机床损耗，加快技术创新速度，提高企业竞争力。工业机器人具有执行多种任务，特别是高危任务的能力，平均故障间隔期超过 6 万小时，比传统的自动化工艺更加先进。

在发达国家，工业机器人自动化生产线成套装备已成为自动化装备的发展方向及未来的主流。国外汽车、电子电器、工程机械等行业已大量使用工业机器人自动化生产线，以保证产品质量和生产效率。目前典型的成套装备有大型轿车壳体冲压自动化系统、大型机器人车体焊装自动化系统及电子电器柔性自动生产线等。

1. 物流输送自动化系统

物流输送自动化系统如图 1-12 所示。它主要由以下几部分组成。

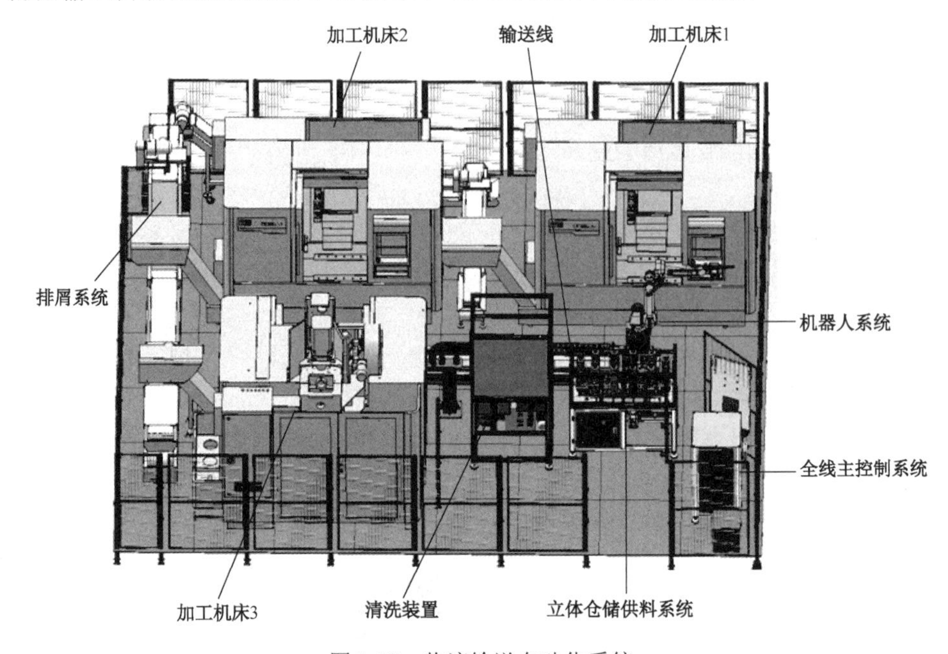

图 1-12　物流输送自动化系统

①机器人系统：通过机器人在特定工位上准确、快速地完成部件的上料、下料，能使系统达到较高的自动化程度；机器人可遵照一定的原则相互协调，满足工艺点的节拍要求，且备有与上层管理系统通信的接口。

②输送线：可自动输送产品，并将产品的工装板在各装配工位上进行精确定位，装配完成后能使工装板自动循环；设有电机过载保护，驱动链与输送链直接啮合，传递平稳，运行可靠。

③立体仓储供料系统：自动规划和调度装配原料，并及时将原料送往加工单元，同时能够对库存原料进行实时统计和监控。

④全线主控制系统：采用基于现场总线 Profibus-DP 的控制系统，不仅有极高的实时性，而且有极高的可靠性；由管理层、监控层和设备层三级网络对整个生产线进行综合监控、调度、管理，能够接收车间生产计划，自动分配任务，完成自动化生产。

⑤加工单元（加工机床）：图 1-12 中 3 台加工机床完成上料、下料任务，通过特定生产工艺流程完成产品的加工，加工单元可根据不同的生产需求自行组合。

⑥清洗装置：在生产过程中，为保证生产的顺利进行以及产品的质量，常使用清洗装

置对产品进行清洗处理以满足生产工艺要求。

⑦排屑系统：用于收集加工单元产生的各种金属和非金属废屑，并将废屑传输到收集车上，同时可与过滤水箱配合将各种冷却液回收利用。

这类物流输送自动化系统可应用于建材、家电、电子、化纤、汽车、食品等行业。

2．喷涂机器人

喷涂机器人工作站如图 1-13 所示，喷涂机器人主要由机器人本体、计算机和相应的控制系统组成。液压驱动的喷涂机器人还包括液压动力装置，如油泵、油箱和电机等。喷涂机器人多采用五自由度或六自由度关节式结构，手臂有较大的工作空间，并可做复杂的运动，其腕部一般有二到三个自由度，可灵活运动。较先进的喷涂机器人腕部采用柔性手腕，既可向各个方向弯曲，又可转动，其动作类似人的手腕，能方便地通过较小的孔伸入工件（物料）内部，喷涂其内表面。

图 1-13　喷涂机器人工作站

喷涂机器人主要有以下优点：

（1）柔性好，工作空间大。

（2）可提高喷涂质量和材料利用率。

（3）易于操作和维护，可离线编程，大大缩短了现场调试时间。

（4）设备利用率高，可达 90%～95%。

3．焊接机器人

随着电子技术、计算机技术、数控及机器人技术的发展，焊接机器人（如图 1-14 所示）相关技术日益成熟。它主要有以下优点：

①焊接质量高且稳定。

②提高了劳动生产率。

③改善了工人劳动强度，机器人可在有害环境下工作。

④降低了对工人操作技术的要求。

⑤缩短了产品改型换代的准备周期（只修改软

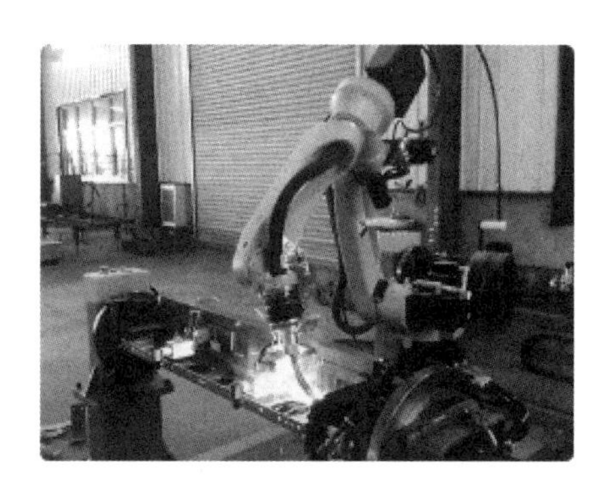

图 1-14　焊接机器人

件和必要的夹具即可），减少相应投资。

目前，焊接机器人已在各行各业得到了广泛的应用。该系统一般采用熔化极气护焊（MG、MAG、CO_2焊）或非熔化极气护焊（TIG、等离子弧焊）方法。设备投资一般包括焊接电源、焊枪、送丝机构、焊接机器人系统、焊接软件及其他辅助设备。

焊接机器人已广泛应用于铁路、航空航天、军工、冶金、汽车、电器等行业。

4. 码垛机器人

码垛机器人是一种集成化的系统，如图 1-15 所示。它包括机器人、控制器、编程器、手爪、自动拆/叠盘机、托盘输送及定位设备、码垛模式软件等。它还配有自动称重、贴标签、检测及通信系统，并与生产控制系统相连，以形成一条完整集成化生产方案的生产线。

5. 打磨抛光机器人

打磨抛光工艺是制造业常用的一种加工工艺。打磨抛光机器人是一种集成化的系统，如图 1-16 所示。它包括机器人、控制器、编程器、手爪变位机、打磨机、抛光机、定位设备、控制软件等。它还配有自动称重、贴标签、检测及通信系统，并与生产控制系统相连，以形成一条完整的集成化打磨抛光生产线。

这类机器人可应用于建材、家电、机械加工等行业。

图 1-15　码垛机器人

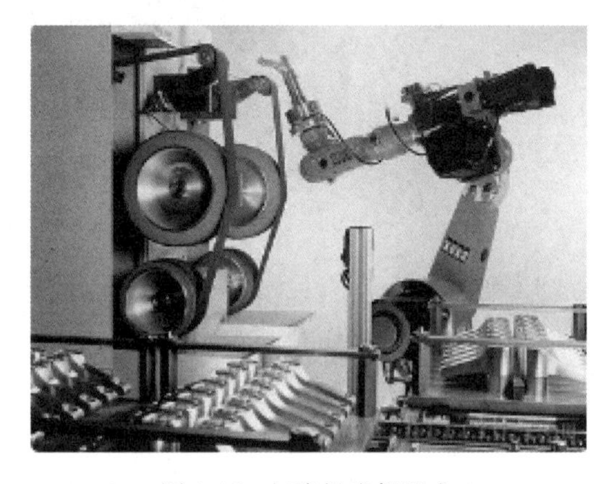

图 1-16　打磨抛光机器人

任务 3 工业机器人系统的组成

工业机器人系统的组成

任务导读

学习了前文介绍的工业机器人的种类及应用后，读者应该初步了解了目前市场上现有工业机器人的分类以及行业中的一些典型应用。工业机器人是面向工业领域的多关节机械手或者多自由度机器人，它的出现是为了解放人工劳动力、提高企业生产效率。工业机器人的基本组成结构则是实现机器人功能的基础。概括地讲，工业机器人系统主要由机器人本体、示教器、示教器电缆、机器人控制柜、驱动电缆、信号电缆和电源供电电缆等组成，如图 1-17 所示。再细分的话，可分为两大部分或五大系统，两大部分包括机械本体和控制系统，五大系统包括驱动系统、机械结构系统、人机交互系统、控制系统和末端执行器系统。

本任务将介绍目前主流工业机器人的机械本体、控制系统和技术参数等方面的内容，为后续工业机器人在工作站中的应用提供重要的理论依据。

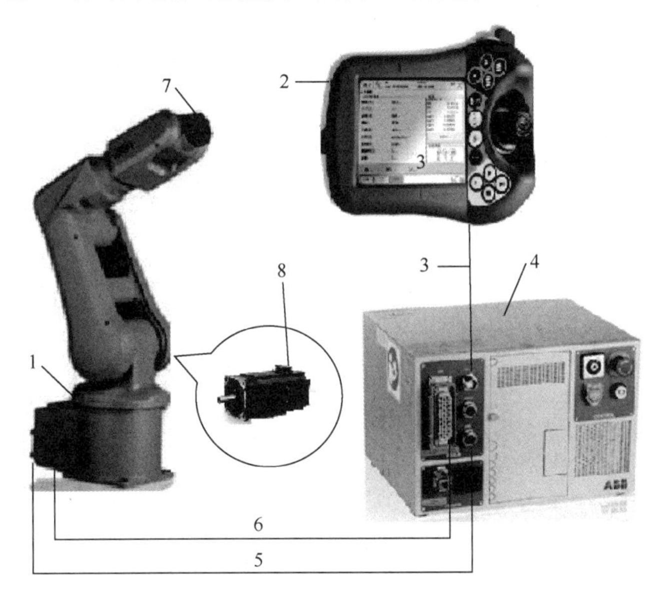

1—机器人本体；2—示教器；3—示教器电缆；4—机器人控制器；5—信号电缆；

6—电源供电电缆；7—连接法兰；8—驱动系统

图 1-17 工业机器人系统

相关知识

1.3.1 机械本体认知

机械本体是工业机器人的主体组成部分，也就是常说的工业机器人本体部分。这部分主要可以分为驱动系统和机械结构系统。

1. 驱动系统

工业机器人的驱动系统是指驱动操作机动作的装置，也就是工业机器人的驱动装置。它的作用是提供工业机器人各部分、各关节动作的原动力。驱动系统的传动部分可以是气动传动系统、液压传动系统、电动传动系统或者是几种系统结合起来的综合传动系统。对应的动力源有压缩空气、压力油和电能，相应的动力驱动装置有汽缸、油缸和电机。这些驱动装置大多安装在操作机的运动部件上，所以要求它的结构小巧紧凑、重量轻、惯性小、动作平稳。

此外，工业机器人驱动系统还包括减速器。

工业机器人品牌众多，特点各异，本书以 ABB 公司研制的工业机器人为例进行介绍。ABB 是全球知名工业机器人研发、制造公司。在国内，ABB 被称为“工业机器人四大品牌之一”。为叙述方便，后文将工业机器人简称为机器人。

图 1-18　交流伺服电机

ABB 机器人的每一个关节都由交流伺服电机（如图 1-18 所示）驱动，其结构如图 1-19 所示，主要部件是电机的定子、线圈和脉冲编码器，用于重力轴场合的电机还包括制动器部分，另外较大型的电机还带有冷却风扇。电机后端的脉冲编码器用来检测电机的转速和电机轴的位置信息。

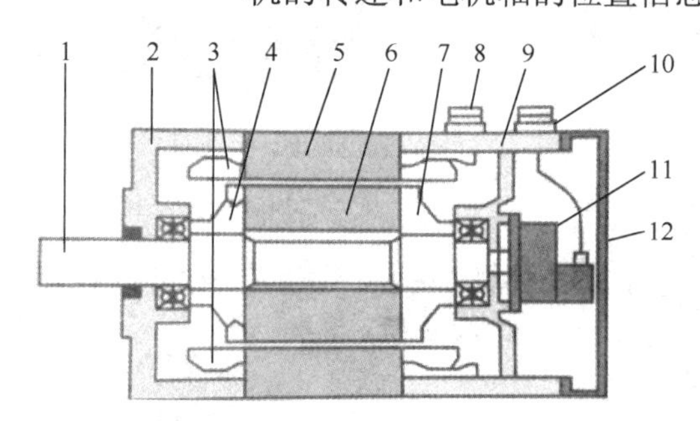

1—电机轴；2—前端盖；3—线圈；4—压板；5—定子；6—磁铁；7—后压板；
8—动力线插头；9—后端盖；10—反馈插头；11—脉冲编码器；12—电机后盖

图 1-19　交流伺服电机结构

减速器在机械传动领域是连接动力源和执行机构的中间装置，它通过输入轴上的小齿轮啮合输出轴上的大齿轮来达到减速的目的，并传递更大的转矩。

目前应用于机器人领域的减速器主要有两种：一种是 RV 减速器；另一种是谐波减速器。在关节型机器人中，由于 RV 减速器具有更高的刚度和回转精度，一般将 RV 减速器放置在机座、大臂、肩部等重负载的位置，而将谐波减速器放置在小臂、腕部或手部。

RV 减速器采用全新的传动方式，主要由太阳轮、行星轮、转臂（曲柄轴）、转臂轴承、摆线轮、针齿、刚性盘和输出盘等零部件组成，具有体积小、重量轻、传动比可调范围大、寿命长、精度稳定、效率高、传动平稳等一系列优点。高精度机器人传动多采用 RV 减速器，其结构及原理如图 1-20 所示。减速比 i 的计算公式如下：

$$i=\frac{-1}{R-1}$$

式中，R 为速比值，其计算方式为：

$$R=1+\frac{Z_2}{Z_1}\times Z_4$$

式中，Z_2——行星轮齿数；

Z_1——太阳轮齿数；

Z_4——针齿销数。

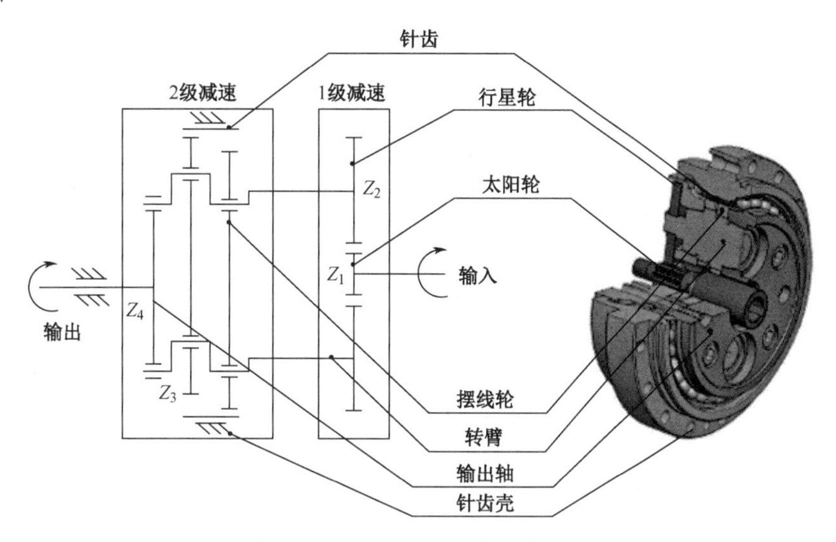

图 1-20　RV 减速器结构及原理图

谐波减速器由三部分组成：波发生器、柔轮和刚轮，按照波发生器的不同有凸轮式、滚轮式和偏心盘式。其工作原理是由波发生器使柔轮产生可控的弹性变形，靠柔轮与刚轮啮合来传递动力，并达到减速的目的，其结构如图 1-21 所示。

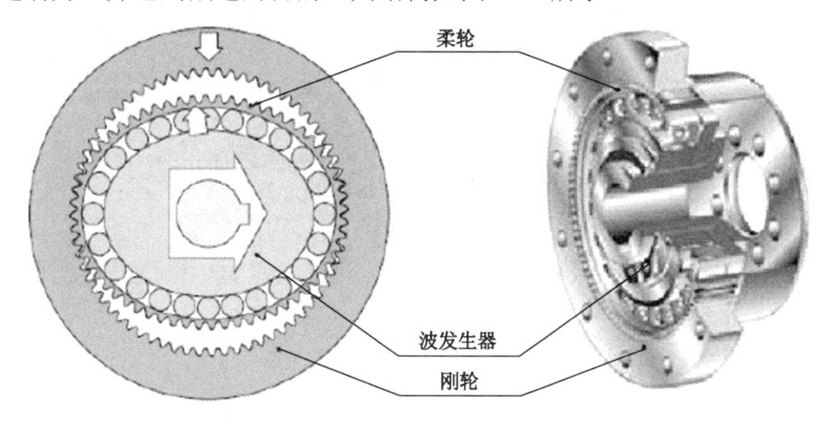

图 1-21　谐波减速器结构图

如图 1-22 所示，当波发生器转动一周时，柔轮向相反的方向转动了大约两个齿的角度。谐波减速器传动比范围大、外形轮廓小、零件数目少且传动效率高。单机传动比可调范围为 50～4000，传动效率高达 92%～96%。

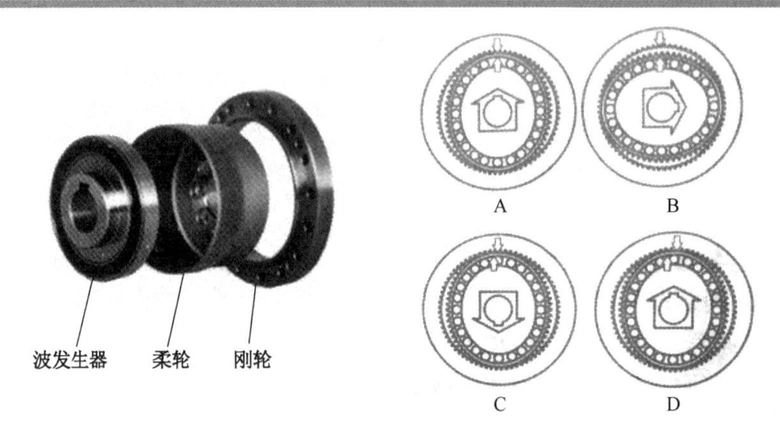

图 1-22　谐波减速器工作原理

2．机械结构系统

机器人的机械结构系统主要由四大部分构成：机身、臂部、腕部和手部，如图 1-23 所示，每一个部分具有若干自由度，构成一个多自由度的机械系统。末端执行器是直接安装在手腕上的一个重要部件，它可以是多手指的手爪，也可以是喷漆枪或者焊枪等作业工具。

机械结构系统就是机器人的机械主体，是用来完成各种作业的执行机械。它因作业任务不同而在结构形式和尺寸上存在差异。机器人的“柔性”除了体现在其控制装置可重复编程方面，还和机器人末端执行器的结构形式有很大关系。

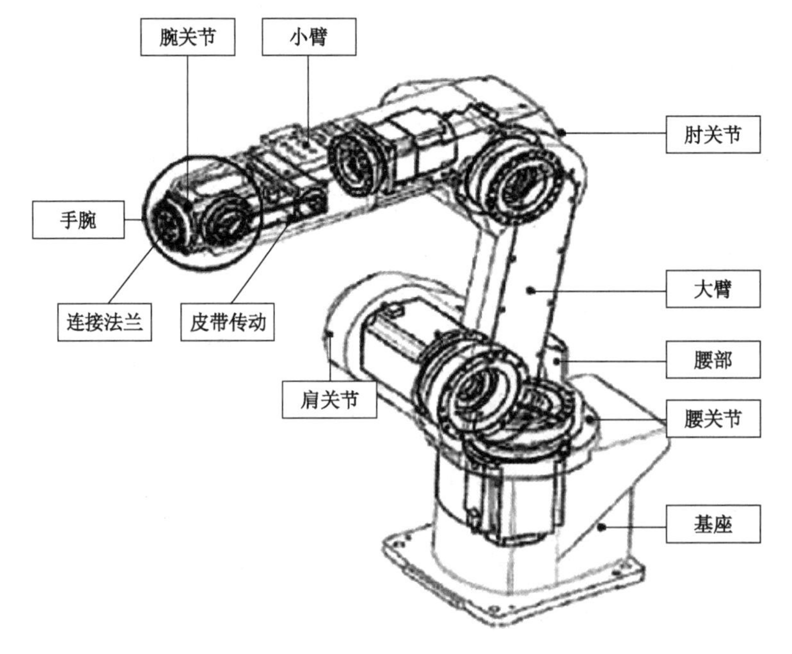

图 1-23　机器人的机械结构系统

3．末端执行器认知

机器人的末端执行器是指连接在腕部直接用于作业的机构，如图 1-24 所示。它可能是用于抓取搬运的手部（手爪或吸盘），也可能是用于喷漆的喷枪，以及检查用的测量工具等。

机器人操作臂的手腕上有用于连接各种末端执行器的机械连接口，可按作业内容选择不同手爪或工具进行安装，因此进一步扩大了机器人作业的柔性。

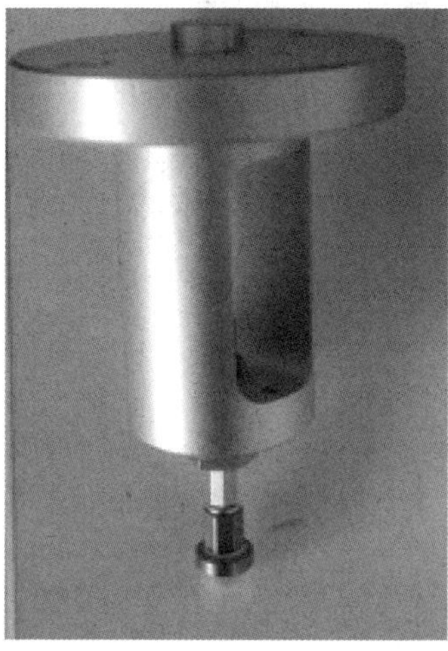

图 1-24　末端执行器手爪和吸盘

1.3.2　控制系统认知

机器人的控制部分相当于人的大脑部分，可以直接或者通过人工对机器人的动作进行控制，控制部分也可以分为两个系统：人机交互系统和控制系统。

1）人机交互系统

人机交互系统是使操作人员参与机器人控制并与机器人进行联系的装置，如计算机的标准终端、指令控制台、信息显示板、危险信号警报器、示教盒等。简单来说，人机交互系统可以分为两大部分：指令给定系统和信息显示装置。

示教器又称为示教编程器，是机器人系统的核心部件，主要由液晶屏幕和操作按钮组成，可由操作者手持移动。它是机器人的人机交互接口，人与机器人的所有互动都是通过示教器来完成的，如编写、测试和运行机器人控制程序，设定、查阅机器人状态和位置等。ABB 示教器如图 1-25 所示。

2）控制系统

机器人的控制系统通过各种控制电路和控制软件的结合来操纵机器人，根据作业指令程序以及从传感器反馈回来的信号支配执行机构去完成规定的运动和功能，并协调机器人与生产系统中其他设备的关系。

普通机器设备的控制装置更注重自身动作的控制，而机器人的控制系统还要注意建立自身与作业对象之间的控制联系。一个完整的机器人控制系统除了作业控制器和运动控制器，还包括控制驱动系统的伺服控制器以及检测机器人自身状态的传感器反馈部分。现代机器人电子控制装置由可编程控制器、数控控制器或计算机构成。控制系统是决定机器人功能和水平的关键部分，也是机器人系统中更新和发展最快的部分。如图 1-26 所示为 ABB 第二代 IRC5 紧凑型控制器。

图 1-25　ABB 示教器

图 1-26　IRC5 紧凑型控制器

1.3.3　ABB 机器人的技术参数

1. 常用 ABB 机器人参数介绍

ABB 机器人常见型号及参数如表 1-1 所示。

表 1-1　ABB 机器人常见型号及参数

型号	工作范围/m	有效载荷/kg	重定位精度/mm	机器人重量/kg
IRB120	0.58	3	0.01	25
IRB1200	0.9/0.7	5/7	0.02	52
IRB140	0.81	6	0.03	98
IRB1410	1.44	5	0.05	225
IRB1520ID	1.5	4	0.05	170
IRB2400	1.55	12，20	0.06	380
IRB4400	1.95	60	0.19	1040

截至本书出版时，ABB 公司研制出的最小的多用途机器人是 IRB120 型机器人，如图 1-27 所示，它仅重 25kg，荷重为 3kg，工作范围达 580mm，具有低投资、高产出的优势。

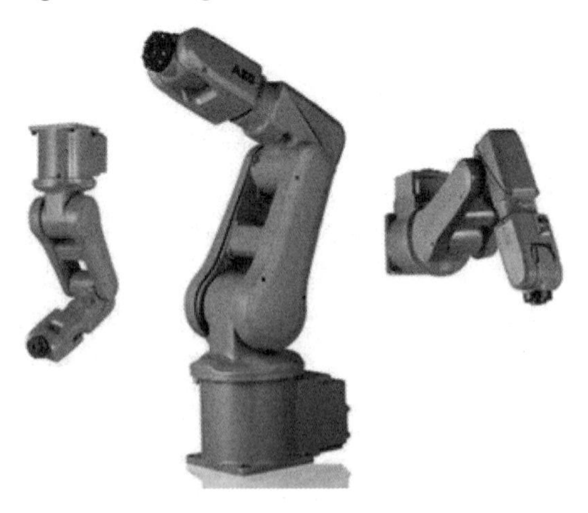

图 1-27　IRB120 型机器人

2. 机器人性能指标

1）自由度数

自由度数（Degrees of freedom）是机器人所具有的独立运动坐标轴的数目，不包括法兰工具的开合自由度。机器人一般采用空间开链连杆机构，其中运动副（转动副或移动副）常被称为关节，关节个数通常即为机器人自由度数，大多数机器人有 3～6 个自由度，如图 1-27 所示。但是，机器人的自由度是根据其用途而设计的，因此也可能超过 6 个自由度。

2）工作范围

工作范围（Work space）是机器人手臂末端或手腕中心所能到达的所有点的集合，也称为工作区域。因为末端执行器的尺寸和形状多种多样，为了真实反映机器人的特征参数，这里工作范围指不安装末端执行器时的工作区域。工作范围的形状和大小是十分重要的，机器人在执行作业时可能会因为存在手部不能到达的作业死区（Dead zone）而不能完成任务。IRB120 型机器人的外形尺寸和工作范围如图 1-28 所示。

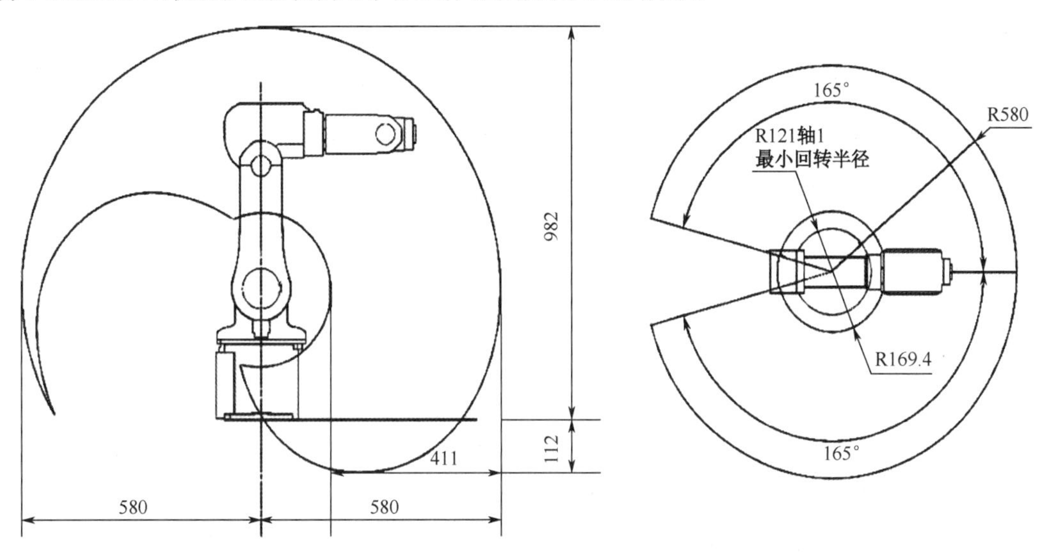

图 1-28　IRB120 型机器人的外形尺寸和工作范围（长度单位：mm）

3. 运行速度

运行速度是表明机器人运动特性的主要指标。机器人的产品说明书中通常提供了主要运动自由度的最大稳定速度，但在实际应用中单纯考虑最大稳定速度是不够的。这是因为，由于驱动器输出功率的限制，从启动到到达最大稳定速度或从最大稳定速度到停止都需要一定时间。如果最大稳定速度高，允许的极限加速度小，则加减速的时间就会长一些，对应用而言，有效速度就要低一些；反之，如果最大稳定速度低，允许的极限加速度大，则加减速的时间就会短一些，这有利于有效速度的提高。但如果加速或减速过快，有可能引起定位时超调或振荡加剧，使得到达目标位置后等待振荡衰减的时间增加，则也可能使有效速度反而降低。所以，考虑机器人运动特性时，除注意最大稳定速度外，还应注意其极限加速度。

4．工作精度

工作精度（Accuracy）是机器人手部实际到达位置与目标位置之间的差异。机器人的工作精度主要包含定位精度（也称为绝对精度）和重复定位精度。重复定位精度是指机器人重复定位其手部于同一目标位置的能力，可以用标准偏差这个统计量来表示，由衡量一系列误差值的密集度（即重复度）得出。目前，机器人的重复定位精度可达 0.01～0.5mm。根据作业任务和末端持重的不同，机器人的重复定位精度要求也不同，具体如表 1-2 所示。

5．承载能力

承载能力（Payload）是机器人在工作范围内的任何位姿上所能承受的最大质量。为了安全起见，承载能力这一技术指标是指机器人高速运行时的承载能力。通常，承载能力不仅指负载的质量，而且包括了机器人末端执行器的质量。机器人有效承载能力的大小除受到驱动器功率的限制外，还受到杆件材料极限应力的限制，因而它又和环境条件（如地心引力）、运动参数（如运动速度、加速度以及它们的方向）有关，因此承载能力是机器人选型以及工作过程中的最重要的性能指标，同时也影响着机器人的工作精度，从表 1-2 中不难发现，随着额定承载能力的增加，其重复定位精度略有降低。

表 1-2　机器人典型应用的工作精度

作业任务	额定承载能力/kg	重复定位精度/mm
搬运	5～200	0.2～0.5
码垛	50～800	0.5
点焊	50～350	0.2～0.3
弧焊	3～20	0.08～0.1
喷漆	5～20	0.2～0.5
装配	2～5	0.02～0.03
	6～10	0.06～0.08
	10～20	0.06～0.1

任务 4　机器人的编程方式

机器人的编程方式

任务导读

学习了机器人的应用领域、常用机器人的系统组成及其性能参数等基础知识后，接下来我们将学习常用机器人的编程方式。目前对于机器人主要有以下三种编程方法：示教编程、离线编程以及自主编程。本任务通过比较各种编程方法的特点，为不同环境中编程方法的选择提供重要参考依据，同时也让读者了解目前机器人编程技术的发展趋势。

相关知识

1.4.1　示教编程

示教编程指操作人员通过示教器控制机械手等工具末端达到指定的位置和姿态，记录机器人位姿数据并编写机器人运动指令，完成机器人在正常加工中的轨迹规划及位姿等关节数据信息的采集和记录，从而实现对机器人的控制。

经过示教编程以后，机器人实际运行时将使用示教编程过程中保存的数据，经过插补运算，就可以再次定位到示教器上记录的机器人位置。该方法的用户接口是示教器键盘，操作者通过操作示教器，向机器人的控制器发送控制指令，控制器通过运算，完成对机器人的控制，最后，机器人的运动和状态信息也会通过控制器的运算传送到示教器上进行显示。

ABB 机器人利用示教器进行在线示教编程如图 1-29 所示。在线示教编程简单直观、易于掌握，因此是目前机器人编程领域普遍采用的编程方式。

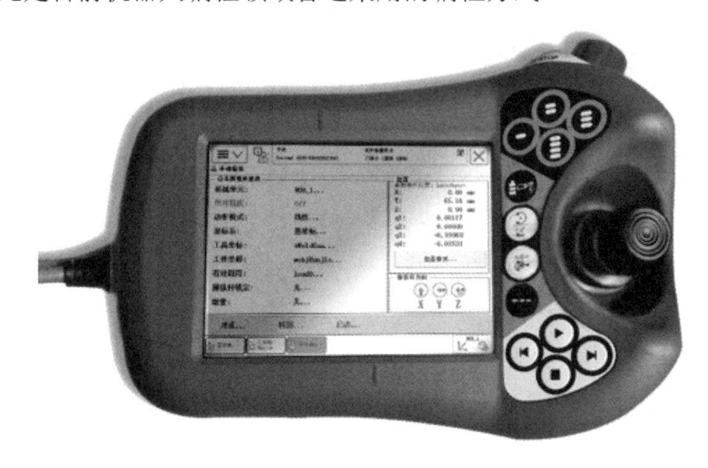

图 1-29　ABB 机器人利用示教器进行在线示教编程

近年来，随着机器人远距离操作、传感器信息处理技术等的进步，基于虚拟现实技术的机器人作业示教已成为机器人学中的新兴研究方向。它将虚拟现实作为高端的人机接口，允许用户通过声、像、力以及图形等多种交互设备实时地与虚拟环境交互，根据用户的指挥或动作提示，示教或监控机器人进行复杂作业。

1.4.2 离线编程

离线编程指利用计算机图形学的成果，通过对工作单元进行三维建模，在仿真环境中建立与现实工作环境对应的场景，采用规划算法对图形进行控制和操作，在实际上不使用机器人的情况下进行轨迹规划，从而产生机器人控制程序。

1. 离线编程的优点

与示教编程相比，离线编程具有如下优点：

（1）减少停机的时间，当对下一个任务进行编程时，机器人仍可在生产线上工作。

（2）使编程者远离危险的工作环境，改善了编程环境。

（3）使用范围广，可以对各种机器人进行编程，并能方便地实现优化编程。

（4）便于和 CAD/CAM 系统结合，做到 CAD/CAM/Robotics 一体化。

（5）可使用高级计算机编程语言对复杂任务进行编程。

（6）便于修改程序。

2. 离线编程软件

目前，主流的离线编程软件有 ABB 公司的 RobotStudio、FANUC 公司的 Robotguide、库卡公司的 KUKA Sim 和安川机器人公司的 MOTO Sim 等。

ABB 机器人可通过 RobotStudio 进行离线编程，该软件具有几何建模功能、基本模型库、运动学建模功能、工作单元布局功能、路径规划功能、自动编程功能及仿真功能等，其界面如图 1-30 所示。

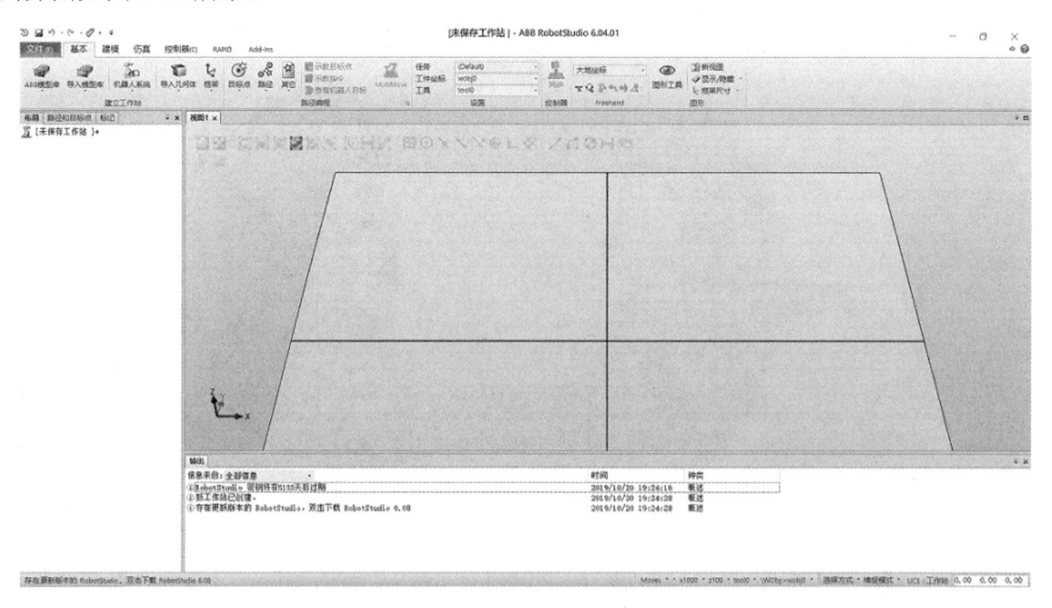

图 1-30　RobotStudio 的界面

RobotStudio具有如下主要功能：

（1）CAD导入。可以轻易地将各种主要的CAD格式数据导入RobotStudio，包括IGES、STEP、VRML、VDAFS、ACS和CATIA。通过使用此类非常精确的3D模型数据，机器人控制程序设计员可以生成更为精确的控制程序，从而提高产品质量。

（2）自动路径生成。这是RobotStudio中最能节省时间的功能之一。通过使用待加工部件的CAD模型，可在短短几分钟内利用此功能自动生成跟踪曲线所需的机器人位置，如果人工执行此项任务，则可能需要数小时或数天。

（3）自动分析伸展能力。使用此功能可灵活地移动机器人或工件（物料），直至所有位置均可到达。该功能可在短短几分钟内验证和优化工作单元布局。

（4）碰撞检测。RobotStudio可以对机器人在运动过程中是否可能与周边设备发生碰撞进行验证与确认，以确保离线编程得出的程序的可用性。

（5）在线作业。使用RobotStudio与真实的机器人进行连接通信，可以对机器人进行便捷的监控、程序修改、参数设定、文件传送及备份恢复等操作，使得调试与维护工作更轻松。

（6）模拟仿真。在RobotStudio中可进行机器人工作站的动作模拟仿真以及周期节拍模拟，为工程的实施提供充分的真实性验证。

（7）应用功能包。RobotStudio针对不同的应用可搭配不同的功能强大的应用功能包，将机器人更好地与工艺应用进行有效的融合。

（8）二次开发。RobotStudio提供了功能强大的二次开发平台，使机器人应用能够实现更多的可能，满足机器人科研的需要。

1.4.3 编程技术发展趋势

随着视觉技术、传感技术、智能控制技术、网络和信息技术以及大数据技术等的发展，未来的机器人编程技术将会发生根本性的变革，主要表现在以下几个方面：

（1）编程将会变得更简单、快速，可视、可模拟和可仿真等特性更加突出。

（2）基于传感技术、信息技术和大数据技术，控制程序辨识、重构环境和工件（物料）等的CAD模型的能力持续提升，将可能实现自动获取加工路径的几何信息。

（3）基于互联网技术，实现编程的网络化、远程化、可视化。

（4）基于增强现实技术，实现离线编程和真实场景的互动。

（5）根据离线编程技术和现场获取的几何信息，实现自主规划加工路径、焊接参数并进行仿真确认。

总之，在不远的将来，传统的示教编程将只在很少的场合得到应用，如深空探索、水下探索、核电应用等。而离线编程技术将会得到进一步发展，并与CAD/CAM、视觉技术、传感技术、互联网技术、大数据技术、增强现实技术等深度融合，实现能够自动感知、辨识和重构工件（物料）和加工路径，实现路径的自主规划、自动纠偏和自动适应环境的更高级控制程序。

思考与练习

1. 你认为我国机器人的发展潜力如何？请说明原因。
2. 简述串联机器人的特点，实际生产中串联机器人有哪些应用实例？
3. 简述并联机器人的特点，实际生产中并联机器人有哪些应用实例？
4. 焊接机器人有哪些优点？
5. 搬运机器人有哪些优点？
6. 机器人分为哪几部分？
7. 机器人的机械本体分为几部分？分别是什么？
8. 离线编程能否替代示教编程？为什么？
9. 未来还有可能出现什么样的编程方式？

项目2 ABB机器人基本操作

项目导读

安全是人们从事生产活动的第一要务，操作机器人之前需要严格掌握其安全操作规程，在保证人身安全的同时，也保护他人的利益。操作人员必须了解机器人所处的环境要求、操作的安全规程，并能够快速、准确地使用安全设备。在正式学习机器人编程操作之前，须了解机器人硬件系统，学会机器人示教器的基本设置方法，掌握示教器的基本操作。

知识目标

（1）了解机器人安全使用注意事项与规程。
（2）认识机器人控制柜的硬件组成与连接方式。
（3）认识示教器的基本结构和功能。

能力目标

（1）能够辨识控制柜上各类连接线缆。
（2）掌握控制柜和机器人本体连接的常规方法。
（3）掌握机器人示教器语言与设置系统时间的操作方法。
（4）掌握示教器的使用方法。
（5）掌握示教器3种运动模式的手动操纵方法。
（6）掌握手动快捷操作示教器的方法。
（7）掌握让机器人自动运行的方法。

知识技能点

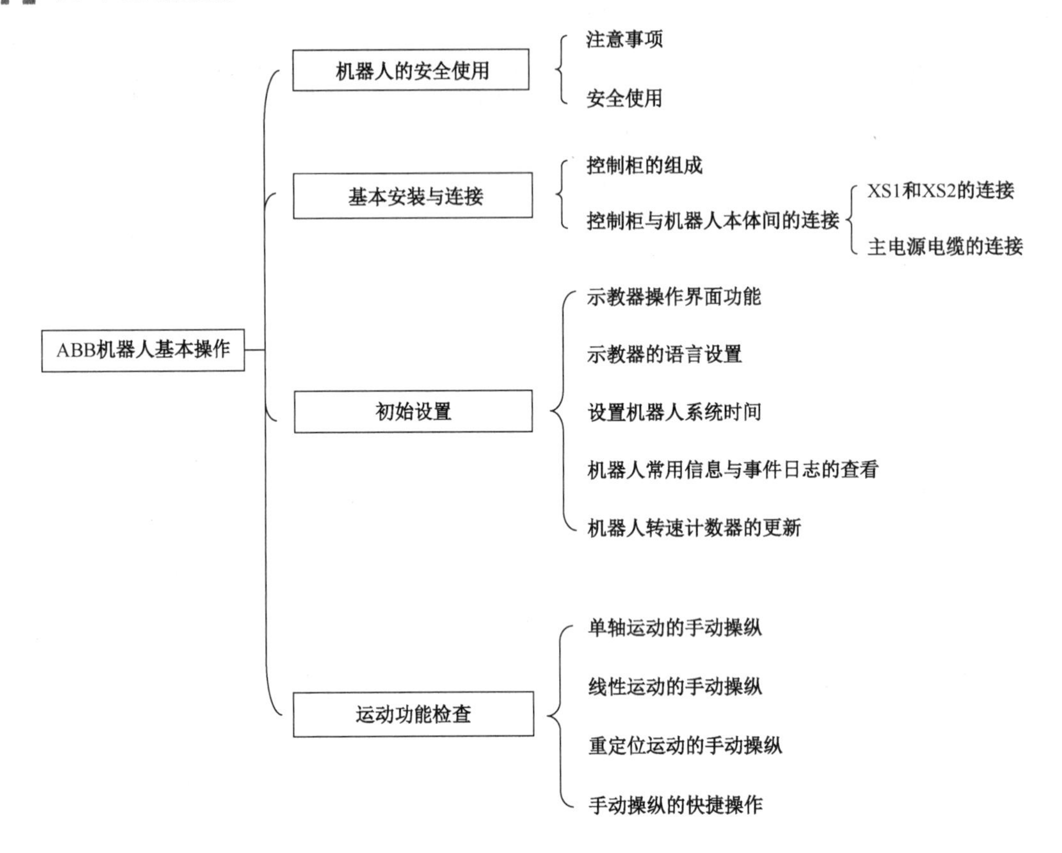

任务 1　机器人的安全使用

机器人的安全使用

任务导读

保护人员及设备的安全是控制机器人的基本前提。机器人操作及维护人员应该具备必要的安全防护知识，学习必要的机器人安全操作规程。本任务将从机器人的日常使用与维护角度出发，讨论机器人使用时的安全注意事项与操作规程。

相关知识

2.1.1　注意事项

机器人在空间中动作，其工作范围便成了危险场所，有可能发生意外事故。因此，机器人的安全管理者及负责安装、操作、保养机器人的人员在控制机器人或机器人运行期间要遵循安全第一的原则，在确保自身及相关人员的安全后再进行操作。

ABB 机器人可以应用于弧焊、点焊、搬运、去毛刺、装配、激光焊接、喷涂等方面，这些应用功能必须由相应的工具来实现。ABB 机器人外形如图 2-1 所示。不管应用于何种领域，在使用中都应当避免出现以下情况。

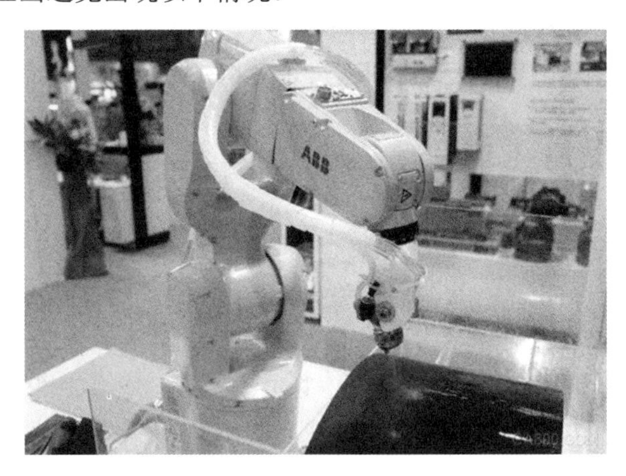

图 2-1　ABB 机器人外形

（1）处于有燃烧可能的环境。

（2）处于有爆炸可能的环境。

（3）处于存在无线电干扰的环境。

（4）处于水中或其他液体中。

（5）以运送人或动物为目的。

（6）工作人员攀爬在机器人上面或悬垂于机器人之下。

（7）其他与 ABB 公司推荐的安装和使用环境不一致的情况。

若将机器人应用于不当的环境中，可能会导致机器人的损坏，甚至还可能会对操作人员和现场其他人员的生命安全造成严重威胁。

有些国家已经颁布了机器人安全法规和相应的操作规程，只有经过专门培训的人员才能操作、使用机器人。几乎每个机器人生产厂家在用户使用手册中都提供了设备的使用注意事项。操作人员在使用机器人时需要注意以下事项：

（1）避免在机器人工作场所周围实施危险行为，接触机器人或其周边机械有可能造成人身伤害。

（2）在工厂内，为了确保安全，请高度注意“严禁烟火”“高压”“危险”“无关人员禁止入内”等警告。当电气设备起火时，应使用二氧化碳灭火器，切勿使用水或泡沫灭火器灭火。

（3）作为防止发生危险的手段，应遵守下列着装要求：

①尽量穿工作服，不穿有安全隐患的衣服。

②操作时不要戴手套。

③内衣、衬衫、领带不要露在工作服外面。

④不要佩戴特大耳环、挂饰等存在安全隐患的配饰。

⑤必须穿好安全鞋、戴好安全帽。

（4）安装机器人的场所中除操作人员以外，其他人员不能靠近。

（5）如无必要，尽量避免接触机器人控制柜、操作盘、工件（物料）及其他的夹具。

（6）不要强制扳动机器人或悬吊、骑坐在机器人上。

（7）绝对不要倚靠在机器人本体或其控制柜上，不要随意按动开关或者按钮。

（8）通电中，禁止未受培训的人员接触机器人控制柜和示教编程器，以免误操作使机器人执行意料之外的动作，导致人身伤害或者设备损坏。

2.1.2 安全使用

1．防范措施

在作业区内工作时，操作人员的粗心大意会造成严重的事故，为了确保安全，应强制执行下列防范措施。

（1）在机器人作业区周围设置安全栅栏，以防人员与已通电的机器人发生意外的接触。在安全栅栏的入口处应张贴一个“远离作业区”的警示牌。安全栅栏门必须要加装可靠的安全锁。

（2）未使用的工具应该放在安全栅栏以外的合适区域。若由于疏忽把工具留在夹具上，其与机器人接触则有可能损坏机器人或夹具。

（3）当往机器人上安装工具时，务必先切断控制柜及所装工具上的电源并锁住其电源开关，同时要挂一个警示牌。

示教机器人前须先检查机器人运动方面是否存在问题以及外部电缆绝缘保护罩是否损坏，如果发现问题，则应立即纠正，并确认其他所有必须做的工作均已完成。示教器使用完毕后，务必挂回原位置。若示教器遗留在机器人上、系统夹具上或地面上，则可能会被机器人或装在其上的工具碰到，可能引发人身伤害或者设备损坏。遇到紧急情况，需要停止机器人时，请按示教器、控制器或控制面板上的急停按钮。

2．对作业人员的要求

对机器人进行操作、编程、维护等的人员，称为作业人员。作业人员要穿上适合作业的工作服、安全鞋，戴好安全帽，扣紧工作服的衣扣、领口、袖口，衣服和裤子要整洁，下肢不能裸露，鞋子要防滑、绝缘，如图 2-2 所示。

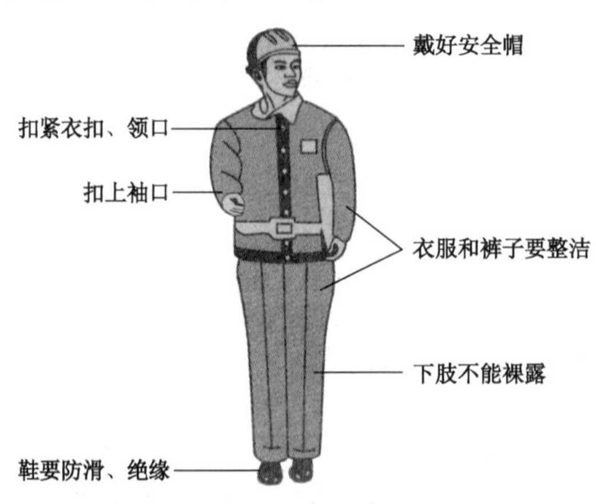

图 2-2　工作服穿戴要求

作业人员分为三类：操作人员、编程人员和维护人员。

（1）操作人员：能对机器人电源进行通断操作；能通过控制柜操作面板启动机器人控制程序。

（2）编程人员：能控制机器人动作，在安全栅栏内进行机器人的示教、外围设备的调试等。

（3）维护人员：能控制机器人动作，在安全栅栏内进行机器人的示教、外围设备的调试等；进行机器人的维护（修理、调整、更换）作业。

操作人员不能在安全栅栏内作业，编程人员和维护人员可以在安全栅栏内进行移机、设置、示教、调整、维护等工作。表 2-1 列出了在安全栅栏外的各种作业，符号“√”表示该作业可以由相应人员完成。

表 2-1　安全栅栏外的作业列表

操作内容	操作人员	编程人员	维护人员
打开/关闭控制柜电源	√	√	√
选择操作模式（AUTO、T1、T2）		√	√
选择 Remote/Local 模式		√	√
用示教器（TP）选择机器人控制程序		√	√
用外部设备选择机器人控制程序		√	√
通过操作面板启动机器人控制程序	√	√	√
用示教器（TP）启动机器人控制程序		√	√
用操作面板复位报警		√	√
用示教器（TP）复位报警		√	√
在示教器（TP）上设置数据	√	√	
用示教器（TP）示教	√	√	
用操作面板使机器人紧急停止		√	√
用示教器（TP）使机器人紧急停止		√	√
打开安全门使机器人紧急停止		√	√
操作面板的维护		√	
示教器（TP）的维护			√

任务 2　基本安装与连接

任务导读

示教器中编写的动作指令需要被写入控制柜，并翻译为机器指令，才能用于控制机器人本体的运动；同样，机器人本体的运动状态、外围设备工作状态等相关信息，也需要通过控制柜反馈给示教器。本任务将介绍控制柜的基本结构与功能，学习控制柜与机器人本体连接的一般方法。

相关知识

2.2.1　控制柜的组成

控制柜内部由机器人系统所需部件和相关附加部件组成，包括电源开关、急停按钮、上电/复位按钮、示教器接口、电源、电容、硬盘等，如图 2-3 所示。

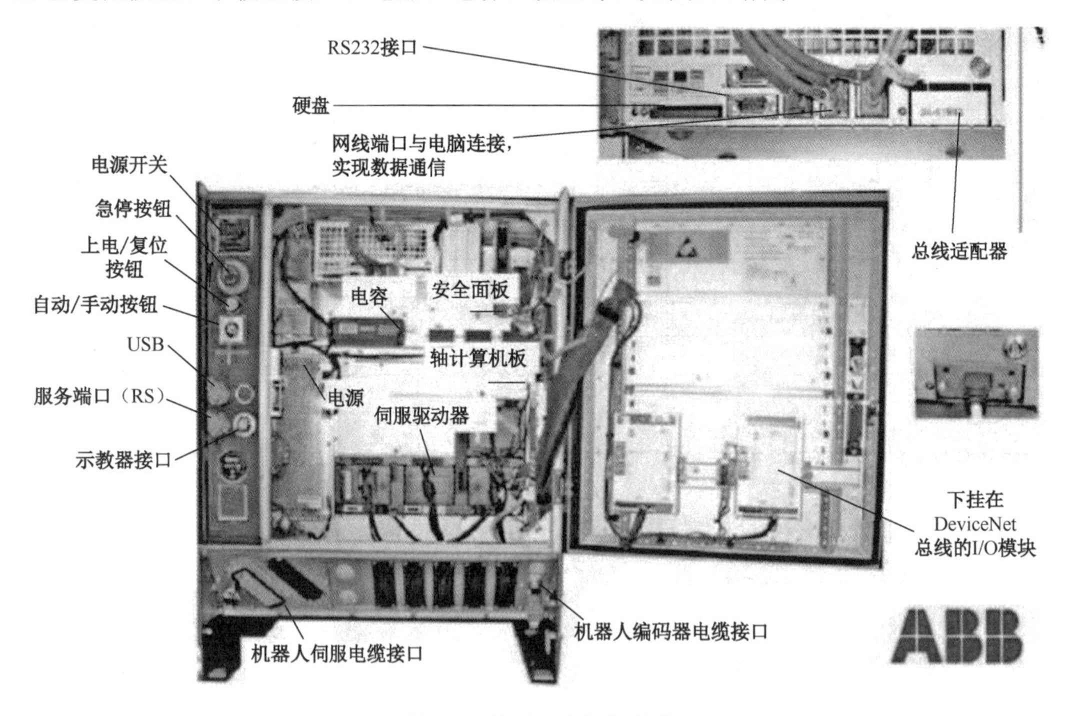

图 2-3　控制柜内部的组成

控制柜部分部件的功能说明如表 2-2 所示。

表 2-2　控制柜部分部件的功能说明

序号	部件名称	功能描述
1	电源开关	用于关闭或启动机器人控制器
2	急停按钮	用于紧急情况下停止机器人动作
3	上电/复位按钮	用于从紧急停止状态恢复到正常状态
4	自动/手动按钮	用于切换机器人运动模式（自动运行/手动运行）
5	USB 接口	USB 接口
6	示教器接口	连接机器人示教器的接口
7	机器人伺服电缆接口	连接机器人与控制器的接口
8	机器人编码器电缆接口	与机器人本体连接的接口，用于控制柜与机器人本体间的数据交换
9	伺服驱动器	伺服驱动器接收到主计算机传送的驱动信号后，驱动机器人本体动作
10	轴计算机板	该计算机不保存数据，机器人本体的零位和机器人当前位置的数据都由轴计算机处理，处理后的数据传送给主计算机
11	安全面板	控制柜操作面板上的急停按钮、TP 上的急停按钮产生的信号和外部的一些安全信号由安全面板处理
12	电容	用于机器人关闭后，保存数据后再断电，相当于增加了延时断电功能
13	电源	给机器人各轴运动提供电源

除上述部件外，主要的控制柜部件还有如下几个：

（1）DSQC1000 主计算机：用于存储操作系统和数据，如图 2-4 所示。

图 2-4　DSQC1000 主计算机

（2）DSQC609 电源模块（24V）：用于给 24V 电源接口板提供电源，24V 电源接口板直接给外部 I/O 设备供电，如图 2-5 所示。

（3）DSQC611 接触器接口板：机器人 I/O 信号通过接触器接口板来控制接触器的启停，如图 2-6 所示。

（4）I/O 模块：挂在 DeviceNet 总线下，可用于外部 I/O 设备与机器人系统间的通信，如图 2-7 所示。

图 2-5　DSQC609 电源模块（24V）

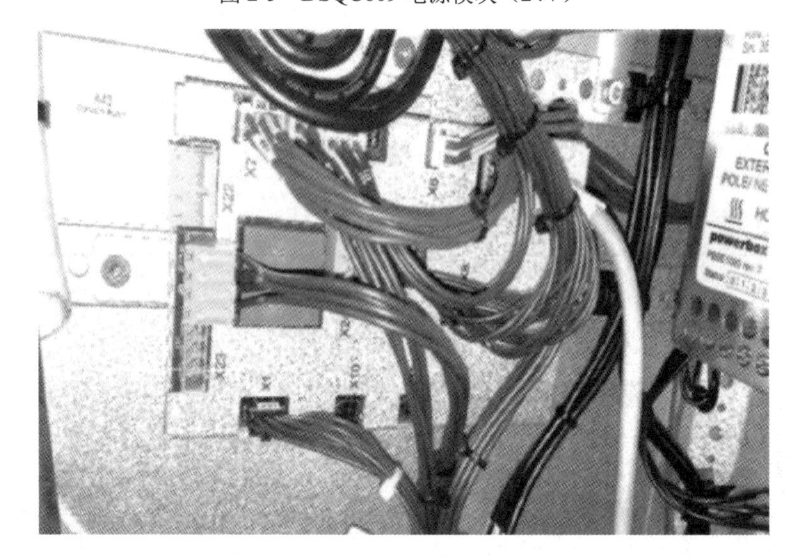

图 2-6　DSQC611 接触器接口板

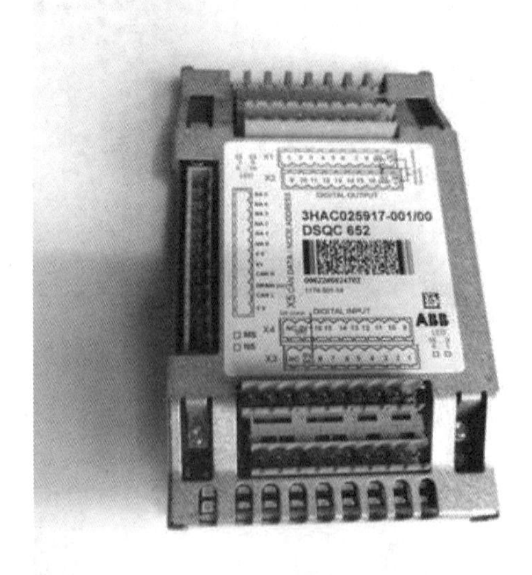

图 2-7　I/O 模块

2.2.2　控制柜与机器人本体间的连接

下面以 ABB 公司研制的 IRB1410 型机器人为例，介绍机器人本体与控制柜之间的连接方法。

机器人本体与控制柜间的连接方法主要有 XS1 机器人动力电缆的连接、XS2 机器人编码器连接电缆（SMB）的连接及主电源电缆的连接。

1. XS1 及 XS2 的连接

（1）将 XS1 机器人动力电缆的一端连接到机器人本体底座接口，另一端连接到控制柜上对应的接口，接口位置如图 2-8 所示。

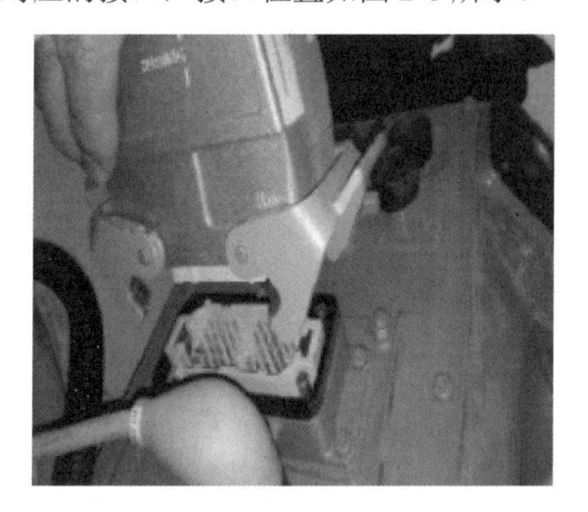

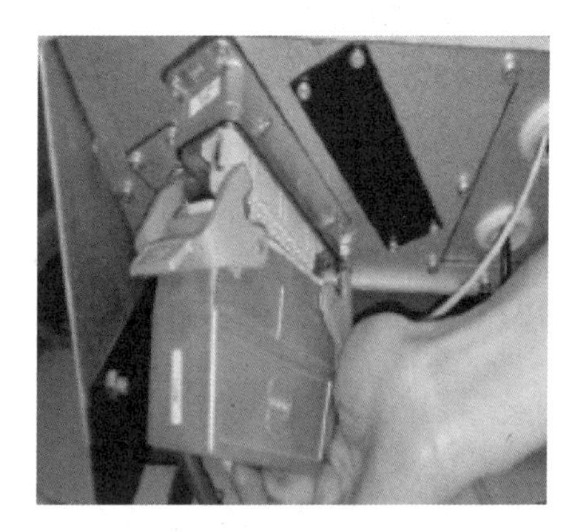

图 2-8　XS1 机器人动力电缆的连接

（2）将 XS2 机器人编码器连接电缆的一端连接到机器人本体底座接口，另一端连接到控制柜上对应的接口，如图 2-9 所示。

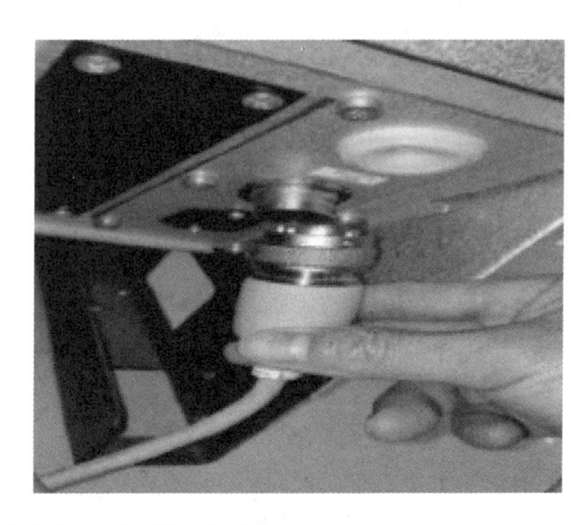

图 2-9　XS2 机器人编码器连接电缆的连接

2. 主电源电缆的连接

在控制柜门内侧，贴有一张主电源连接指引图，如图 2-10 所示，ABB 机器人使用的是 380V 三相四线制电源，不同型号的机器人的输入电压可能不同，具体应用时可查看对应的电气图来决定采用何种电源。

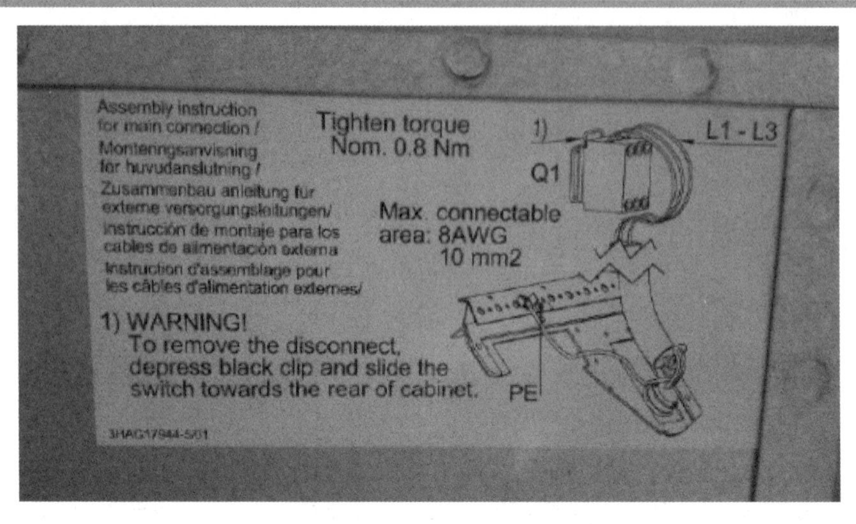

图 2-10　主电源连接指引图

主电源的连接操作如下：

（1）将主电源电缆从控制柜下方接口穿入，如图 2-11（a）所示。

（2）主电源电缆中的地线接到控制柜上的接地点 PE 处，如图 2-11（b）所示。

（a）

（b）

图 2-11　主电源的连接

（3）在主电源开关上，接入 380V 三相电源线，如图 2-12 所示。

图 2-12　接入 380V 三相电源线

任务 3　初始设置

界面功能介绍

相关任务

示教器是机器人系统中重要的人机交互部件。在机器人工作站及生产线调试过程中，主要利用示教器进行现场编程。本任务将介绍示教器的基本设置，学习如何修改语言以便进行操作，修改时间以便检查机器人的错误等。

相关知识

2.3.1　示教器操作界面功能

如图 2-13 所示，ABB 机器人示教器的操作界面包含了机器人参数设置、机器人编程及系统设置等功能。比较常用的选项包括输入输出、手动操纵、程序编辑器、程序数据、校准和控制面板。操作界面最上方是状态栏，在状态栏中显示系统名称、机器人运动模式、电机的开启状态和速度等。在操作界面的右边有一些按键（图中未显示），在后面的操作中会介绍其功能。

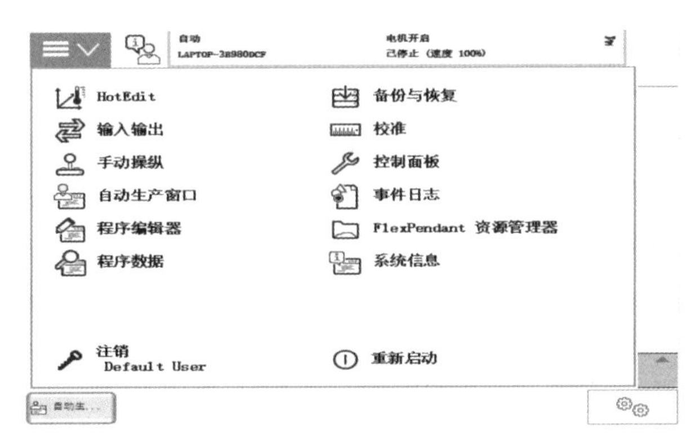

图 2-13　ABB 机器人示教器的操作界面

操作界面的各个选项对应的说明如表 2-3 所示。

表 2-3　操作界面选项说明

选项名称	说明
HotEdit	程序模块下轨迹点位置的补偿设置窗口
输入输出	设置及查看 I/O 视图的窗口
手动操纵	动作模式设置、坐标系选择、操纵杆锁定及载荷属性的更改窗口
自动生产窗口	在自动模式下，可直接调试程序并运行
程序编辑器	建立程序模块及例行程序的窗口
程序数据	选择编程时所需程序数据的窗口
备份与恢复	可备份和恢复系统

续表

选项名称	说明
校准	进行转数计数器和电机校准的窗口
控制面板	进行示教器的相关设定
事件日志	查看系统出现的各种提示信息
FlexPendant 资源管理器	查看当前系统的系统文件
系统信息	查看控制器及当前系统的相关信息

1. HotEdit

HotEdit 是对编程位置进行调整的一项功能，该功能可在所有操作模式下使用，在程序运行时也可使用，使用此功能时，坐标和方向均可调节；HotEdit 仅用于调整已定义的 robtarget 类型的位置。

2. 资源管理器

这里的资源管理器与 Windows 操作系统中的资源管理器类似，资源管理器也是一个文件管理器，通过它可查看控制器上的文件系统，也可以重新命名、删除或移动文件和文件夹。

3. 控制面板

ABB 机器人的控制面板包含了对机器人和示教器进行设定的相关功能。单击“控制面板”图标，即可打开控制面板，各选项如图 2-15 所示，其中“诊断”选项可创建诊断文件以利于故障排除，部分选项的含义及功能如表 2-4 所示。

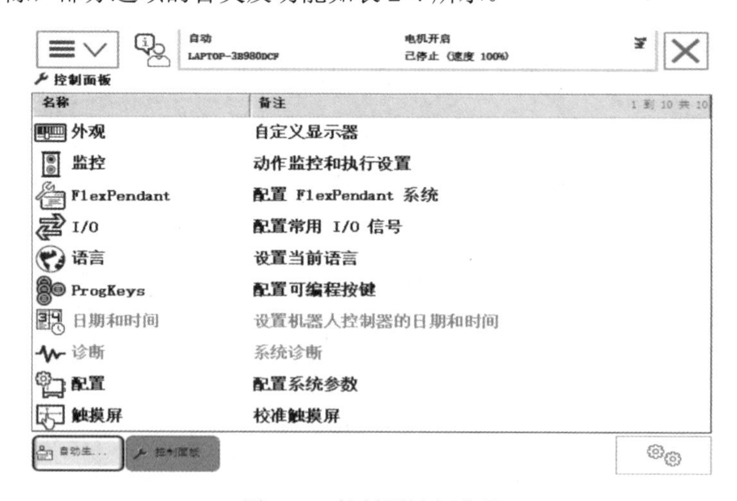

图 2-15　控制面板各选项

表 2-4　部分选项的含义及功能

选项名称	说明
外观	可自定义显示器的亮度和设置左手操作或右手操作
监控	动作碰撞监控设置和执行设置
FlexPendant	示教器操作特性设置

续表

选项名称	说明
I/O	配置常用 I/O 列表，在输入输出选项中显示
语言	控制器当前语言的设置
ProgKeys	为指定输入输出信号配置快捷键
日期和时间	设置控制器的日期和时间
诊断	创建诊断文件
配置	系统参数设置
触摸屏	触摸屏重新校准

2.3.2　示教器的语言设置

示教器的默认显示语言为英语，为了方便操作，下面介绍把显示语言设定为中文的操作步骤。

（1）单击“ABB”按钮→选择“Control Panel”，如图 2-16（a）所示，系统进入“Control Panel”界面，如图 2-16（b）所示，选择“Language”，系统进入“Control Panel-Language”界面。

示教器基本设置

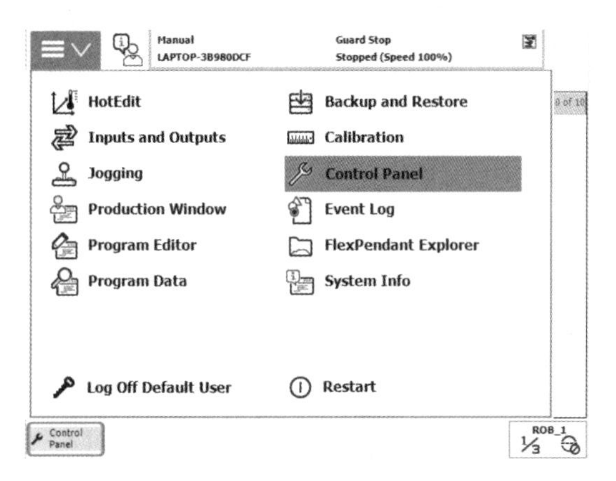

（a）

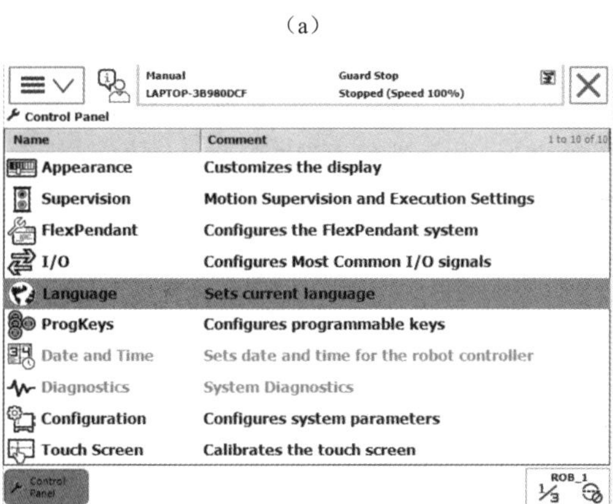

（b）

图 2-16　“Control Panel”界面

（2）选择“Chinese”，然后单击“OK”，如图 2-17（a）所示；系统弹出确认界面，如图 2-17（b）所示，单击“Yes”，系统重启。

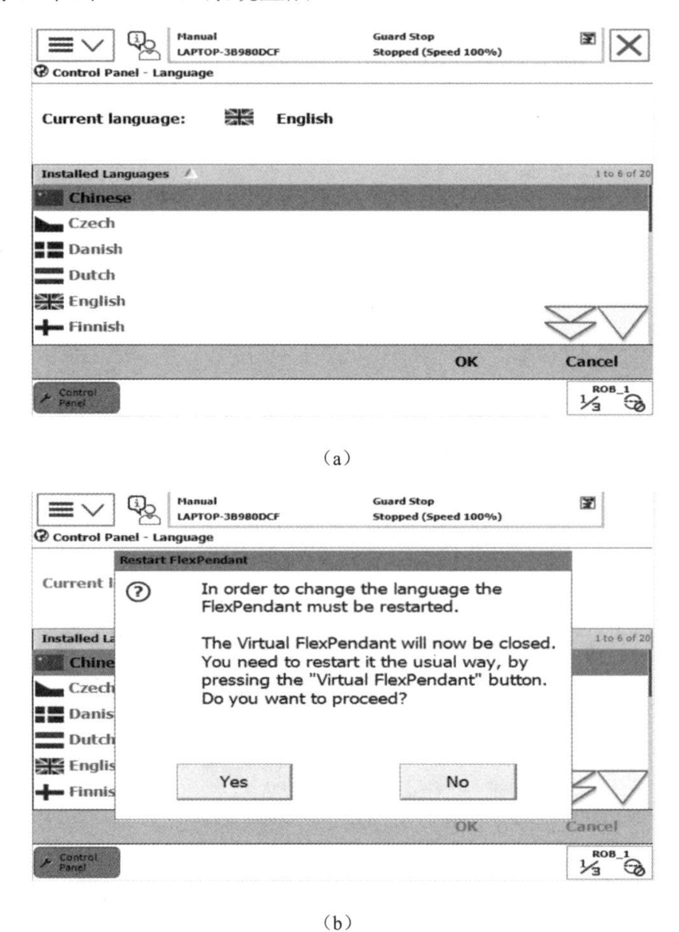

（a）

（b）

图 2-17　选择中文并重启系统

（3）重启后，单击“ABB”就能看到菜单已切换成中文界面，如图 2-18 所示。

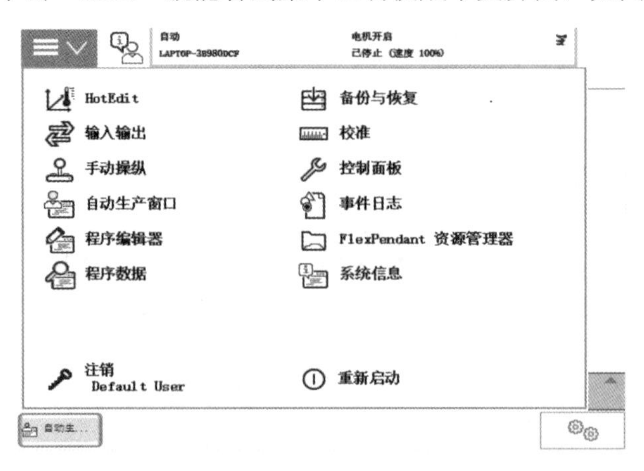

图 2-18　中文界面

2.3.3　设定机器人系统时间

为便于进行文件的管理和故障的查阅与管理，在进行各种操作之前要将机器人系统的时间设定为本地时区的时间，步骤如下：

（1）单击示教器左上角的主菜单按钮，选择“控制面板”。

（2）在控制面板的选项中选择“日期和时间”，进行时间和日期的修改，如图 2-19 所示。

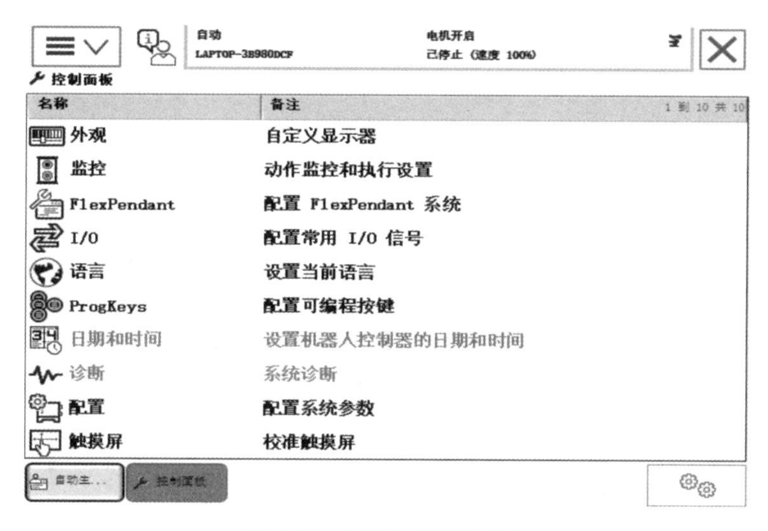

图 2-19　时间和日期的修改

2.3.4　机器人常用信息与事件日志的查看

示教器操作界面上的状态栏可显示 ABB 机器人常用信息，通过这些信息就可以了解机器人当前所处的状态及存在的问题，具体包括以下常用信息。

（1）机器人的状态（有手动、全速动和自动三种状态）。

（2）机器人的系统信息。

（3）机器人的电机状态，如果使能器按钮第一挡被按下，会显示“电机开启”，松开第一挡或按下第二挡则会显示“防护装置停止”，如图 2-20（a）所示。

（4）机器人控制程序运行状态（显示程序的运行或停止）。

（5）当前机器人或外轴的使用状态。

在示教器的操作界面上单击状态栏，就可以查看机器人的事件日志，如图 2-20（b）所示，事件日志会显示机器人执行任务的记录，包括日期和时间等，以便为分析相关事件提供准确的时间。

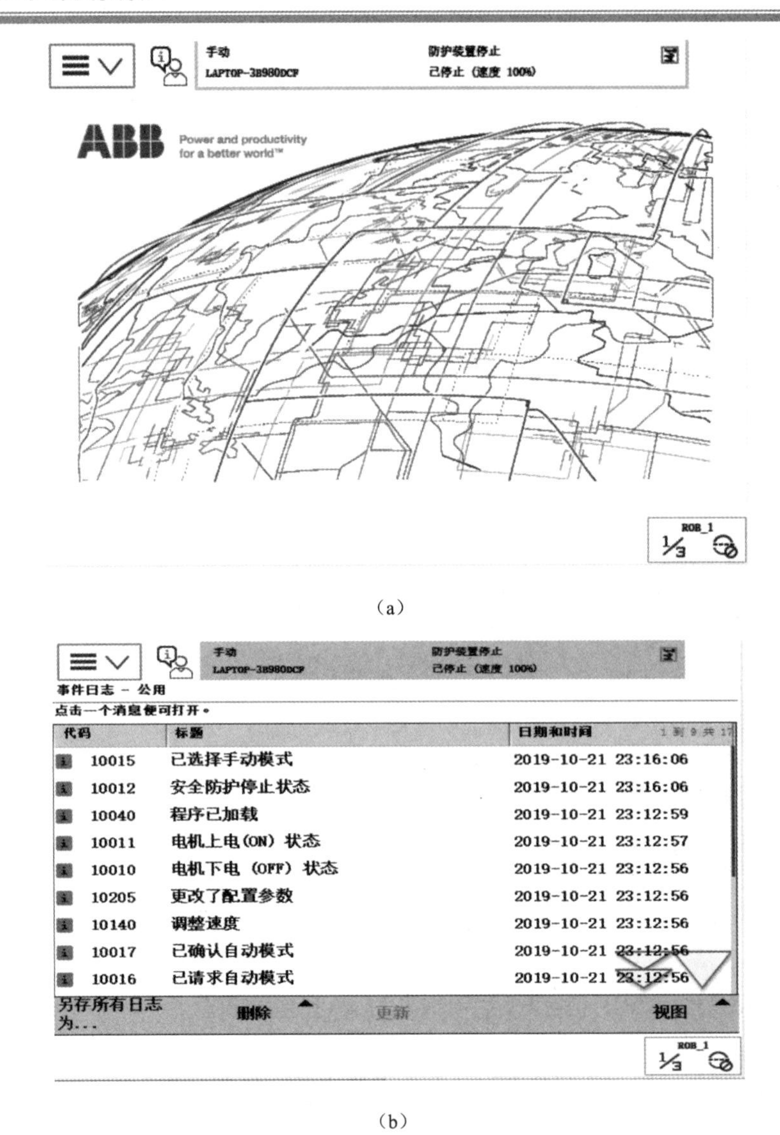

（a）

（b）

图 2-20　机器人常用信息与事件日志的查看

2.3.5　机器人转数计数器的更新

ABB 机器人在出厂时，都设有一个固定的值作为每个关节轴的机械原点刻度位置，如果此值丢失，机器人将不能执行任何程序，若出现下列情况，需要对转数计数器中机械原点刻度位置进行更新操作：

（1）更换伺服电机转数计数器电池后。

（2）当转数计数器发生故障，修复后。

（3）转数计数器与测量板之间断开过。

（4）断电后，机器人关节轴发生了移动。

（5）系统报警提示“10036 转数计数器未更新”时。

转数计数器的更新

进行转数计数器更新的操作步骤如下（以 IRB120 型机器人为例）：

（1）通过手动操纵选择对应的关节轴的动作模式（轴 1-3/轴 4-6），按顺序依次将 ABB 机器人 6 个关节轴转到机械原点刻度位置，各关节轴运动的顺序为：轴 4→轴 5→轴 6→轴 1→轴 2→轴 3，各关节轴的机械原点刻度位置如图 2-21（a）所示，各个型号的机器人机械原点刻度位置会有所不同，具体可以参考产品说明书。

（2）在主菜单界面选择“校准”，选择需要校准的机械单元，单击“ROB_1”，如图 2-21（b）所示。

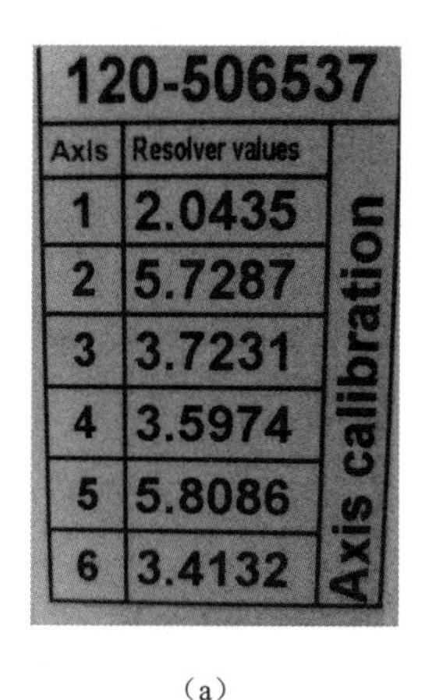

Axis	Resolver values
1	2.0435
2	5.7287
3	3.7231
4	3.5974
5	5.8086
6	3.4132

（a）

手动
LAPTOP-3B980DCF
防护装置停止
已停止（速度 100%）
校准
为使用系统，所有机械单元必须校准。
选择需要校准的机械单元。

机械单元	状态
ROB_1	校准

自动主...　手动操纵　I/O　校准　ROB_1

（b）

图 2-21　确定机械原点刻度位置并选择校准菜单

（3）在“校准参数”选项卡下单击“编辑电机校准偏移”，如图 2-22（a）所示，并在弹出的对话框中选择“是”，以便进行转数计数器的更新操作。

（4）接下来系统会弹出“编辑电机校准偏移”界面，要对 6 个关节轴的偏移参数进行修改，先将机器人本体上电机校准偏移数值记录下来，参照偏移参数对校准偏移值进行修改，如图 2-22（b）所示。

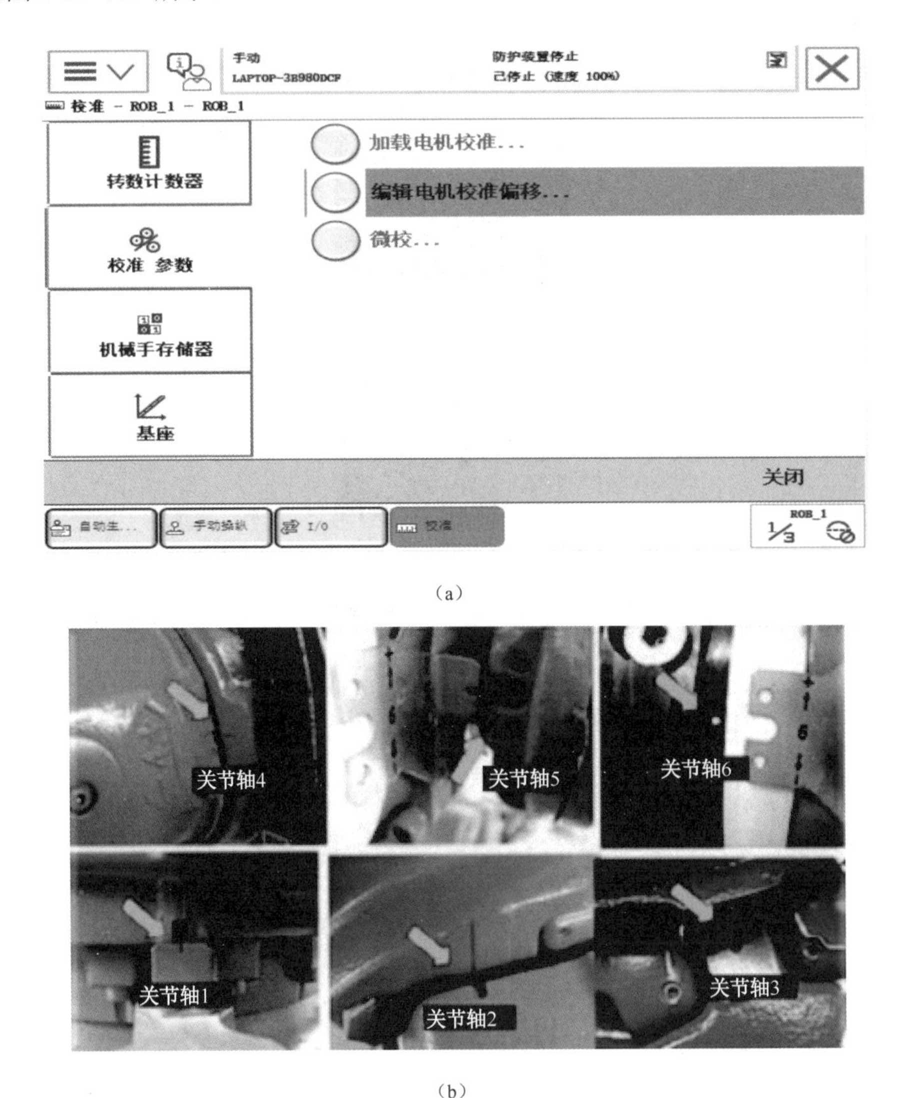

（a）

（b）

图 2-22　参照偏移参数对校准偏移值进行修改

（5）输入所有新的校准偏移值后，单击“确定”，如图 2-23（a）所示，此时示教器将重新启动，如果示教器中显示的电机校准偏移值与机器人本体上的标签数值一致，则不需要进行修改，直接单击“取消”，跳到步骤（7）。

（6）在弹出对话框中单击“是”，完成系统的重启。系统重启后，重新进入示教器的“校准”菜单，选择“ROB_1”。

（7）选择“转数计数器”下的“更新转数计数器”，如图 2-23（b）所示，并在弹出的对话框中单击“是”，确定更新。

（a）

（b）

图 2-23　输入新的校准偏移值并更新转数计数器

（8）接下来弹出要更新的关节轴的界面，单击“全选”，然后单击“更新”按钮，在弹出的窗口中单击“更新”，开始进行更新，如图 2-24（a）所示。

（9）等待系统完成更新工作，如图 2-24（b）所示。

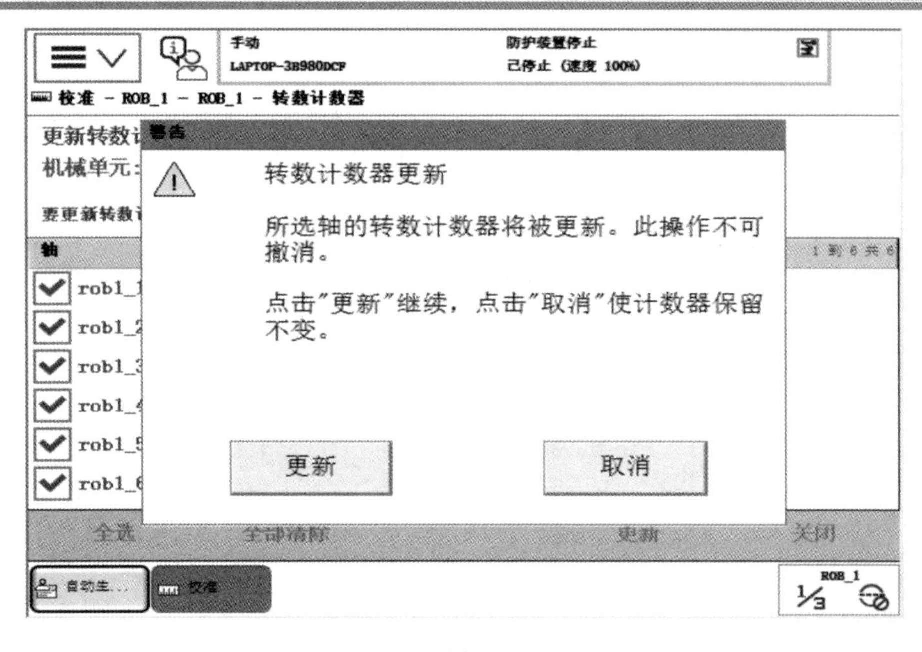

(a)

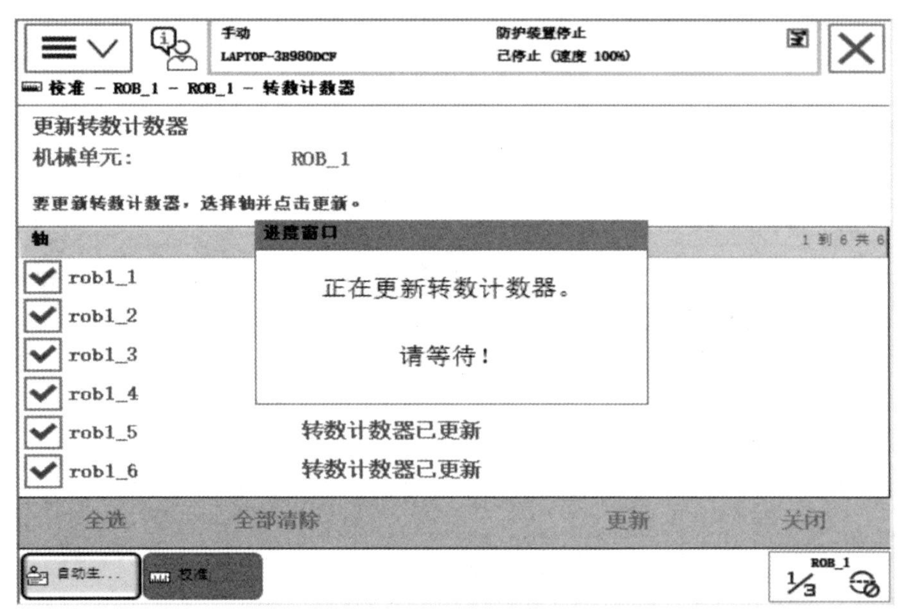

(b)

图 2-24　开始更新并等待

（10）当显示“转数计数器更新已成功完成”时，单击“确定”，至此转数计数器更新完毕。

任务 4　运动功能检查

运动功能检查

相关任务

在日常生产过程中，主要利用示教器进行程序的微调和机器人动作的优化。本任务主要讲解如何进行各种运动模式的手动操纵、如何进行手动快捷操作，以及使机器人自动运行的方法。

相关知识

手动操作

2.4.1　单轴运动的手动操纵

一般来说，ABB 机器人采用 6 个伺服电机分别驱动 6 个关节轴，每次手动操纵一个关节轴的运动，称为单轴运动。

如图 2-25 所示为 6 轴机器人中轴 1~轴 6 对应的关节示意图。单轴运动时每一个轴可以单独运动，所以在一些特别的场合使用单轴运动会很便捷，如在进行转数计数器更新时可以采用单轴运动进行操作；还有在机器人出现机械限位和软件限位，也就是超出移动范围而停止时，可以利用单轴运动的手动操纵，将机器人移动到合适的位置；在进行粗略定位和比较大幅度的移动时，单轴运动比其他手动操纵模式更便捷。

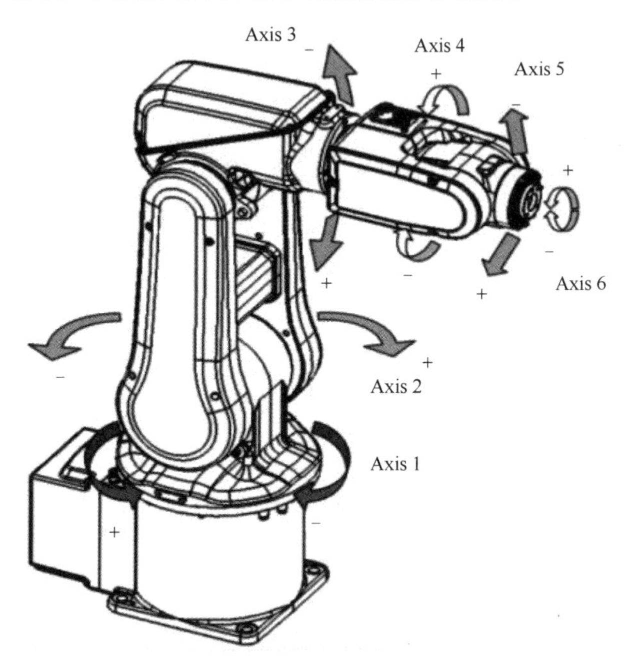

图 2-25　6 轴机器人的关节示意图

手动操纵单轴运动的方法如下：

（1）将模式选择开关切换到中间的手动限速挡，如图 2-26（a）所示，并在示教器状态栏中确认机器人的状态已经切换为手动操纵状态。

（2）在示教器主界面选择“手动操纵”选项，如图 2-26（b）所示。

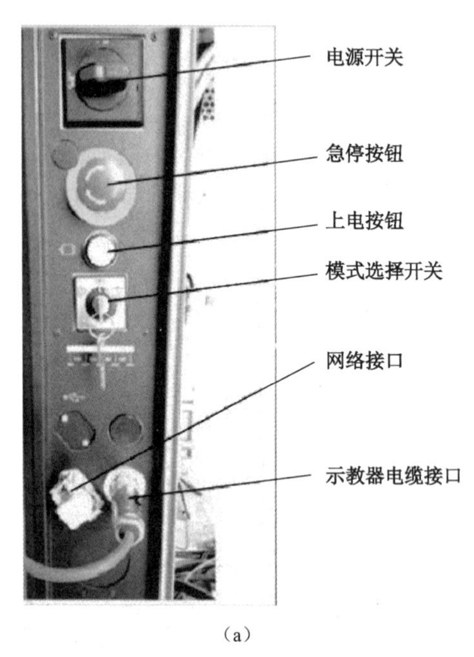

（a）

（b）

图 2-26　手动限速挡与手动操纵选项

（3）在手动操纵界面，单击“动作模式”选项，进入动作模式选择界面，如图 2-27（a）所示，选择“轴 1-3”，单击“确定”，即可对机器人的轴 1~轴 3 进行操纵；选择“轴 4-6”，单击“确定”，即可对机器人的轴 4~轴 6 进行操纵。

（4）按下使能器按钮，并在状态栏中确认机器人已正确进入“电机开启”状态，手动操纵机器人控制手柄，完成单轴运动，在示教器界面右下角会显示操纵杆移动方向所对应的单轴运动正方向，如图 2-27（b）所示。

（a）

（b）

图 2-27　动作模式选择与开始运动

2.4.2　线性运动的手动操纵

机器人的线性运动是指安装在机器人轴 6 法兰盘上的工具中心点（TCP）在空间所做的线性运动，此运动移动幅度较小，适合较为精确的定位和移动。以下为手动操纵机器人进行线性运动的方法。

（1）与单轴运动手动操纵方法一致，在“动作模式”下选择“线性”选项，如图 2-28（a）所示，并在进行线性运动之前，在“工具坐标”处选择要使用的工具，如图 2-28（b）所示。

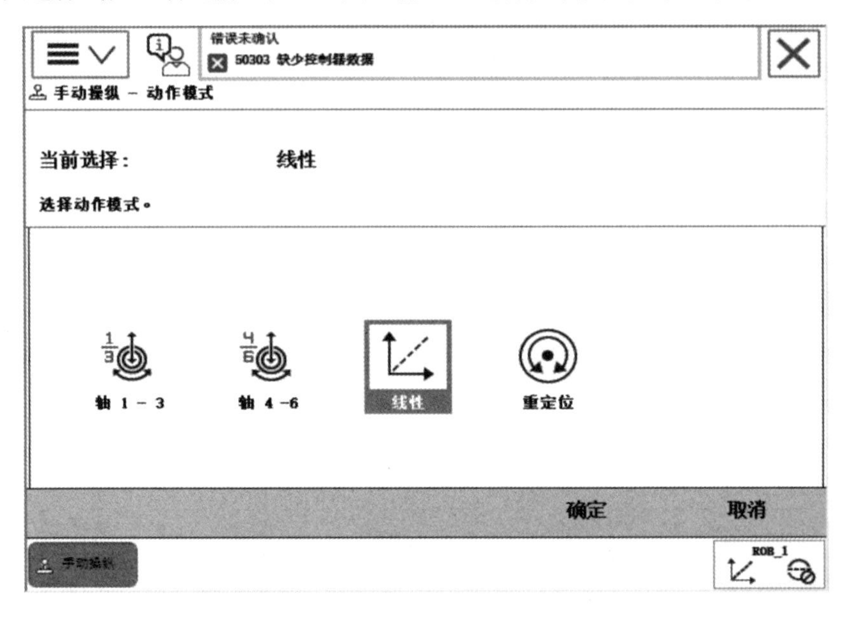

（a）

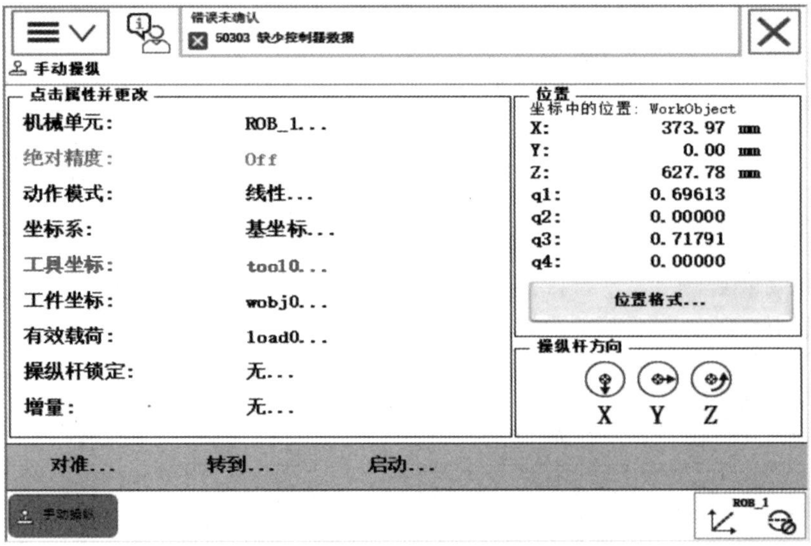

（b）

图 2-28　选择线性运动及工具坐标

（2）按下使能器按钮，并在示教器状态栏中确认机器人已正确进入“电机开启”状态，如图 2-29（a）所示。

（3）手动操纵控制手柄，完成线性运动，如图 2-29（b）所示。

（a）

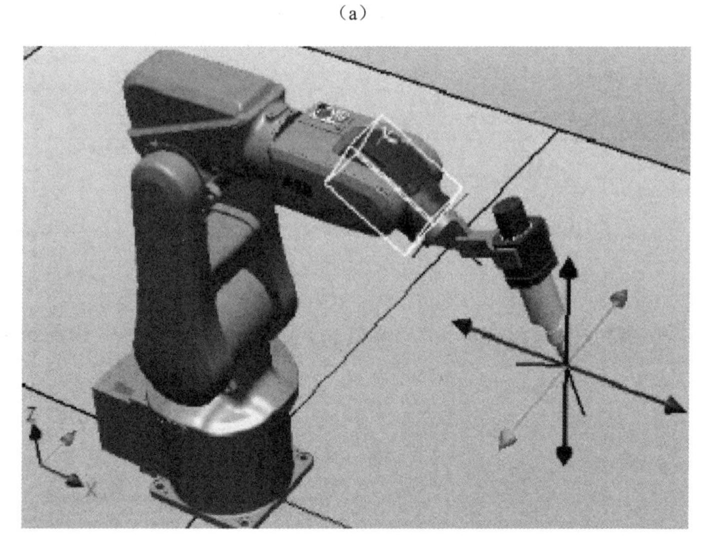

（b）

图 2-29　进入“电机开启”状态并完成线性运动

2.4.3　重定位运动的手动操纵

机器人的重定位运动是指机器人带动轴 6 法兰盘上的 TCP 绕坐标轴旋转的运动，也可以理解为机器人绕着 TCP 做姿态调整的运动，具体的操作方法如下：

（1）在“动作模式”选项中选择“重定位”，如图 2-30（a）所示，坐标系选择“工具”，并将“工具坐标”设置为“tool0…”，如图 2-30（b）所示。

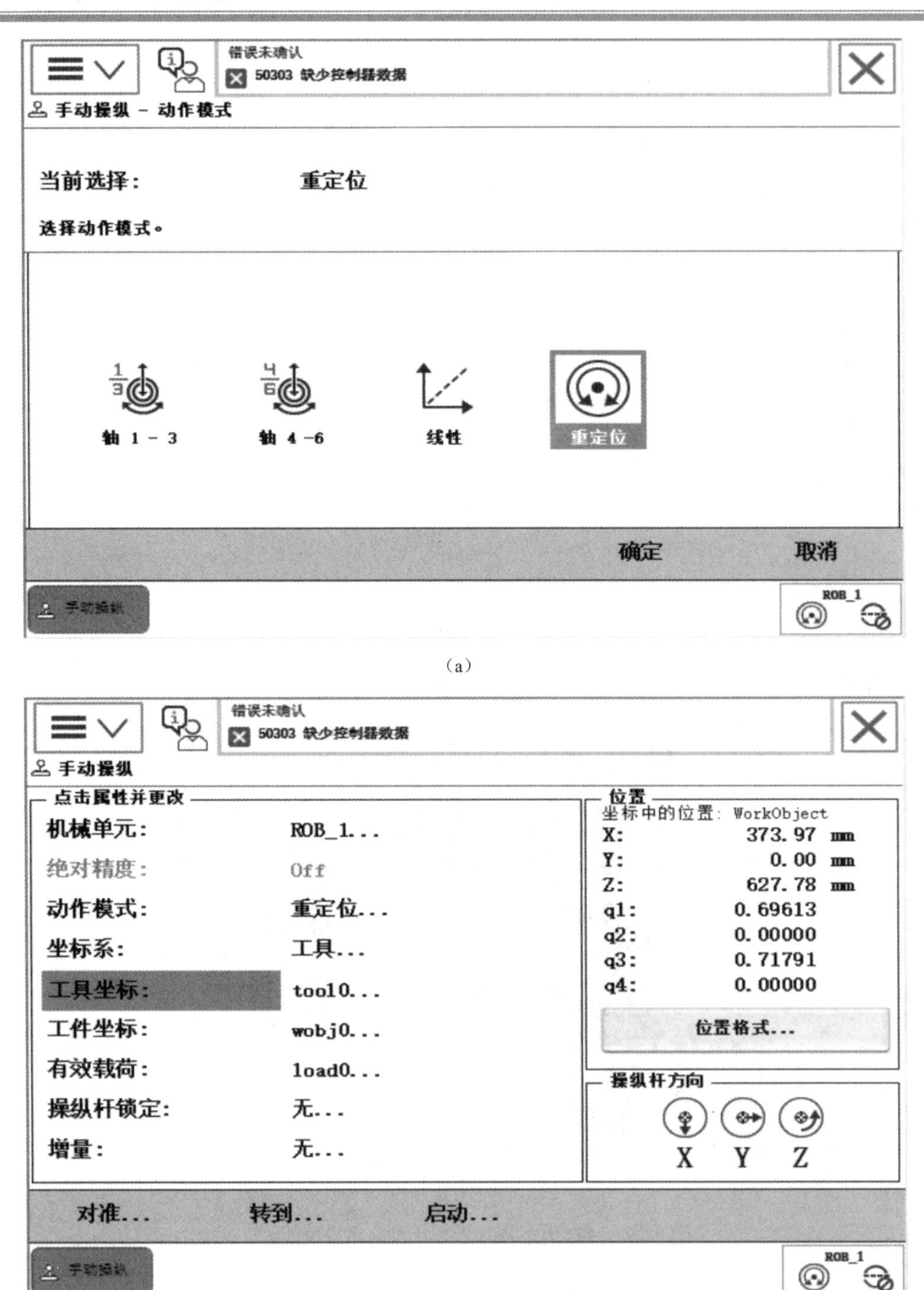

图 2-30　选择重定位运动及工具坐标

（2）按下使能器按钮，并在状态栏中确认机器人已正确进入“电机启动”状态，手动操纵机器人控制手柄，完成机器人的重定位运动，如图 2-31 所示。

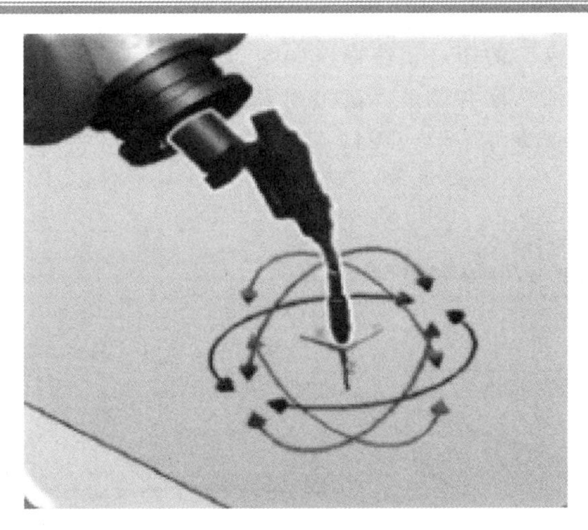

图 2-31　机器人的重定位运动

2.4.4　手动操纵的快捷操作

1. 快捷按钮

在示教器的操作面板上有用于手动操纵的快捷按钮，使机器人的手动操纵变得快捷方便，省去了返回主界面进行设置的步骤，快捷按钮如图 2-32 所示，有外轴的切换按钮、线性运动/重定位运动切换按钮、轴 1-3/轴 4-6 的切换按钮，还有增量开/关切换按钮。

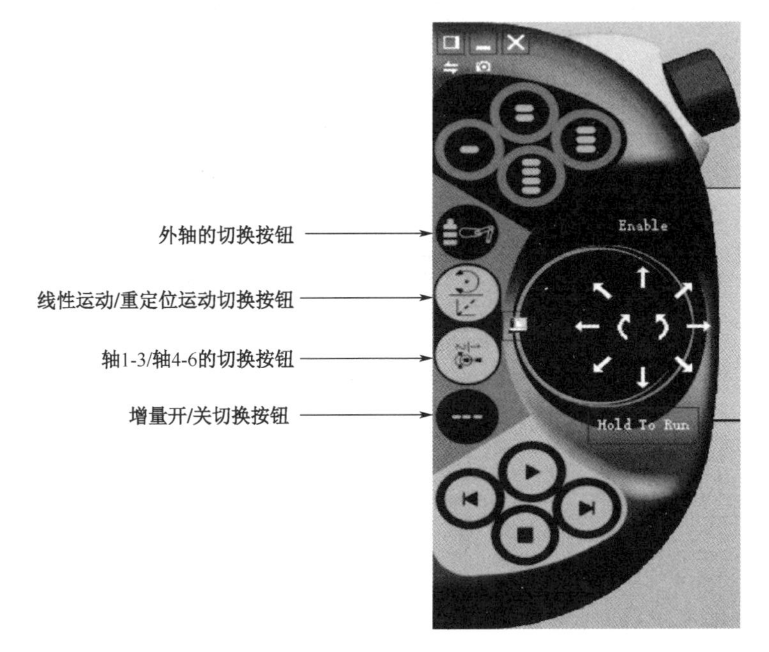

图 2-32　手动操纵快捷按钮

2. 快捷菜单

手动操纵快捷菜单的具体操作步骤如下：

（1）单击示教器界面右下角的快捷菜单按钮，如图 2-33（a）所示。

（2）单击“手动操纵”按钮，系统弹出如图 2-33（b）所示界面。

（3）单击“显示详情”展开菜单，可以对当前的“工具数据”“工件坐标”“操纵杆速度”“增量开/关”“碰撞监控开/关”“坐标系选择”“动作模式选择”进行设置，如图 2-33（b）所示。

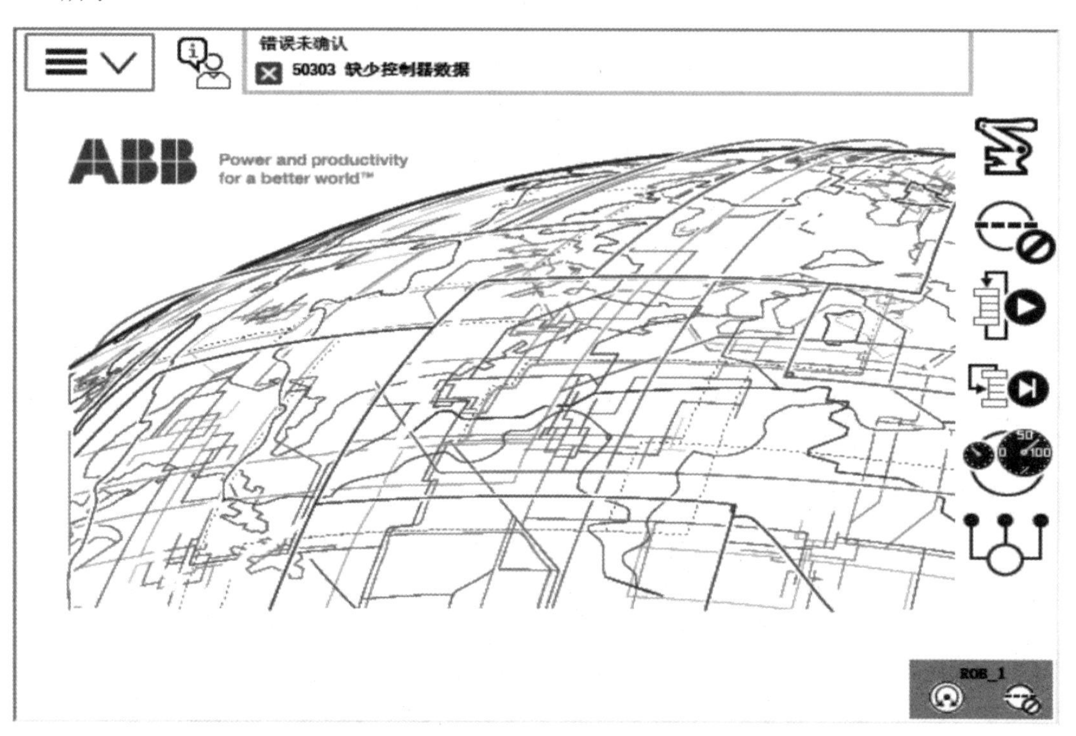

（a）

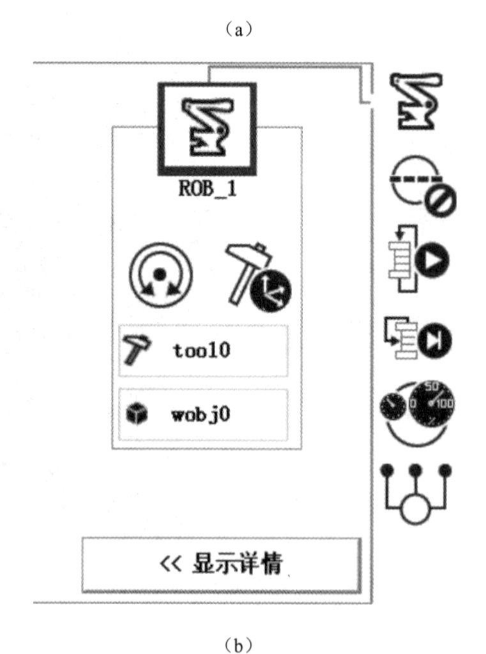

（b）

图 2-33　调出快捷菜单并选择手动操纵

（4）单击“增量模式”按钮，选择需要的增量，如果是自定义增量值，可以选择“用户模式”，然后单击“显示值”就可以进行增量值的自定义了，具体操作如图 2-34 所示。

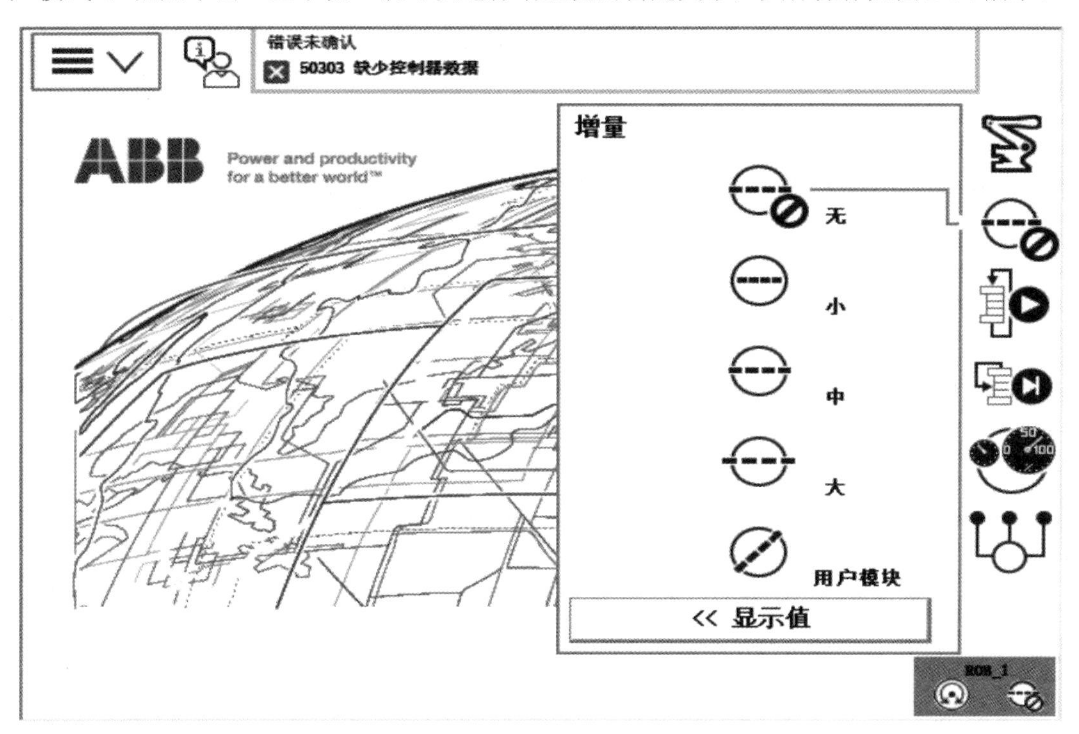

(a)

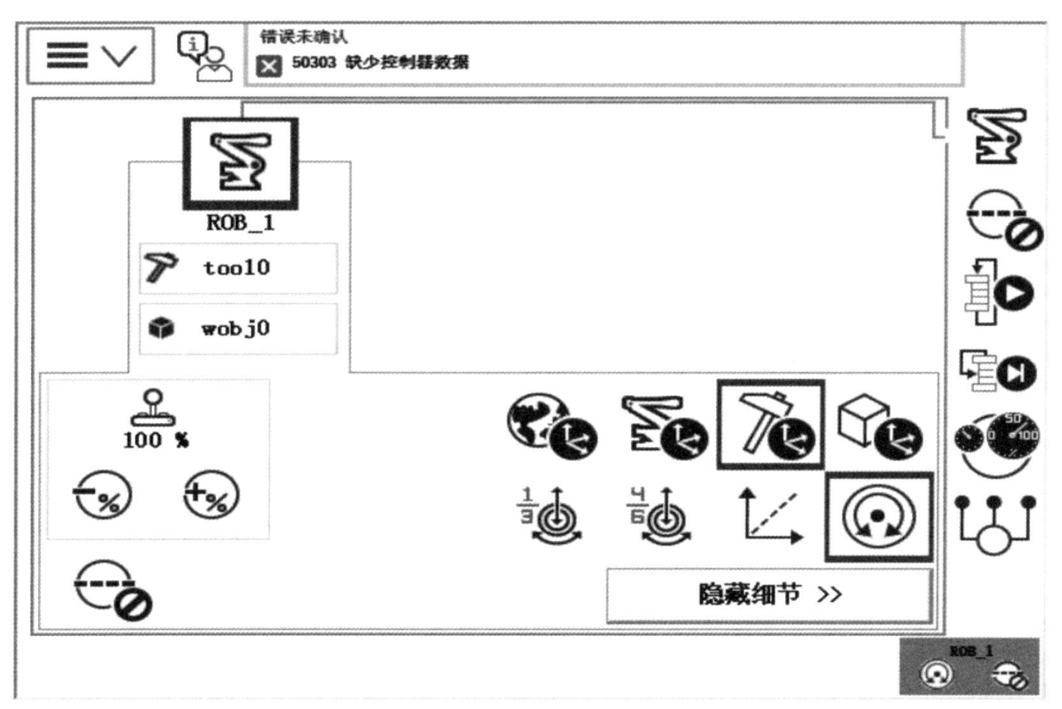

(b)

图 2-34　“增量模式”界面

思考与练习

1．在控制机器人时，需要避免出现哪些情况？

2．操作人员为了舒适，在控制机器人时可以穿得随便一点吗？

3．DSQC1000 主计算机是机器人__________和__________的地方。

4．DSQC611 接触器接口板是否可用于外部 I/O 信号与机器人系统间的通信？

5．只有在适度按下示教器侧面使能器按钮时，才能手动操纵机器人，当松开或者按紧时便自动断电，这样设计的理由是什么？

6．如果选择线性运动模式，那么机器人一定会依据世界坐标系进行移动吗？

7．机器人的轴 6 处于 0° 位置并且竖直向下（轴 4 位置为 0°，轴 5 位置为 90°），使机器人在世界坐标系下和工具坐标系下沿 X 轴正向做直线运动；调整此 3 个轴角度至任意倾斜状态，使机器人在世界坐标系下和工具坐标系下沿 X 轴正向做直线运动，观察调整前后的运动差异。

项目 3　搬运工作站操作编程

项目导读

机器人搬运作业是指机器人利用末端夹具，将工件（物料）从一个位置搬运到另一个位置的作业过程。搬运机器人已经广泛运用于汽车零部件制造、汽车生产组装、电气电子、木材与家具制造等行业中。本项目以搬运工作站为载体，介绍机器人 I/O 接口的使用、示教器程序的创建与管理，在此基础上学习搬运工作站的示教编程。

知识目标

（1）了解搬运工作站的特点。
（2）了解 ABB 机器人常用的 I/O 通信种类与 I/O 板。
（3）理解基本指令的含义。
（4）理解等待指令的含义。

能力目标

（1）掌握机器人与 PLC 通信的方法。
（2）掌握用示教器创建程序的方法。
（3）掌握用示教器管理程序的基本操作。
（4）掌握关节运动指令、线性运动指令、圆弧运动指令的使用方法。
（5）掌握偏移指令的使用方法。
（6）掌握调用指令的使用方法。
（7）掌握等待指令的使用方法。
（8）掌握控制机器人搬运的编程方法。

知识技能点

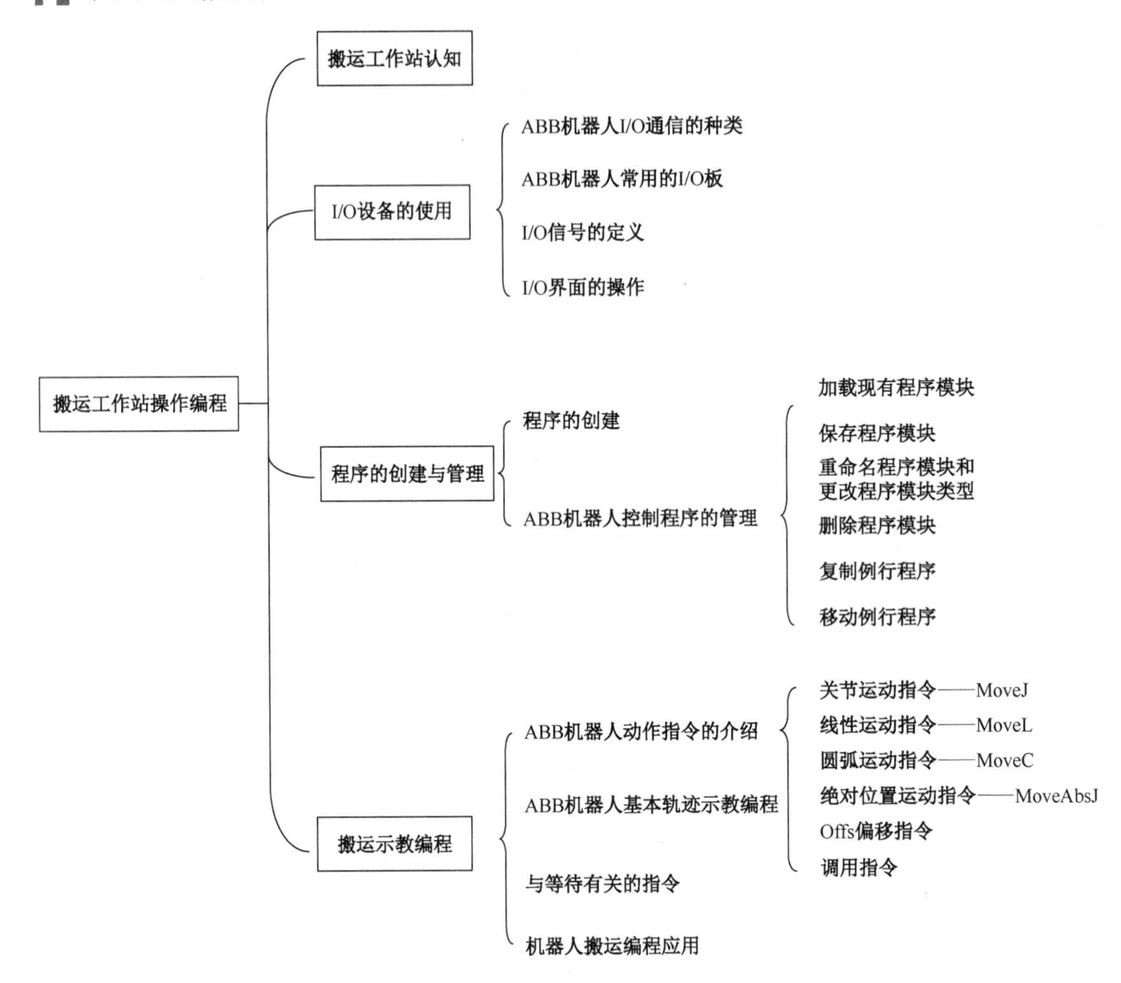

任务 1　搬运工作站认知

搬运工作站认知

任务导读

本任务基于对搬运工作站的认知，具体介绍搬运作业的概念、应用领域和搬运工作站的概念。力求使读者了解搬运工作站的组成和特点，初步了解搬运工作站的实际应用。

相关知识

搬运工作站的主体是可以进行自动化搬运作业的搬运机器人。搬运作业是指用一种设备握持工件（物料），并将其从一个加工位置移动到另一个加工位置的过程。如果采用机器人来完成上述过程，整个搬运系统则构成了机器人搬运工作站，简称搬运工作站。给搬运工作站中的机器人安装不同类型的末端执行器，可以完成不同工件（物料）的搬运工作。

采用串联机器人的搬运工作站已广泛应用于汽车、电子电气、橡胶及塑料、木材加工与家具制造、医药、食品、化工等行业的输送、包装、装箱、搬运、码垛等工序。搬运工作站中的机器人的轴数一般为 6 轴或 4 轴，其中 6 轴机器人主要用于各行业的重物搬运作业，尤其是重型夹具、车身的转动及发动机的起吊等，4 轴机器人由于轴数少，运动轨迹近于直线，所以速度明显提高，特别适合高速包装、码垛等工序，例如，有一种名为 SCARA 的机器人，该机器人具有 4 个轴，可用于高速轻载的工作场合。

用于搬运工作站的并联机器人一般以 2~4 个自由度居多，其中以 Delta 机械手为代表。1987 年，瑞士 Demaurex 公司首先购买了 Delta 机械手的专利权并将其产业化，先后开发了 Pack-Placer、Line-Placer、Top-placer 和 Presto 等系列产品，主要用于巧克力、饼干、面包等食品的包装。

目前，搬运工作站被广泛应用于机床上下料、冲压机自动化生产线、自动装配流水线、搬运集装箱等。部分发达国家已规定了人工搬运的最大限度，超过这个限度的工作必须由搬运工作站来完成。常用于组成搬运工作站的 IRB7600 型机器人如图 3-1 所示。

图 3-1　IRB7600 型机器人

总体来说，搬运工作站具有如下特点：

（1）应有物品传送装置，其形式要根据物品的特点选用或设计。

（2）可将物品准确地定位，以便机器人的抓取。

（3）多数情况下设有放置物品的托盘，托盘可自动交换物品。

（4）有些物品在传送过程中还要经过整形，以保证码垛质量。

（5）要根据被搬运物品设计专用的末端执行器。

（6）应选用适于搬运作业的机器人。

通常来说，搬运工作站是一种集成化的系统，它包括机器人、控制器、PLC、末端执行器、托盘等，并与生产控制系统连接，以形成一个完整的集成化的搬运系统。如图 3-2 所示为由 ABB 机器人组成的搬运工作站在进行工件（物料）的搬运工作。

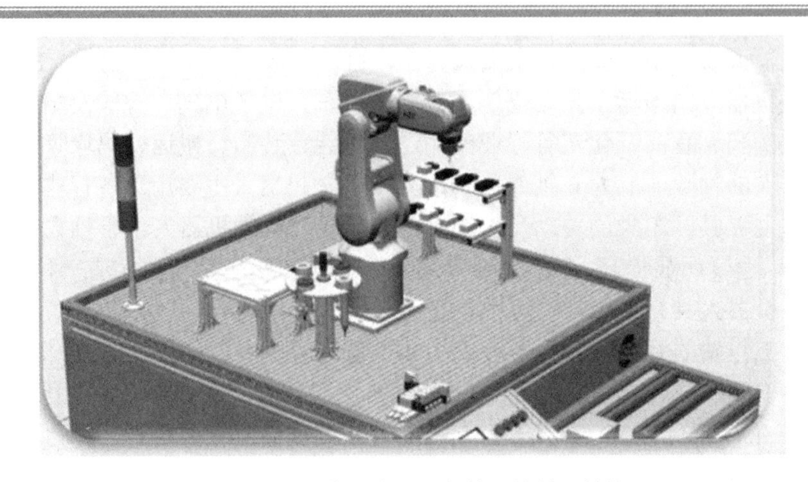

图 3-2　搬运工作站在进行工件（物料）的搬运

在本实训任务中使用的是如图 3-3 所示的搬运工作站平台，它的主要功能是利用 IRB120 型机器人将双层物料库中的一块长方体物料搬运至平面物料库的相应位置。

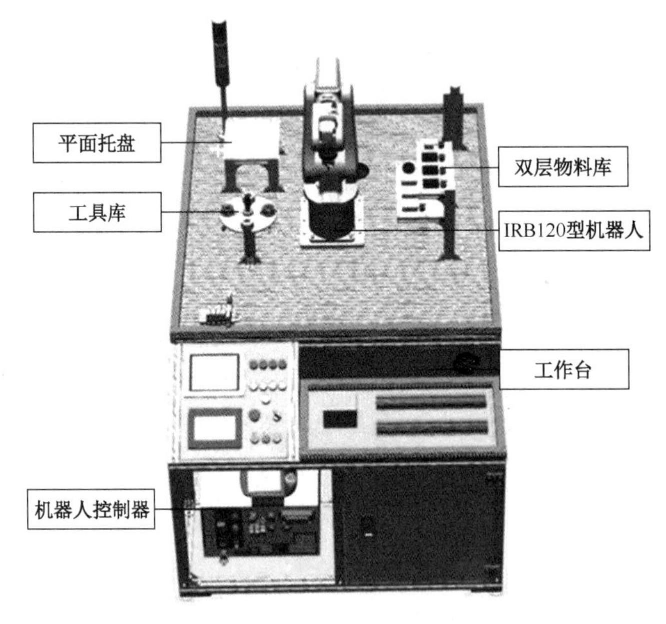

图 3-3　搬运工作站平台

本工作站的主要组成部件有工具库、平面托盘、双层物料库、IRB120 型机器人、工作台以及机器人控制器等。若要完成搬运程序的创建，需要依次完成机器人控制程序的创建、目标点示教及 I/O 的配置，在本实训任务中，涉及的 I/O 信号如表 3-1 所示。

表 3-1　本实训任务中涉及的 I/O 信号

数字信号	信号说明
DO1	末端执行器（夹爪）的开合动作信号
DOGrip	快换工具安装与拆卸的动作信号

最终完成的主程序如下：

```
PROC main()
rInitAll;!调用rInitAll子程序（初始化程序）
grip_jz;!调用grip_jz子程序（示教：机器人抓取夹爪）
banyun;!调用banyun子程序（示教：将物料从双层物料库搬运至平面托盘）
fang_jz;!调用fang_jz子程序（示教：将夹爪放回工具库）
ENDPROC
```

任务 2 I/O 设备的使用

I/O 设备的使用

任务导读

I/O 是指设备信号的输入/输出，I/O 设备的类型很多，不仅能够传递指令，也可以收发数据，在配置设备的 I/O 时应注意保持前后通信协议一致。本任务主要介绍 I/O 通信的类型、I/O 板的定义及分配、I/O 指令的使用及机器人与 PLC 之间的通信。

相关知识

3.2.1 ABB 机器人 I/O 通信的种类

ABB 机器人具有丰富的 I/O 通信接口，可以轻松地与周边设备进行通信，具体如表 3-2 所示，其中 RS232 通信、OPC Server、Socket Message 是与 PC 通信时的通信协议，与 PC 通信的接口需要选择选项“PC-INTERFACE”才可以使用；DeviceNet、Profibus、Profibus-DP、Profinet、Ethernet IP 则是不同厂商推出的可用于机器人通信的现场总线协议，具体使用时应根据需要进行选配。如果使用 ABB 标准 I/O 板，可采用支持 DeviceNet 协议的总线。

表 3-2 ABB 机器人的通信方式

与 PC 通信	通过现场总线进行通信	ABB 标准通信
RS232 通信	DeviceNet	通过标准 I/O 板
OPC Server	Profibus	与 PLC 通信
Socket Message	Profibus-DP	……
	Profinet	……
	Ethernet IP	……

关于 ABB 机器人 I/O 板的说明：

（1）标准的 ABB 机器人 I/O 板提供的常用信号端口有数字输入 DI、数字输出 DO、模拟输入 AI、模拟输出 AO 以及输送链跟踪，常用的 I/O 板有 DSQC651 和 DSQC652。

（2）需要让机器人与 PLC 通信时，可以选择 ABB 品牌的 PLC，这样就省去了与其他品牌 PLC 进行通信时需要进行设置的麻烦，并且可以在机器人的示教器上进行与 PLC 相关的操作。

下面我们将以目前较为常用的 ABB 标准 I/O 板 DSQC651 为例，详细地讲解如何进行相关的参数设定。

3.2.2 ABB 机器人常用的 I/O 板

标准的 ABB 机器人 I/O 板是挂载在 DeviceNet 网络上的，所以要设定模块在网络中的地址。常用的 I/O 板如表 3-3 所示。

表 3-3　常用的 I/O 板

序　　号	型　　号	说　　明
1	DSQC651	分布式 I/O 模块（8DI、8DO、2AO）
2	DSQC652	分布式 I/O 模块（16DI、16DO）
3	DSQC653	分布式 I/O 模块（8DI、8DO，带继电器）
4	DSQC355A	分布式 I/O 模块（4AI、4AO）
5	DSQC377A	输送链跟踪单元

1. DSQC651

DSQC651 可提供对 8 个数字输入信号、8 个数字输出信号和 2 个模拟输出信号的处理，相关接口说明如图 3-4 所示，A 部分是信号输出指示灯；B 部分是 X1 数字输出接口；C 部分是 X6 模拟输出接口；D 部分是 X5 接口（DeviceNet）；E 部分是模块状态指示灯；F 部分是 X3 数字输入接口；G 部分是数字输入信号指示灯。

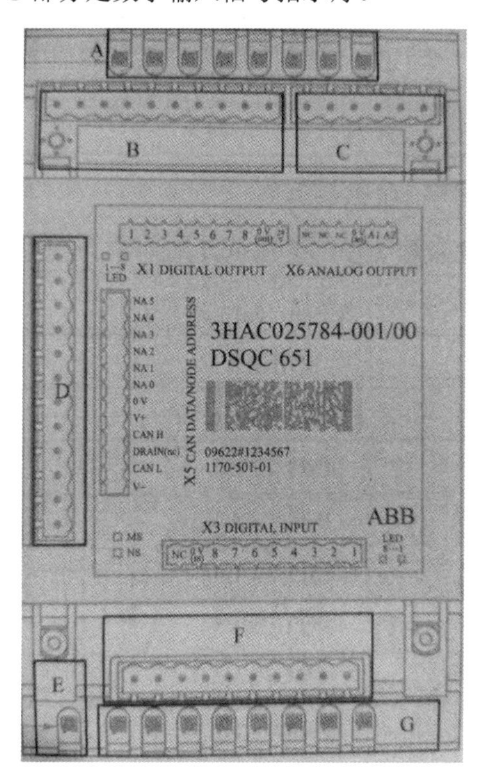

图 3-4　DSQC651 接口说明

X1、X3、X5、X6 这四个接口的连接说明如下：

（1）X1 接口。X1 接口包括 8 路数字输出，地址分配如表 3-4 所示。

表 3-4　X1 接口

引脚编号	使用定义	地址分配
1	OUTPUT CH1	32
2	OUTPUT CH2	33

续表

引脚编号	使用定义	地址分配
3	OUTPUT CH3	34
4	OUTPUT CH4	35
5	OUTPUT CH5	36
6	OUTPUT CH6	37
7	OUTPUT CH7	38
8	OUTPUT CH8	39
9	0V	—
10	24V	—

（2）X3 接口。X3 接口包括 8 路数字输入，地址分配如表 3-5 所示。

表 3-5　X3 接口

引脚编号	使用定义	地址分配
1	INPUT CH1	0
2	INPUT CH2	1
3	INPUT CH3	2
4	INPUT CH4	3
5	INPUT CH5	4
6	INPUT CH6	5
7	INPUT CH7	6
8	INPUT CH8	7
9	0V	—
10	未使用	—

（3）X5 接口。X5 接口是 DeviceNet 总线接口，使用定义如表 3-6 所示。其中 6 号~12 号引脚用来决定模块（I/O 板）在总线中的地址，范围为 10~63。如图 3-5 所示，如果将 8 号和 10 号引脚的跳线剪去，就可以获得 10 的地址（2+8=10）。

表 3-6　X5 接口

引脚编号	使用定义
1	0V（BLACK）
2	CAN 信号线（low）（BLUE）
3	屏蔽线
4	CAN 信号线（high）（WHITE）
5	24V（HED）
6	GND 地址选择公共端
7	模块 ID bit0（LSB）
8	模块 ID bit1（LSB）
9	模块 ID bit2（LSB）
10	模块 ID bit3（LSB）
11	模块 ID bit4（LSB）
12	模块 ID bit5（LSB）

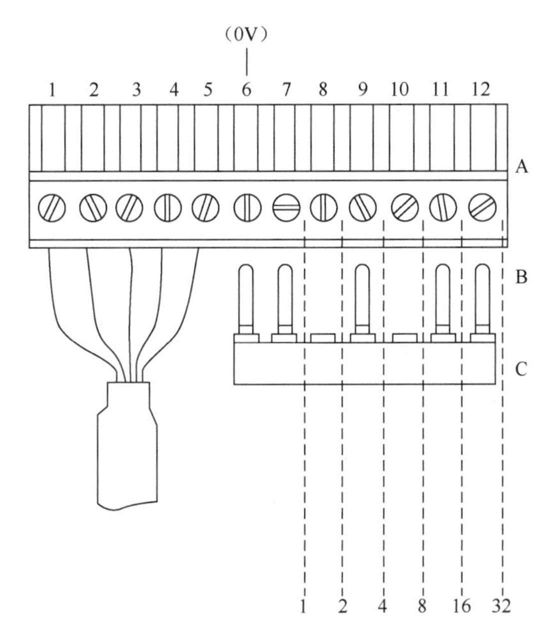

图 3-5　X5 接口的接线

（4）X6 接口。X6 接口包括 2 路模拟输出，地址分配如表 3-7 所示。

表 3-7　X6 接口

引脚编号	使用定义	地址分配
1	未使用	—
2	未使用	—
3	未使用	—
4	0V	—
5	模拟输出 AO1	0~15
6	模拟输出 AO2	16~31

2. ABB 标准 I/O 板 DSQC652

DSQC652 可提供对 16 个数字输入信号和 16 个数字输出信号的处理，接口的说明如图 3-6 所示，其中 A 部分是信号输出指示灯；B 部分是 X1、X2 数字输出接口；C 部分是 X5 接口（DeviceNet）；D 部分是模块状态指示灯；E 部分是 X3、X4 数字输入接口；F 部分是数字输入信号指示灯。

DSQC652 的 X1～X5 接口连接说明如下。

（1）X1 接口。X1 接口包括 8 路数字输出，地址分配如表 3-8 所示。

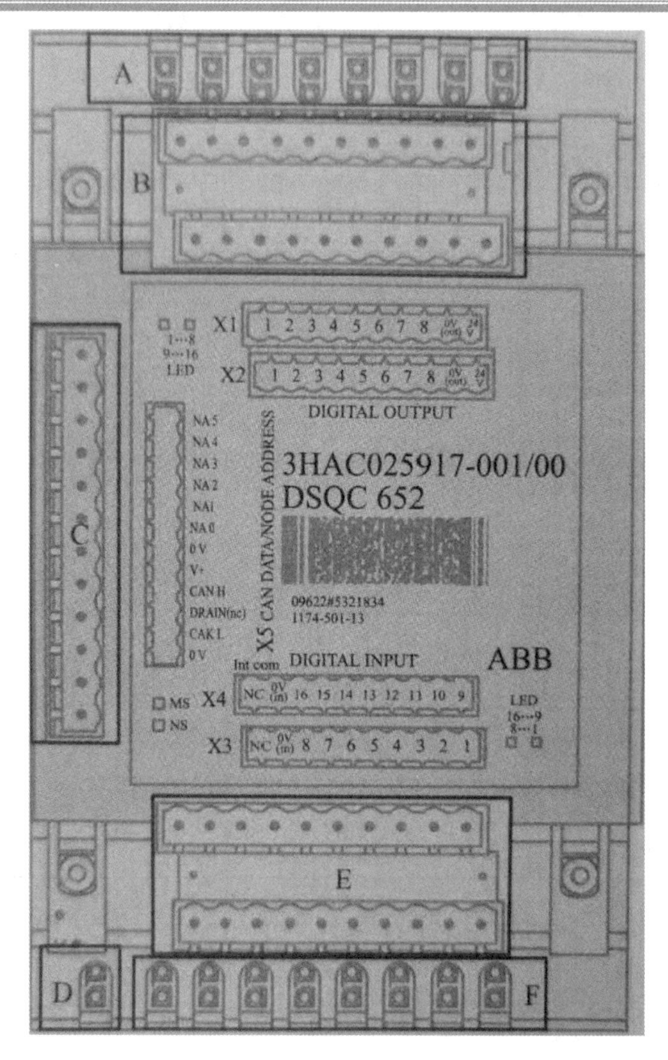

图 3-6　DSQC652 接口的说明

表 3-8　X1 接口

引脚编号	使用定义	地址分配
1	OUTPUT CH1	0
2	OUTPUT CH2	1
3	OUTPUT CH3	2
4	OUTPUT CH4	3
5	OUTPUT CH5	4
6	OUTPUT CH6	5
7	OUTPUT CH7	6
8	OUTPUT CH8	7
9	0V	—
10	24V	—

（2）X2 接口。X2 接口包括 8 路数字输出，地址分配如表 3-9 所示。

表 3-9 X2 接口

引脚编号	使用定义	地址分配
1	OUTPUT CH1	8
2	OUTPUT CH2	9
3	OUTPUT CH3	10
4	OUTPUT CH4	11
5	OUTPUT CH5	12
6	OUTPUT CH6	13
7	OUTPUT CH7	14
8	OUTPUT CH8	15
9	0V	—
10	24V	—

（3）X3 接口。X3 接口包括 8 路数字输入，地址分配如表 3-10 所示。

表 3-10 X3 接口

引脚编号	使用定义	地址分配
1	INPUT CH1	0
2	INPUT CH2	1
3	INPUT CH3	2
4	INPUT CH4	3
5	INPUT CH5	4
6	INPUT CH6	5
7	INPUT CH7	6
8	INPUT CH8	7
9	0V	—
10	未使用	—

（4）X4 接口。X4 接口包括 8 路数字输出，地址分配如表 3-11 所示。

表 3-11 X4 接口

引脚编号	使用定义	地址分配
1	INPUT CH9	8
2	INPUT CH10	9
3	INPUT CH11	10
4	INPUT CH12	11
5	INPUT CH13	12
6	INPUT CH14	13

续表

引脚编号	使用定义	地址分配
7	INPUT CH15	14
8	INPUT CH16	15
9	0V	—
10	未使用	—

（5）X5 接口。X5 接口相关知识见前文 DSQC651 中的 X5 接口部分内容。

3.2.3　I/O 信号的定义

示数器中主板的建立

常用的 ABB 品牌 I/O 板除分配地址不同外，其配置方法基本相同，下面以 DSQC651 的配置为例，来介绍 DeviceNet 现场总线连接及数字输入信号（DI）、数字输出信号（DO）、模拟输出信号（AO）的定义。

1．定义 DSQC651 的总线连接

一般情况下 ABB 品牌 I/O 板都是挂载于 DeviceNet 现场总线上，通过 X5 接口进行通信的。DSQC651 的总线连接相关参数说明如表 3-12 所示。

表 3-12　DSQC651 的总线连接相关参数说明

参数名称	参考设定值	说　　明
Name	Board10	设定 I/O 板在系统中的名字
Type of Unit	D651	设定 I/O 板的类型
Connected to Bus	DeviceNet1	设定 I/O 板连接的总线
DeviceNet Address	10	设定 I/O 板在总线中的地址

其总线连接操作步骤如下：

（1）进入 ABB 主菜单，单击“控制面板”选项；单击“配置”选项，如图 3-7 所示。

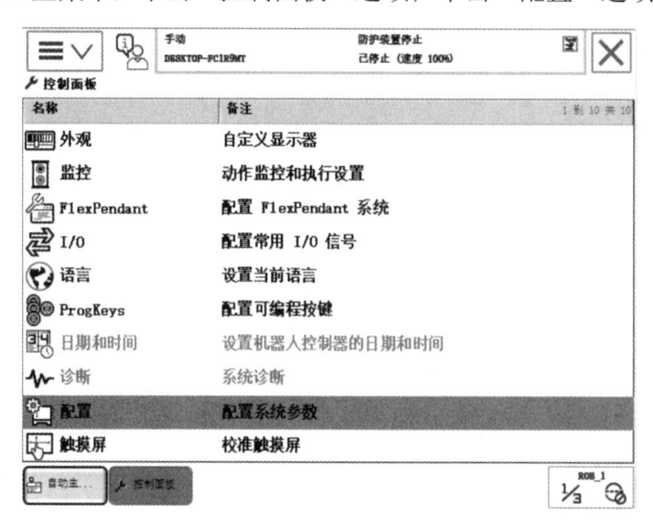

图 3-7　单击“配置”选项

（2）双击“DeviceNet Device”，进行 DSQC651 模块的选择及其地址设定，单击“添加”按钮，如图 3-8 所示。

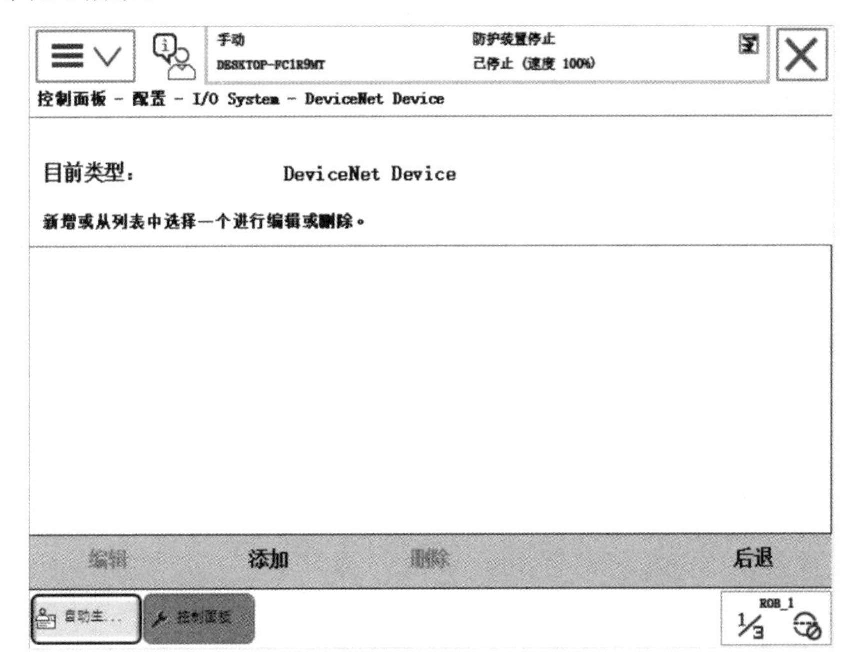

图 3-8　单击“添加”按钮

（3）单击右上方下拉箭头图标，选择使用的 I/O 板类型，如图 3-9（a）所示；选择“DSQC 651 Combi I/O Device”，其参数值会自动变为默认值，如图 3-9（b）所示。

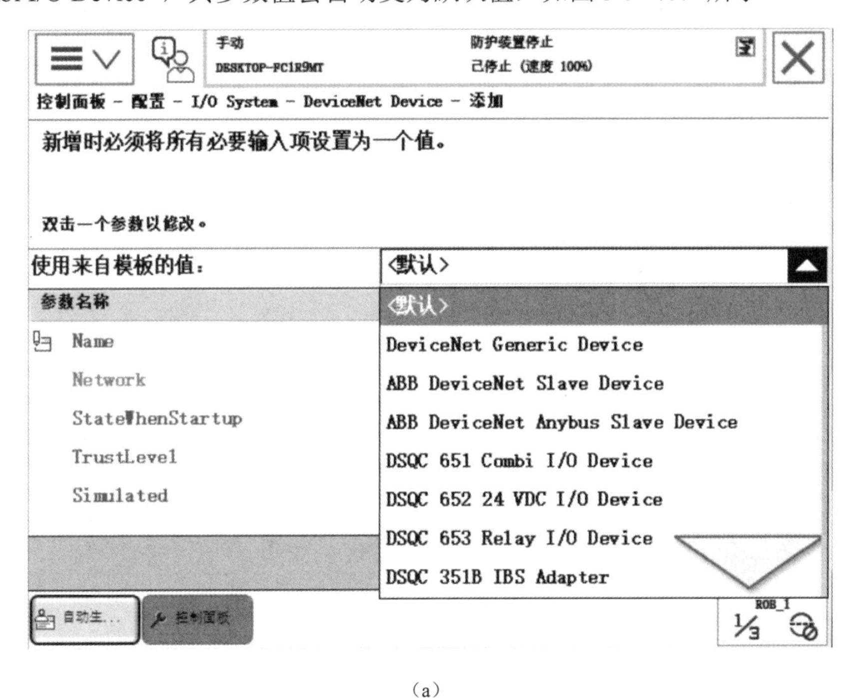

（a）

图 3-9　选择使用的 I/O 板类型

（b）

图 3-9　选择使用的 I/O 板类型（续）

（4）双击“Address”选项，将“Address”项的值改为 10（10 代表此模块在总线中的地址），这也是 ABB 机器人的出厂默认地址值，如图 3-10（a）所示；单击“确定”按钮，返回参数设定界面，如图 3-10（b）所示。

（a）

图 3-10　修改地址

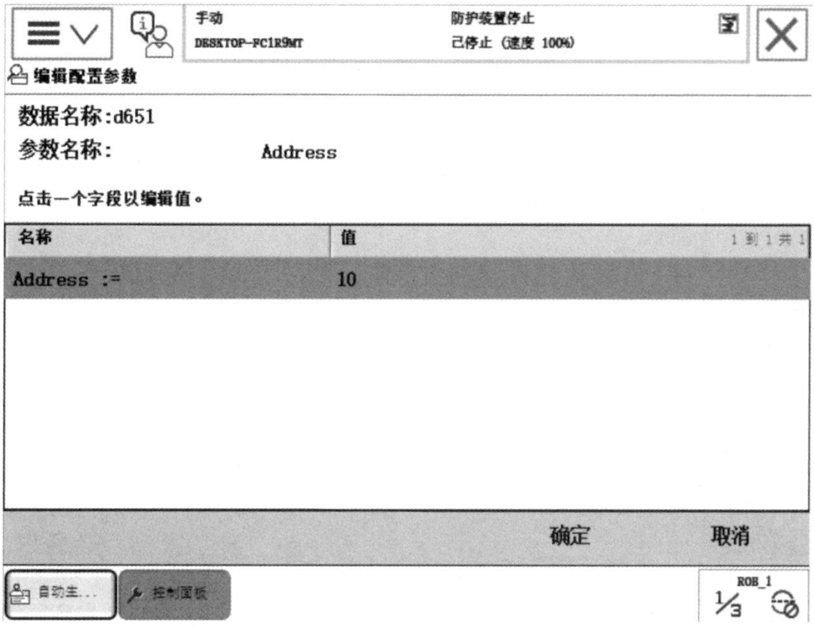

手动
DESKTOP-FC1R9MT
防护装置停止
已停止 (速度 100%)
编辑配置参数
数据名称:d651
参数名称:
Address
点击一个字段以编辑值。
名称
值
1 到 1 共 1
Address :=
10
确定
取消
自动生...
控制面板
ROB_1
1/3

（b）

图 3-10　修改地址（续）

（5）参数设定完毕，单击“确定”按钮，如图 3-11（a）所示；单击“是”按钮，重新启动控制系统，如图 3-11（b）所示。

手动
DESKTOP-FC1R9MT
防护装置停止
已停止 (速度 100%)
控制面板 - 配置 - I/O System - DeviceNet Device - 添加
新增时必须将所有必要输入项设置为一个值。
双击一个参数以修改。
使用来自模板的值:
DSQC 651 Combi I/O Device
参数名称
值
6 到 10 共 19
VendorName
ABB Robotics
ProductName
Combi I/O Device
RecoveryTime
5000
Label
DSQC 651 Combi I/O Device
Address
10
确定
取消
自动生...
控制面板
ROB_1
1/3

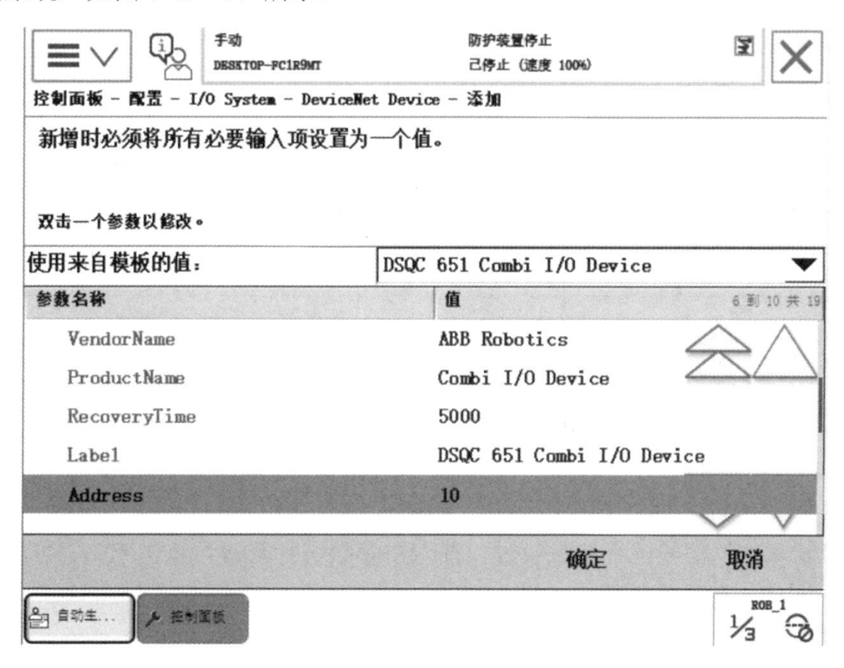

（a）

图 3-11　设定参数并重启

(b)

图 3-11　设定参数并重启（续）

2. 定义数字输入信号 di1

数字 I/O 连接的建立

数字输入信号 di1 的相关参数如表 3-13 所示。

表 3-13　数字输入信号 di1 的相关参数

参数名称	设定值	说　明
Name	di1	设定信号名称
Type of Signal	Digital Input	设定信号种类
Assigned to Device	d651	设定信号所在的 I/O 模块
Device Mapping	0	设定信号所占用的地址

数字输入信号 di1 的操作步骤如下。

（1）单击“控制面板”，进入到控制面板界面；选择“配置”选项，如图 3-12（a）所示。

（2）选择“Signal”项；单击“添加”按钮，如图 3-12（b）所示。

（3）对新添加的信号进行参数设置，要双击参数进行修改，首先双击“Name”；输入“di1”，然后单击“确定”按钮，如图 3-13 所示。

（4）双击“Type of Signal”，选择“Digital Input”；接下来双击“Assigned to Device”，选择“d651”，如图 3-14 所示。

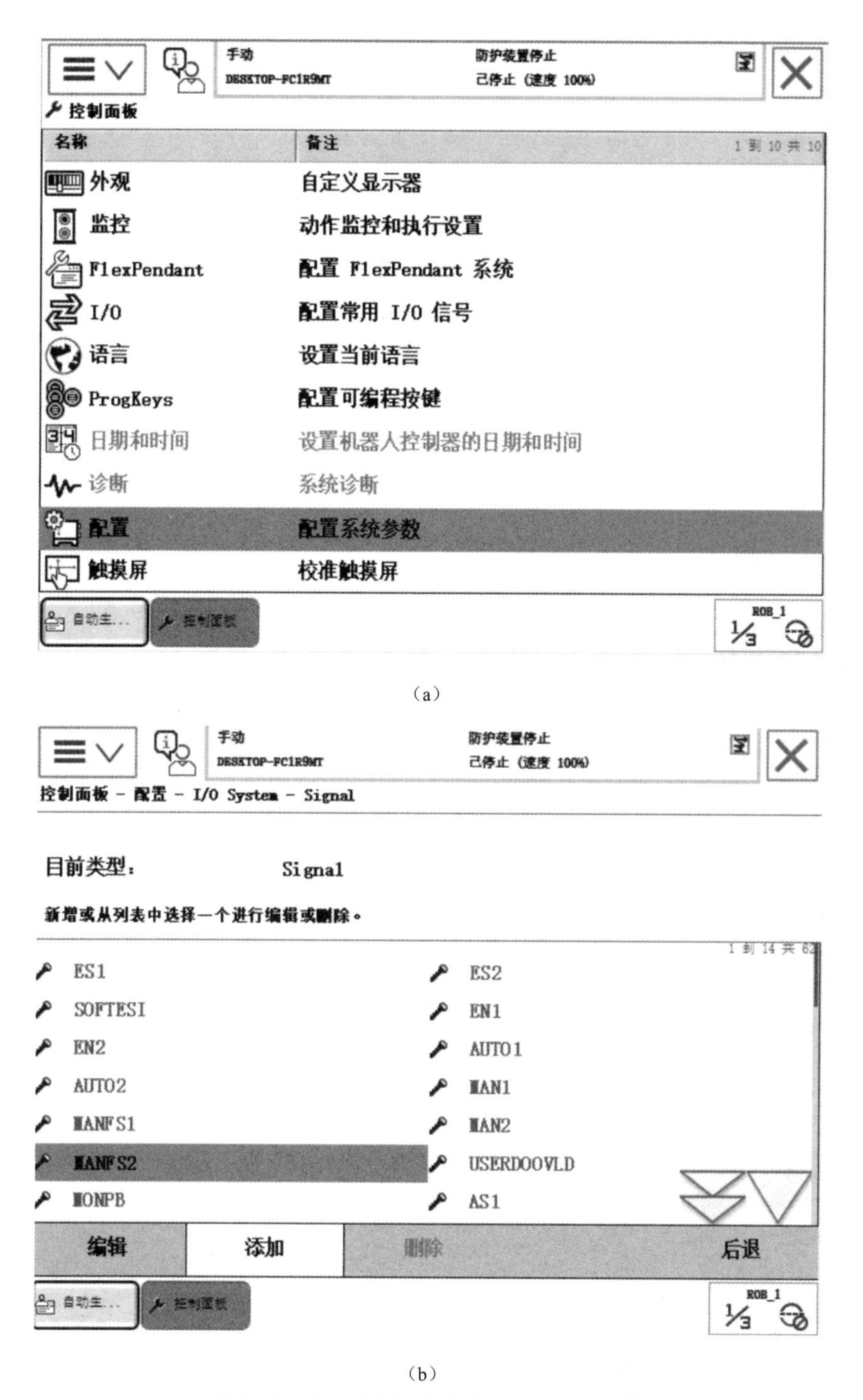

图 3-12　进入控制面板并选择“Signal”项

（5）双击“Device Mapping”；输入“0”，单击“确定”按钮。

（6）完成全部设置后的界面如图 3-15（a）所示，单击“确定”按钮，在弹出窗口中单击“是”按钮，重启控制器以完成设置，如图 3-15（b）所示。

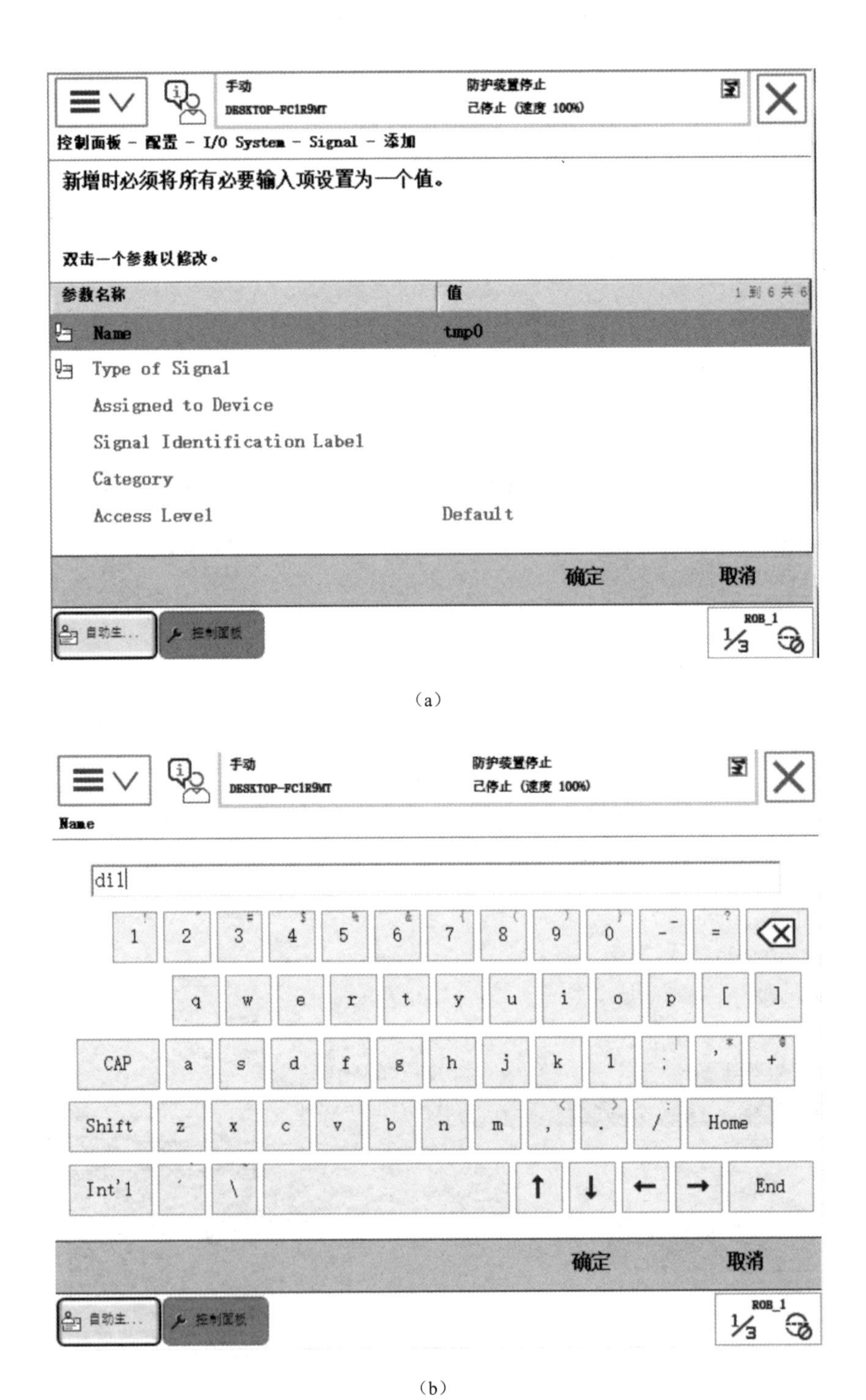

（a）

（b）

图 3-13　修改信号名称

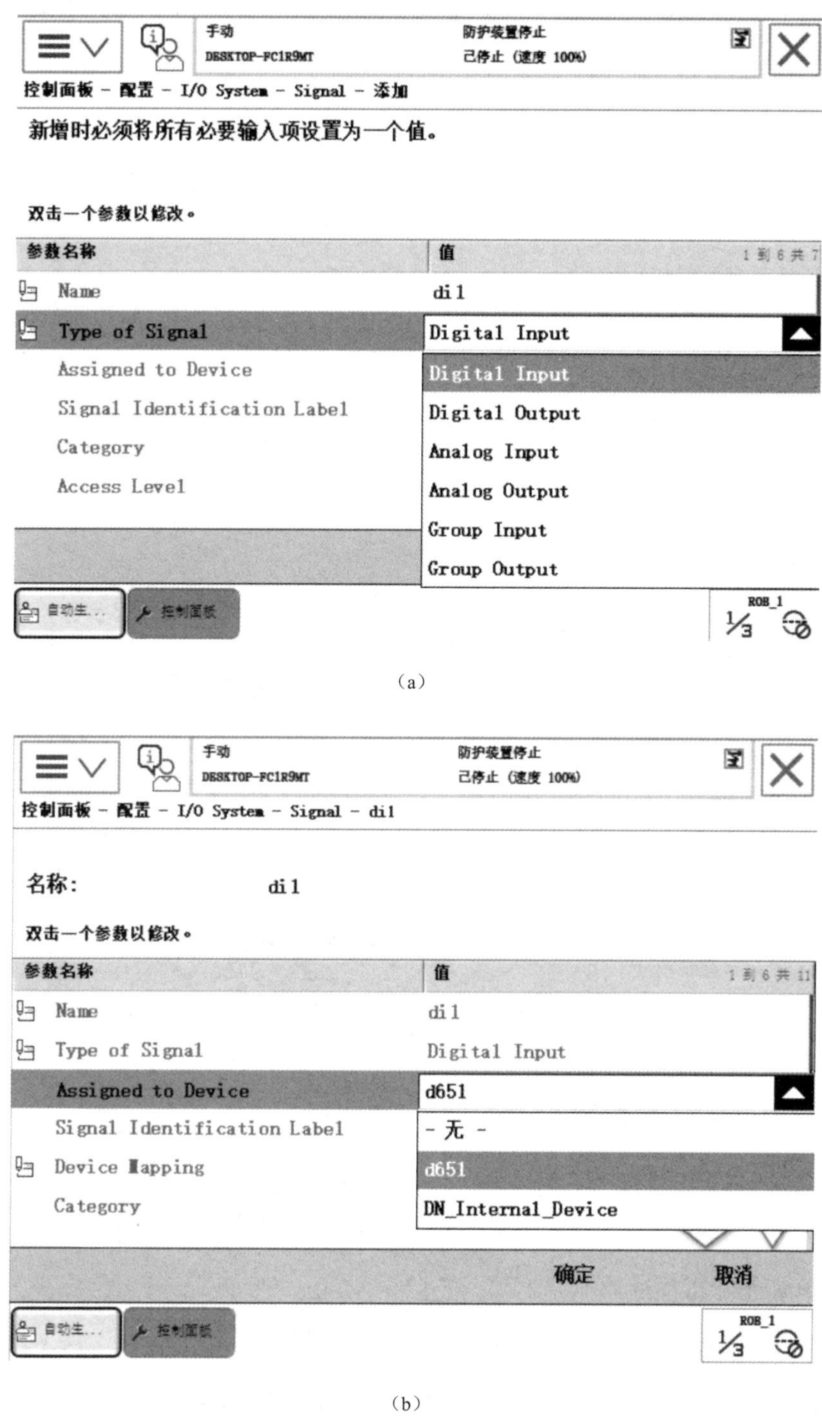

手动
DESKTOP-FC1R9MT
防护装置停止
已停止 (速度 100%)
控制面板 - 配置 - I/O System - Signal - 添加
新增时必须将所有必要输入项设置为一个值。
双击一个参数以修改。
参数名称
值
1 到 6 共 7
Name
di1
Type of Signal
Digital Input
Assigned to Device
Signal Identification Label
Category
Access Level
Digital Input
Digital Output
Analog Input
Analog Output
Group Input
Group Output
控制面板
ROB_1
1/3
(a)
手动
DESKTOP-FC1R9MT
防护装置停止
已停止 (速度 100%)
控制面板 - 配置 - I/O System - Signal - di1
名称:
di1
双击一个参数以修改。
参数名称
值
1 到 6 共 11
Name
di1
Type of Signal
Digital Input
Assigned to Device
d651
Signal Identification Label
Device Mapping
Category
- 无 -
d651
DN_Internal_Device
确定
取消
控制面板
ROB_1
1/3
(b)

图 3-14　修改信号参数

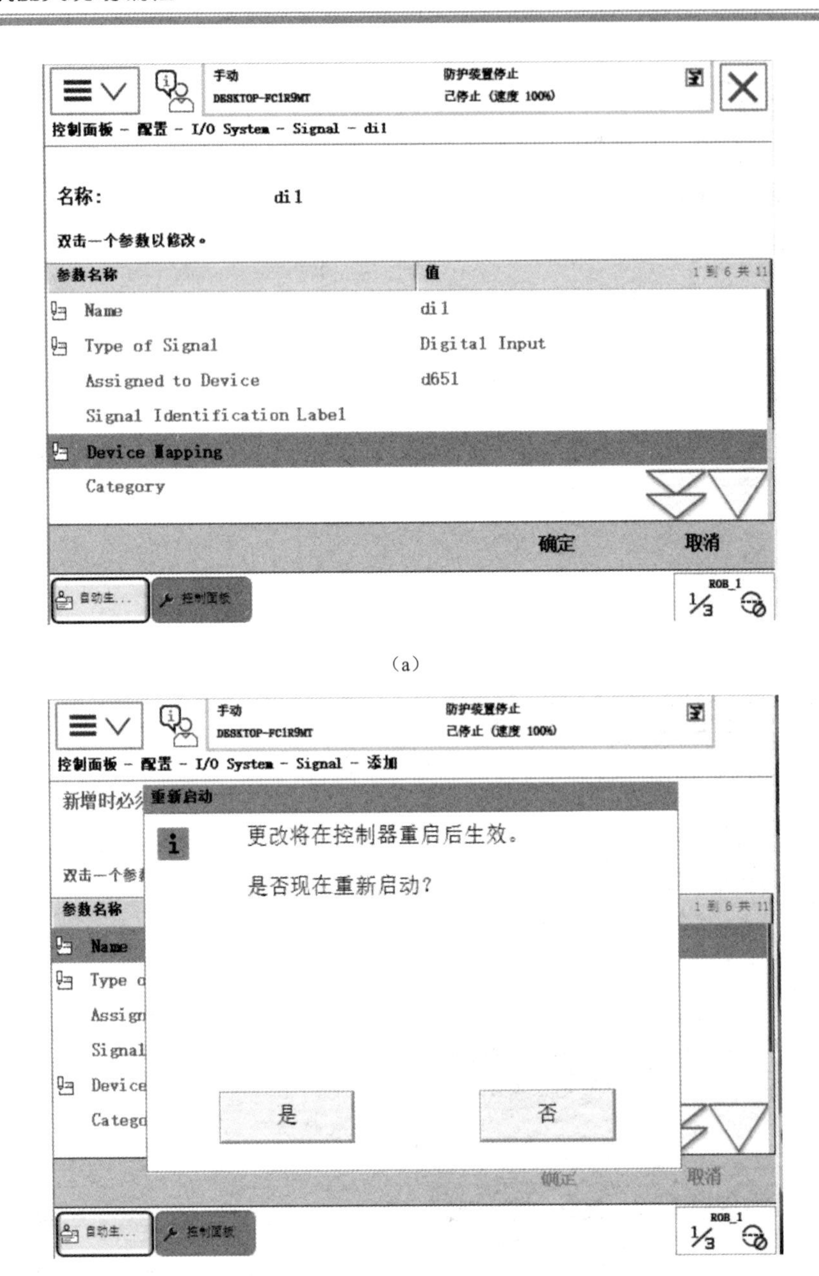

图 3-15 修改信号参数并重启

3．定义数字输出信号 do1

数字输出信号 do1 的相关参数说明如表 3-14 所示。

表 3-14 数字输出信号 dol 的相关参数说明

参数名称	设 定 值	说 明
Name	Board 10	设定数字输出信号的名字
Type of Signal	Digital Output	设定信号的种类

续表

参数名称	设　定　值	说　　明
Assigned to Unit	Board10	设定信号所在的 I/O 模块
Unit Mapping	32	设定信号所占用的地址

定义数字输出信号 do1 的操作步骤如下：

（1）选择“控制面板”菜单下的“配置”选项，双击“Signal”，并单击“添加”按钮，如图 3-16（a）所示。

（2）对参数进行设置，首先双击“Name”；输入“do1”，单击“确定”按钮；再双击“Type of Signal”，选择“Digital Output”；双击“Assigned to Device”，选择“d651”，如图 3-16（b）所示。

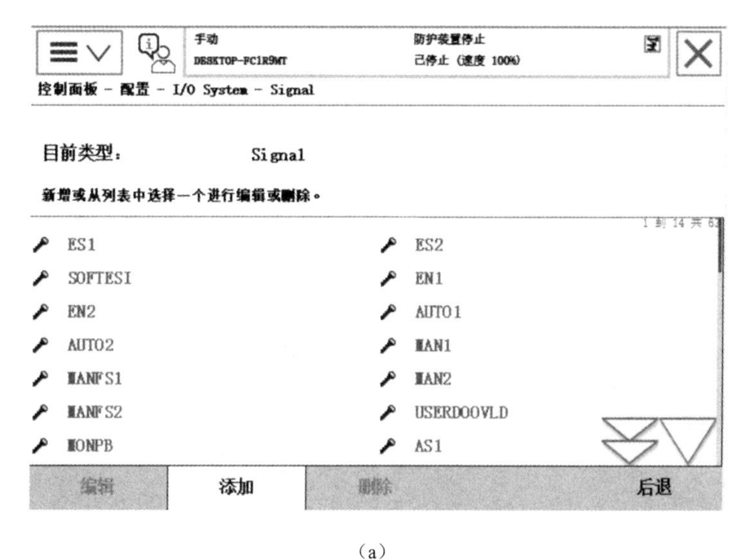

（a）

（b）

图 3-16　添加信号并设置

（3）双击“Device Mapping”；输入“32”，然后单击“确定”按钮，如图 3-17（a）所示；再次单击“确定”按钮，完成设定；系统弹出重新启动界面，单击“是”按钮，重启控制器以完成设置，如图 3-17（b）所示。

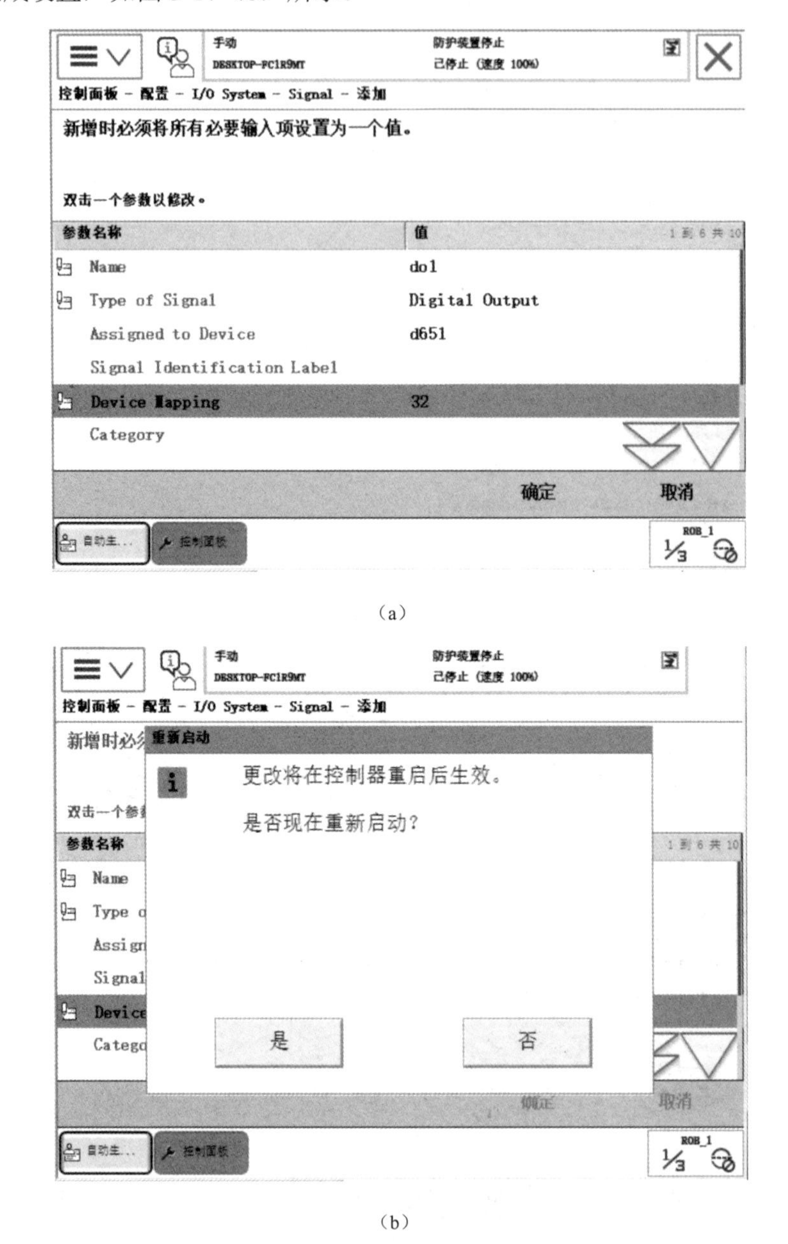

图 3-17　设定参数并重启

4. 定义模拟输出信号 ao1

相关参数说明如表 3-15 所示，操作步骤如下：

（1）选择“控制面板”菜单下的“配置”选项，双击“Signal”，单击“添加”按钮，进入新的信号参数设置界面，双击“Name”进行修改；界面中出现键盘后，输入“ao1”，然后单击“确定”按钮。

表 3-15　模拟输出信号 ao1 的相关参数说明

参数名称	设　定　值	说　　明
Name	ao1	设定模拟输出信号的名字
Type of Signal	Analog Output	设定信号的类型
Assigned to Unit	Board10	设定信号所在的 I/O 模块
Unit Mapping	0-15	设定信号所占用的地址
Analog Encoding Type	Unsigned	设定模拟信号属性
Maximum Logical Value	10	设定最大逻辑值
Maximum Physical Value	10	设定最大物理值
Maximum Bit Value	65535	设定最大位置

（2）双击“Type of signal”，然后选择“Analog Output”；双击“Assigned to Device”，选择“d651”，如图 3-18（a）所示。

（3）双击“Device Mapping”；输入“0-15”，然后单击“确定”按钮，如图 3-18（b）所示。

（4）下翻界面，双击“Analog Encoding Type”，选择“Unsigned”，如图 3-19（a）所示；双击“Maximum Logical Value”，然后输入“10”，单击“确定”按钮，如图 3-19（b）所示。

（5）双击“Maximum Physical Value”，然后输入“10”，单击“确定”按钮；双击“Maximum Bit Value”，然后输入“65535”，单击“确定”按钮，如图 3-20 所示。

（6）至此，相关参数的定义就完成了，单击“确定”按钮结束定义；系统弹出提醒重新启动界面，单击“是”按钮，重启控制器使更改生效，如图 3-21 所示。

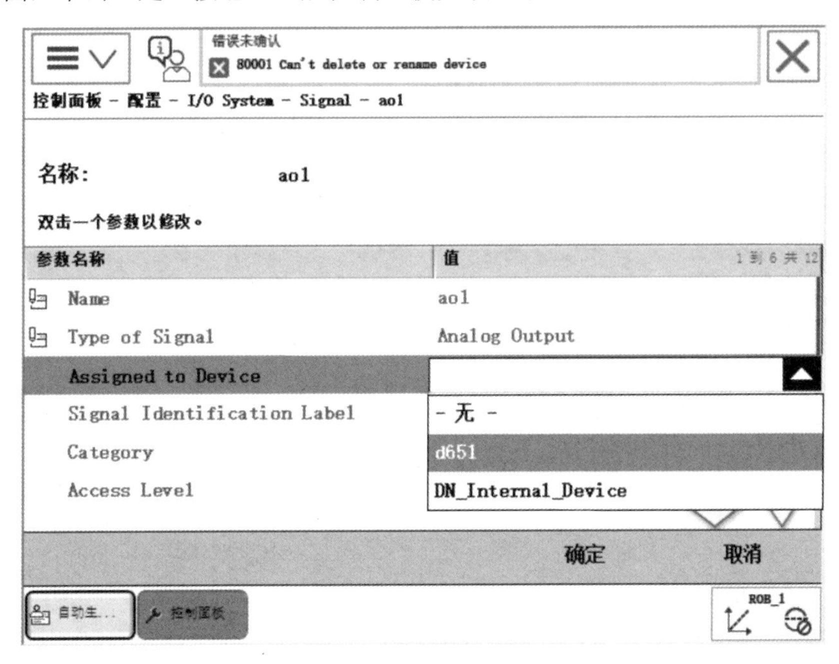

（a）

图 3-18　设置信号参数（1）

(b)

图 3-18　设置信号参数（1）（续）

(a)

图 3-19　设置信号参数（2）

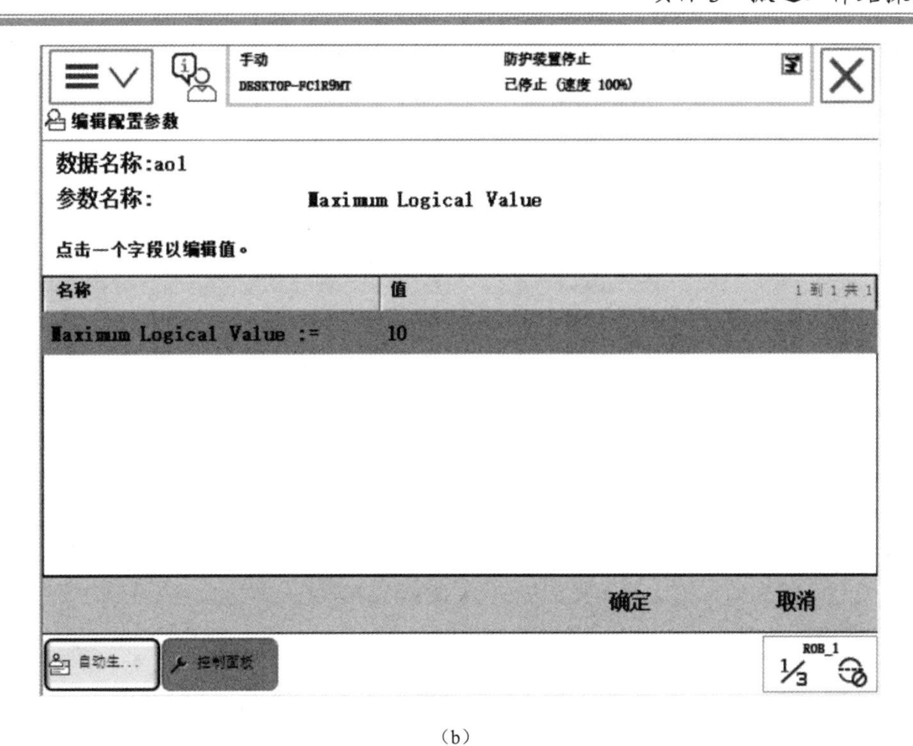

（b）

图 3-19　设置信号参数（2）（续）

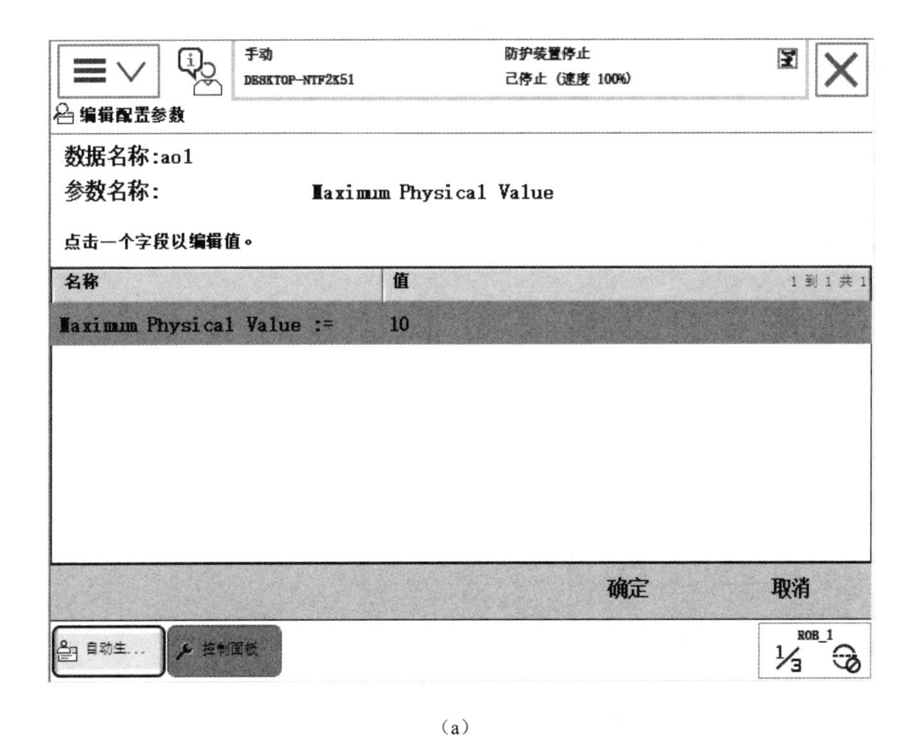

（a）

图 3-20　设置信号参数（3）

(b)

图 3-20 设置信号参数（3）（续）

图 3-21 参数设置完成后重启

3.2.4 I/O 界面的操作

上一节介绍了 I/O 信号的定义，接下来介绍一下如何对 I/O 信号进行监控与操作。对 I/O 信号进行监控是为了掌控所有 I/O 信号的地址、状态等信息。打开“输入输出”界面，可以看到所有定义的 I/O 信号，以及对 I/O 信号的状态或数值进行的相应仿真和强制操作，以便在机器人调试和检修时使用。具体操作如下：

（1）在示教器操作界面，选择“输入输出”；打开右下角的“视图”菜单，如图 3-22（a）所示。

（2）在视图菜单中选择“IO 设备”（“I/O 设备”）；选择“d651”，然后单击“信号”按钮，如图 3-22（b）所示。

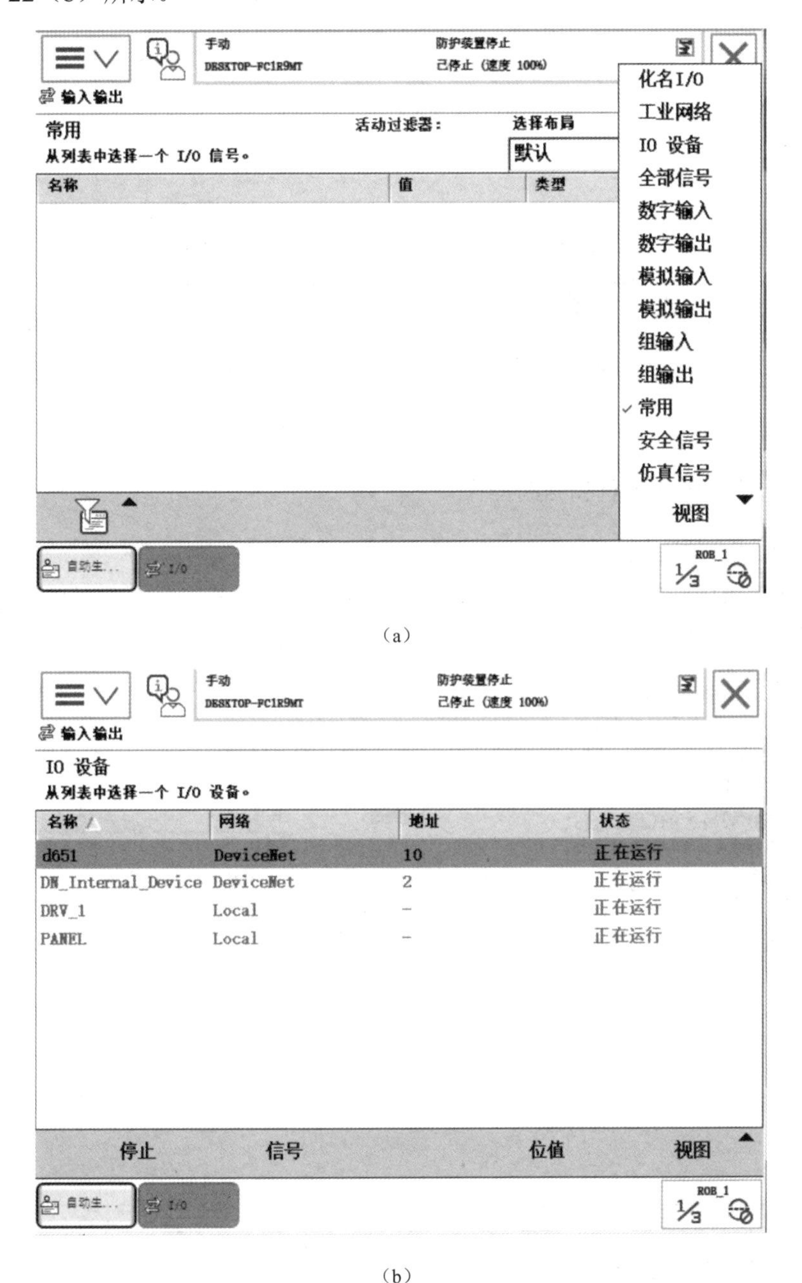

（a）

（b）

图 3-22　设置输出选项

（3）至此，可以看到上一节中所定义的信号，通过该界面可对信号进行监控、仿真和强制操作，如图 3-23 所示。

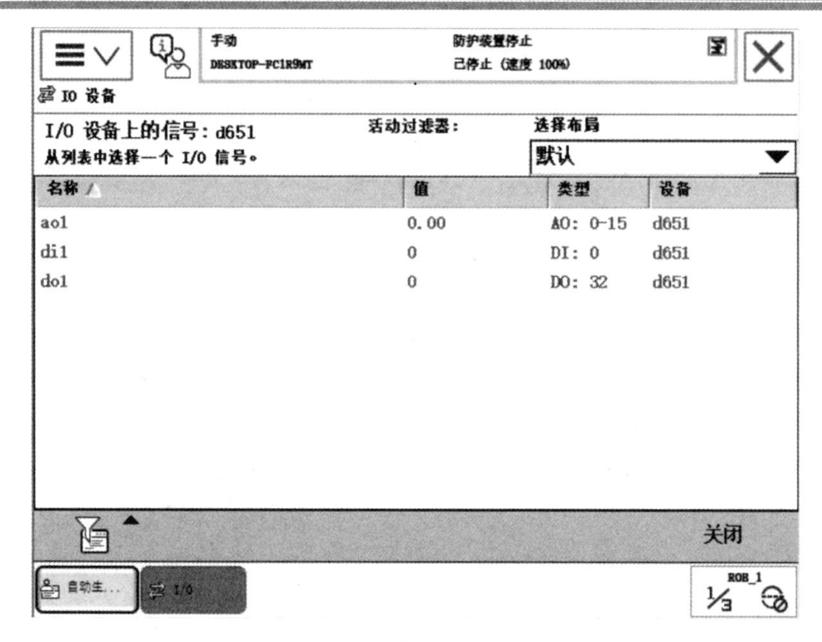

图 3-23 查看自定义的信号

1. 对 I/O 信号进行仿真和强制操作

1）对 di1 进行仿真操作

（1）选中“di1”，然后单击“仿真”按钮，如图 3-24（a）所示。

（2）单击“0”或“1”，可以将 di1 的状态仿真置为 0 或 1，如图 3-24（b）所示。

（3）仿真结束后，单击“消除仿真”按钮，取消仿真。

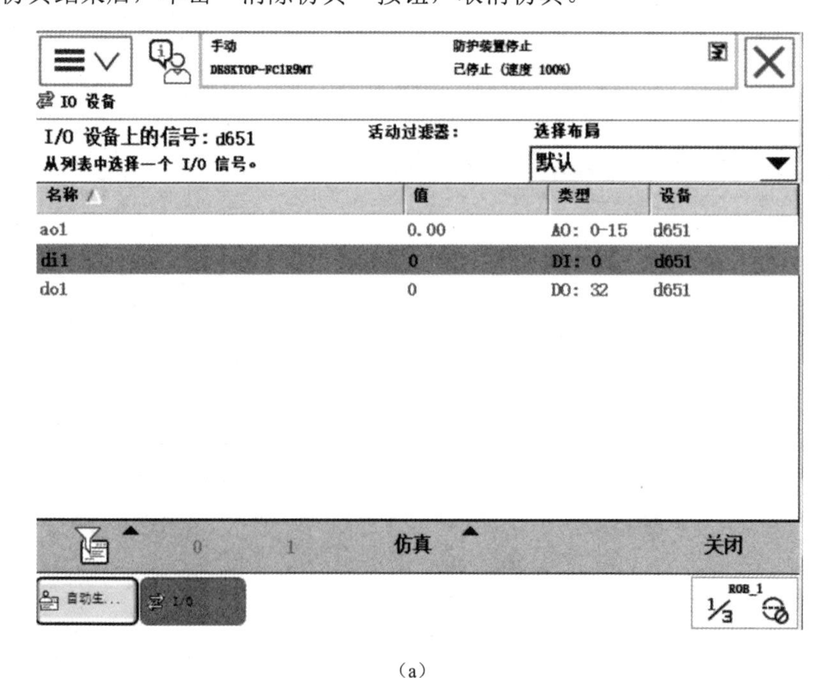

（a）

图 3-24 选择输入信号并仿真

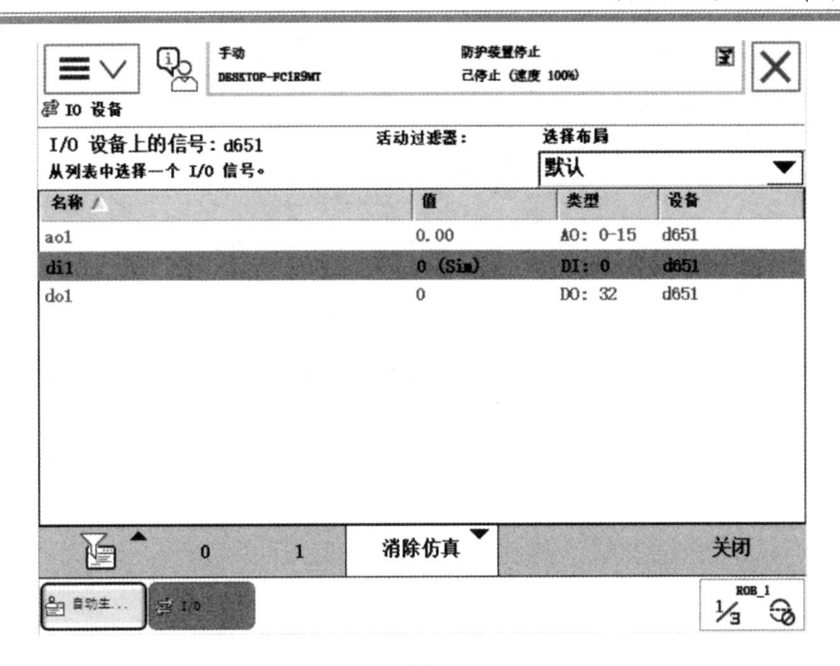

(b)

图 3-24　选择输入信号并仿真（续）

2）对 do1 进行强制操作

如图 3-25 所示，选中“do1”，通过单击“0”或“1”，可对 do1 的状态进行强制置 0 或强制置 1。

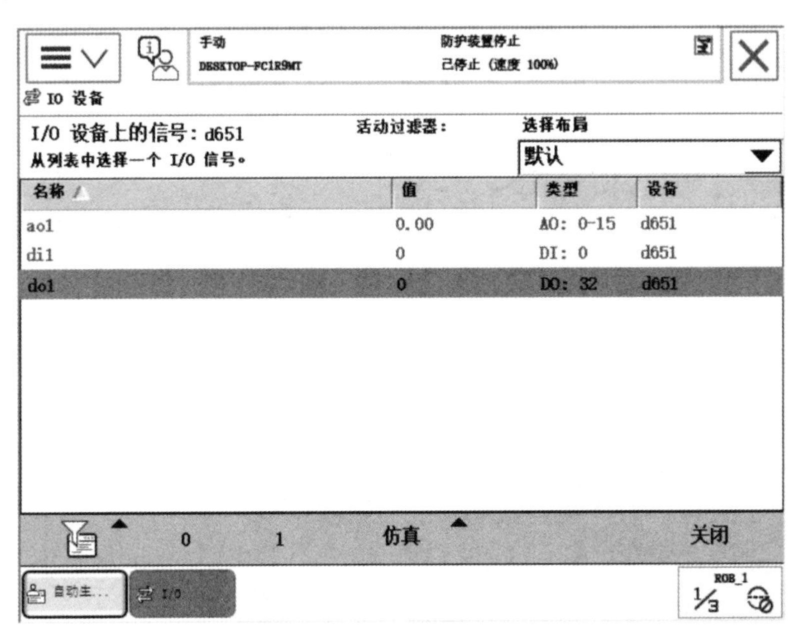

图 3-25　对 do1 进行强制操作

3）对 ao1 进行强制操作

（1）选中“ao1”，然后单击“123...”按钮，如图 3-26（a）所示。

（2）输入需要强制修改的数值，以输入“2”为例，然后单击“确定”按钮，如图 3-26（b）所示。

（3）此时应能见到 ao1 的输出被强制设置为 2.00，如图 3-27 所示。

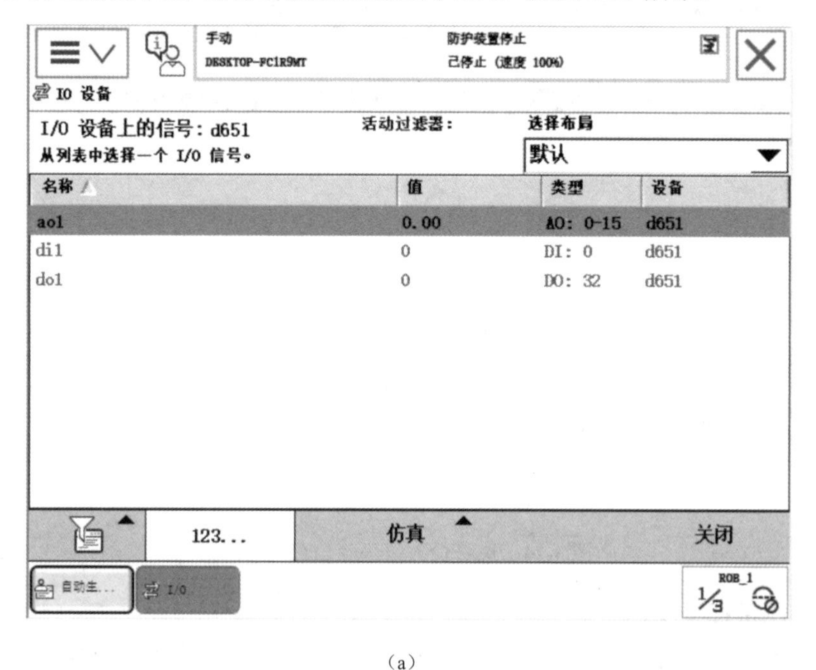

（a）

（b）

图 3-26　对 ao1 进行强制操作

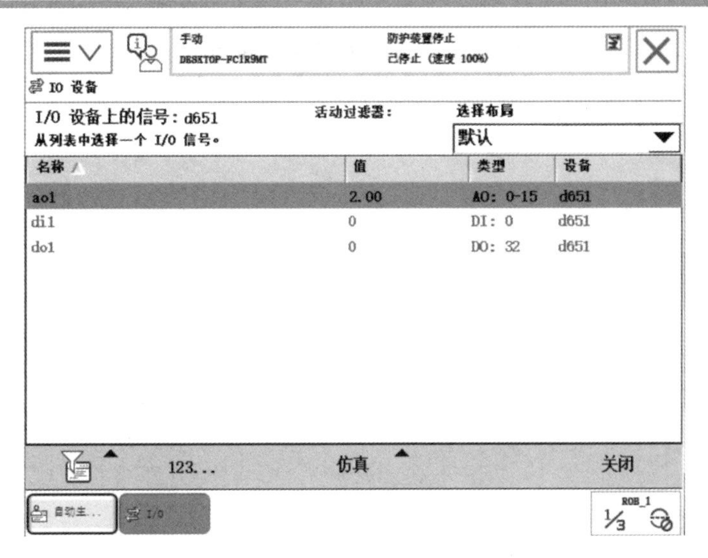

图 3-27　强制操作的结果

2. ABB 机器人 I/O 指令的使用

置位/复位指令的应用

I/O 指令用于控制 I/O 信号，以使机器人与周边设备进行通信。在机器人现场编程中，I/O 通信是很重要的学习内容。这里，I/O 通信主要指对机器人与 PLC 的通信进行设置来实现信号的交互。例如，打开相应开关，使 PLC 输出信号，则机器人就会接收这个信号，然后做出相应的反应，实现某项任务。

1）Set（数字信号置位）指令

按图 3-28 所示添加“Set do1;”语句。Set 指令用于将数字输出信号的值（Digital Output）置为“1”。

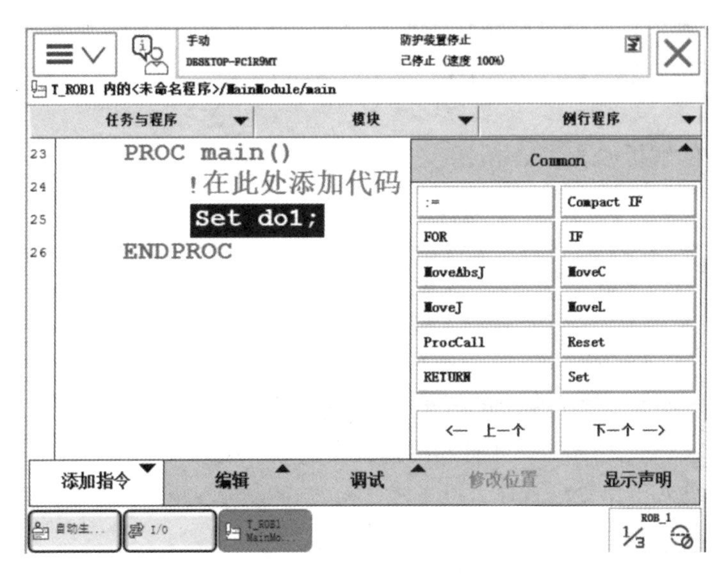

图 3-28　Set（数字信号置位）指令

“Set do1”指令的解析如表 3-16 所示。

表 3-16　“Set do1” 指令的解析

参　　数	含　　义
do1	数字输出信号

2）Reset（数字信号复位）指令

按图 3-29 所示添加 “Reset do1;” 语句。Reset 指令用于将数字输出信号的值（Digital Output）置为 “0”。

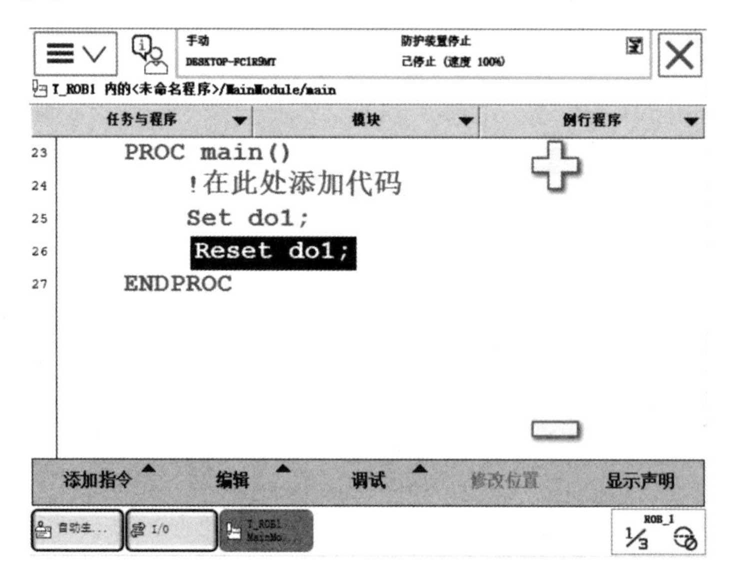

图 3-29　Reset（数字信号复位）指令

注意：如果在 Set、Reset 指令前出现 MoveL、MoveJ、MoveC、MoveAbsJ 等搭配运动数据运行的指令，则这些指令必须使用 Fine 类型才能准确反映 I/O 信号状态的变化。

3）WaitDI（数字输入信号判断）指令

按图 3-30 所示添加 “WaitDI di1,1;” 语句。WaitDI 指令用于判断数字输入信号的值是否与目标值一致。

WaitDI 指令的解析如表 3-17 所示。

表 3-17　WaitDI 指令的解析

参　　数	含　　义
di1	数字输入信号
1	判断的目标值

程序执行此指令时，等待 di1 的值为 1。如果 di1 为 1，则程序继续往下执行；如果达到最大等待时间（一般为 300s，此时间可以根据实际情况设定）以后，di1 的值还不为 1，则机器人报警或进入出错处理程序。

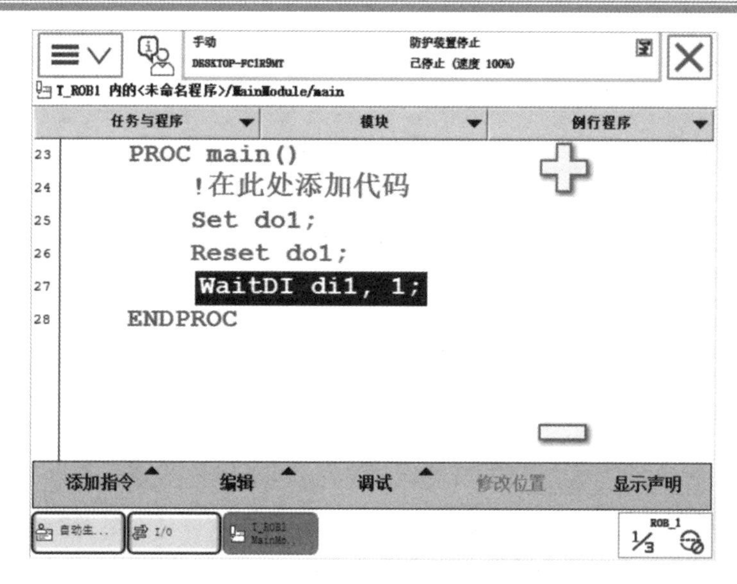

图 3-30　WaitDI（数字输入信号判断）指令

4）WaitDO（数字输出信号判断）指令

按图 3-31 所示添加“WaitDO do1,1;”语句。WaitDO 指令用于判断数字输出信号的值是否与目标值一致。

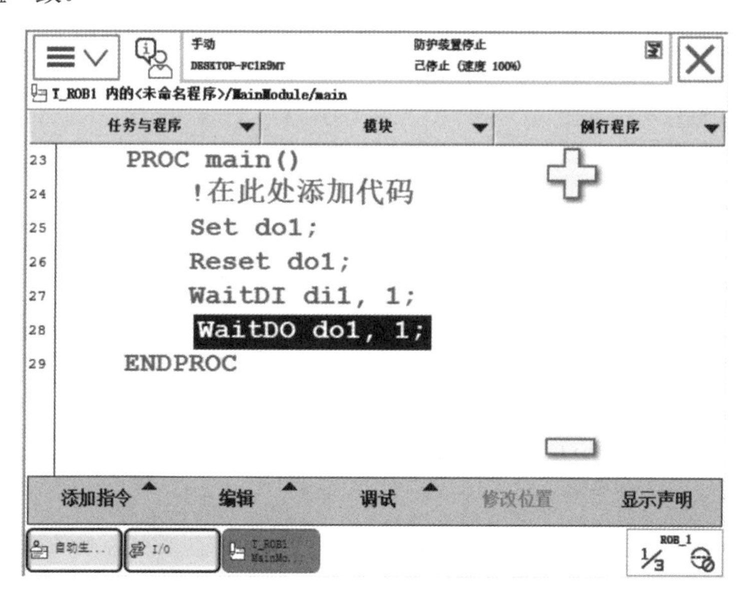

图 3-31　WaitDO（数字输出信号判断）指令

程序执行此指令时，等待 do1 的值为 1。如果 do1 为 1，则程序继续往下执行；如果达到最大等待时间（一般为 300s，此时间可以根据实际情况设定）以后，do1 的值还不为 1，则机器人报警或进入出错处理程序。

5）WaitTime（时间等待）指令

按图 3-32 所示添加“WaitTime 4;”语句。WaitTime 指令用于使程序等待指定的时长以后，再继续向下执行。如图 3-32 所示表示等待 4s 以后，程序继续向下执行。

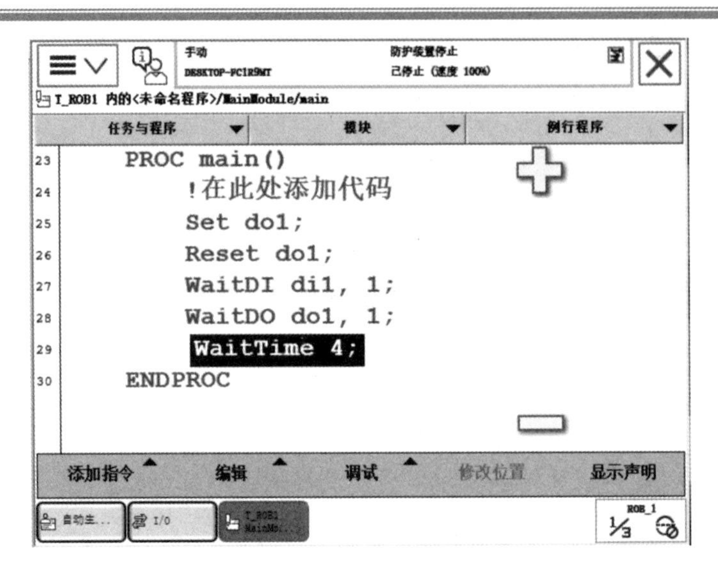

图 3-32 WaitTime（时间等待）指令

任务 3　程序的创建与管理

程序的创建与管理

任务导读

程序的创建是编辑程序的第一步，创建时要规范程序的名称。当程序过多时，就要对程序进行管理，以方便分类、查找及修改。本任务主要介绍机器人控制程序的创建以及程序的管理。

相关知识

3.3.1　程序的创建

在 ABB 机器人编程中使用的编程语言为 RAPID 语言，通过其建立的程序，通常也称为 RAPID 程序，在 RAPID 程序中，包含了一连串控制机器人的指令，执行这些指令可以移动机器人、设置输出信号、读取输入信号，还能实现决策、重复其他指令、构造程序、与系统操作员交流等功能。RAPID 程序的基本架构如表 3-18 所示。

表 3-18　RAPID 程序的基本架构

RAPID 程序			
程序模块 1	程序模块 2	程序模块 3	系统模块
程序数据	程序数据	……	程序数据
主程序“main ()”	例行程序	……	例行程序
例行程序	中断程序	……	中断程序
中断程序	功能	……	功能
功能	……	……	……

1. RAPID 程序的特点

（1）RAPID 程序由程序模块与系统模块组成。一般情况下，只通过新建程序模块来构建机器人控制程序，而系统模块多用于系统方面的控制。

（2）可以根据不同的用途创建多个程序模块，如专门作为主程序的程序模块、用于位置计算的程序模块、用于存放数据的程序模块等，这样便于归类管理不同用途的例行程序与数据。

（3）程序模块可包含程序数据、例行程序、中断程序和功能四种对象，但并非每一个程序模块中都有这四种对象。程序数据、例行程序、中断程序和功能均可在不同程序模块间被相互调用。

（4）在 RAPID 程序中，只有一个主程序“main()”，主程序可以存在于任意一个程序模块中，并且作为整个 RAPID 程序执行的起点。

2. 创建 RAPID 程序

创建 RAPID 程序

创建 RAPID 程序的操作方法如下：

（1）单击示教器主界面的“程序编辑器”菜单，打开程序编辑器，接着系统会弹出“不存在程序。是否需要新建程序，或加载现有程序？”的提示，这里单击“取消”按钮即可，如图 3-33（a）所示。

（2）再选择“文件”菜单下的“新建模块”，在弹出的界面中选择“是”按钮以新建程序模块，单击“ABC…”按钮进行模块名称设定，然后单击“确定”按钮创建程序模块“Module1”，如图 3-33（b）所示。

（a）

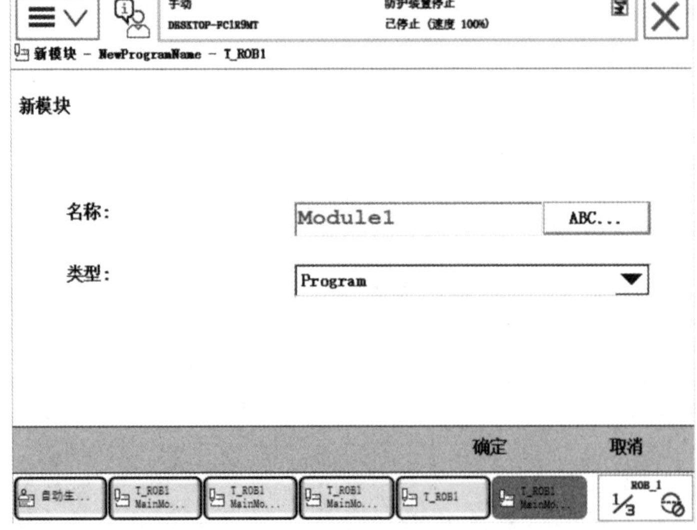

（b）

图 3-33 单击“取消”按钮并给新建的程序模块命名

（3）选中“Module1”，然后单击“显示模块”按钮，进入程序模块界面，单击“例行程序”选项卡，并选择“文件”下的“新建例行程序”，以新建一个主程序“main（）”，如图 3-34（a）所示。

（4）根据以上的步骤继续建立回起始点程序“rHome()”、初始化程序“rInitAll()”和“rMoveRoutine()”程序，如图 3-34（b）所示。

（a）

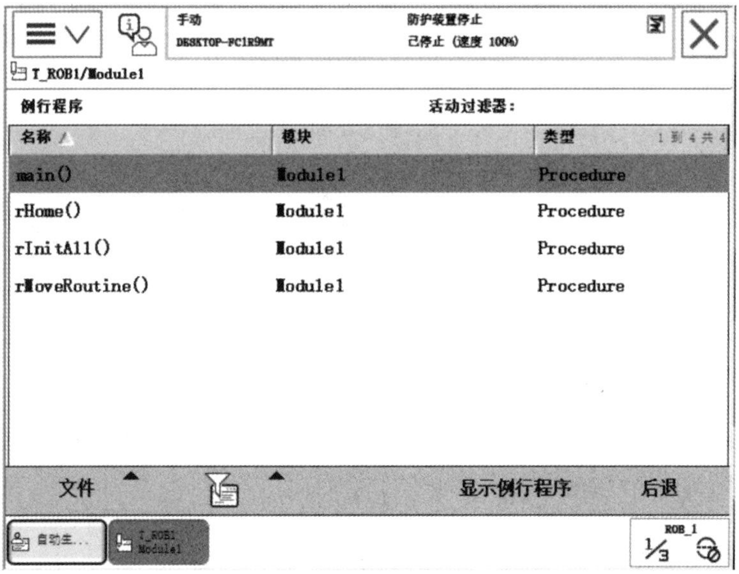

（b）

图 3-34　新建程序

（5）返回主界面，确认已选定的工具坐标系和工件坐标系，返回程序编辑列表，进入已建立的“rHome()”程序中，单击左下角的“添加指令”按钮，在弹出的指令列表中选择

"MoveJ"指令，如图 3-35（a）所示。

（6）再次单击"添加指令"按钮，关闭指令选择列表，双击"*"进入指令参数修改界面，通过新建或选择对应的参数数据，设定示教点名称、速度、轨迹类型等数据，图 3-35（b）演示了设定轨迹类型为"fine"的效果。

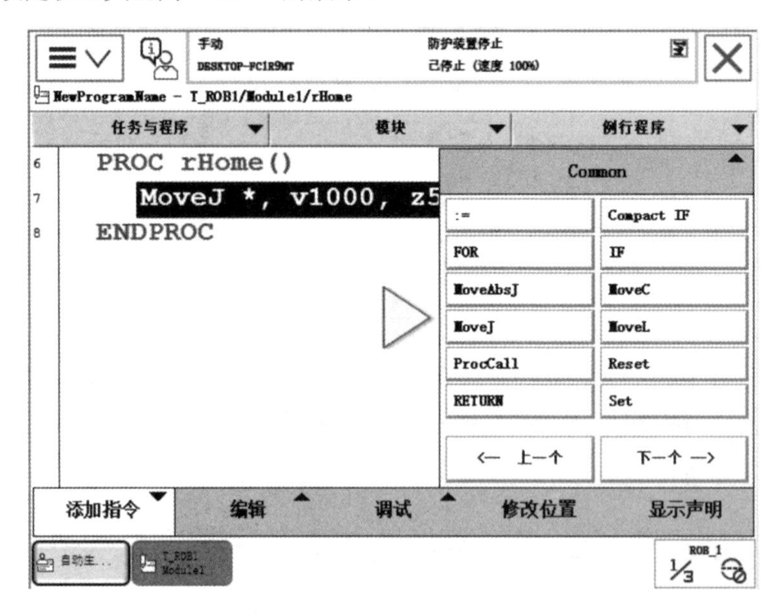

（a）

（b）

图 3-35　添加指令并设置各项参数

（7）选择合适的动作模式，将机器人移至相应的位置，并将此位置作为机器人的空闲点或 Home 点，然后选择对应的指令行，单击"修改位置"按钮，将机器人的当前位置记录下来，如图 3-36 所示。

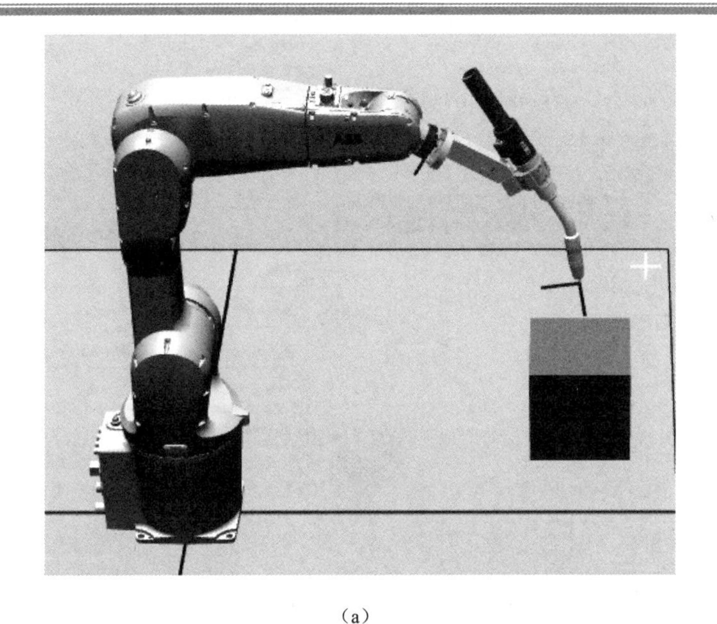

（a）

手动　DESKTOP-FC1R9MT　防护装置停止　已停止（速度 100%）

T_ROB1 内的<未命名程序>/Module1/rHome

任务与程序　模块　例行程序

```
7   PROC rHome()
8     MoveJ pHome, v200
9   ENDPROC
```

Common

:=	Compact IF
FOR	IF
MoveAbsJ	MoveC
MoveJ	MoveL
ProcCall	Reset
RETURN	Set
<— 上一个	下一个 —>

添加指令　编辑　调试　修改位置　显示声明

自动生...　T_ROB1 Module1　ROB_1　1/3

（b）

图 3-36　设置 Home 点并修改位置

（8）按照上述添加指令的方法，完成对程序“rInitAll()”的编辑，通常在此程序中，可以加入需要初始化的内容，如速度参数、加速度参数、I/O 复位信息等，如图 3-37（a）所示。

（9）在例行程序“rMoveRoutine()”中添加从 p10 点直线运动到 p20 点的程序指令，如图 3-37（b）所示。

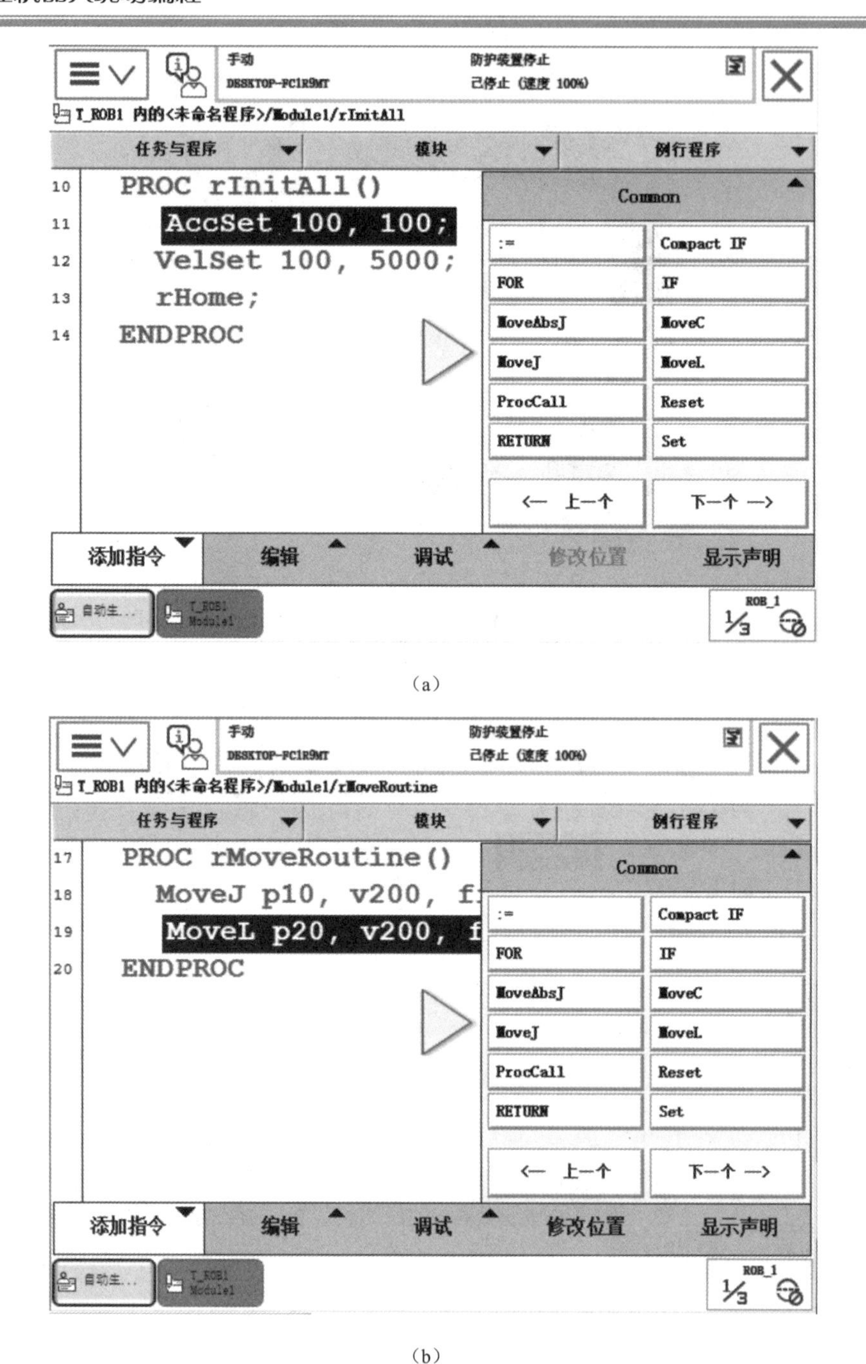

图 3-37　程序的编辑

（10）在主程序中，利用调用指令“ProcCall”调用初始化程序“rInitAll()”，并编写相应程序，实现“如果输入信号 di1 为 1，则执行 rMoveRoutine()程序并使机器人返回至起始点”的功能，编写过程中注意：为了将初始化程序隔离开，使用了 WHILE 指令，并且为了防止系统 CPU 过负荷，在最后添加了“WaitTime 0.3s;”语句，编写完成的程序如图 3-38（a）所示。

（11）程序编写完成后，单击“调试”下的“检查程序”选项，以检查程序是否有错误，如图 3-38（b）所示，如无误，则通过“调试”→“PP 至 main”选项、使能器按钮与启动键运行程序。

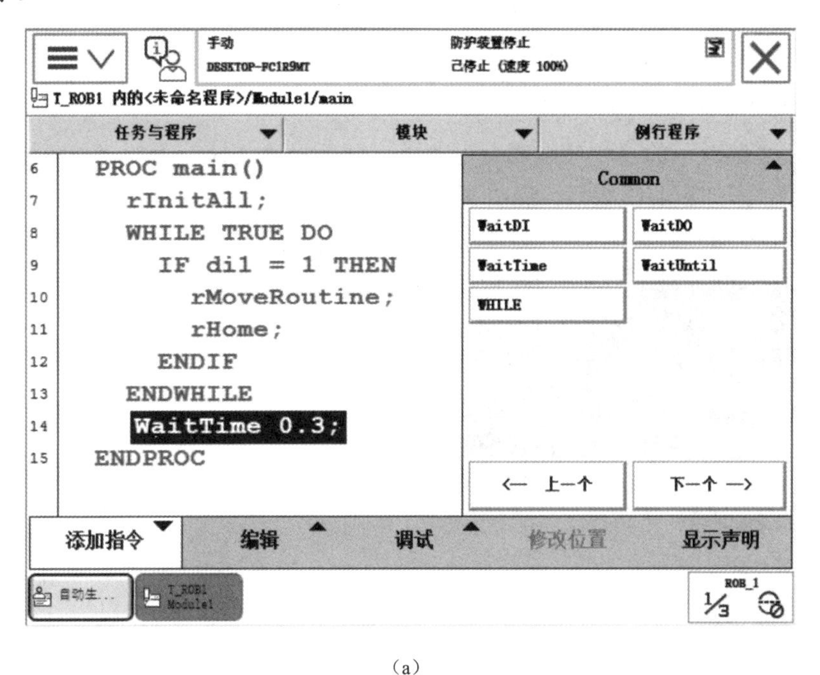

（a）

（b）

图 3-38　完成程序编辑并检查

3.3.2　ABB 机器人控制程序的管理

ABB 机器人控制程序的管理主要涉及对程序模块及例行程序的管理，对程序模块主要进行创建、加载、保存、重命名、删除等操作，对例行程序主要进行复制、移动和删除等操作。其中，程序模块和例行程序的创建前面已有介绍，这里不再赘述，下面主要介绍其他程序管理方面的操作。

1. 加载现有程序模块

ABB 机器人控制程序模块的加载方法如下：

（1）单击主菜单下的“程序编辑器”菜单，并选择“文件”下的“加载模块”选项，此时系统提示“添加新的模块后，您将丢失程序指针。是否继续？”，直接单击“是”按钮即可，如图 3-39（a）所示。

（2）选择要加载的程序模块的路径，然后选中模块，单击“确定”按钮，这样程序模块即被加载到机器人系统中，如图 3-39（b）所示。

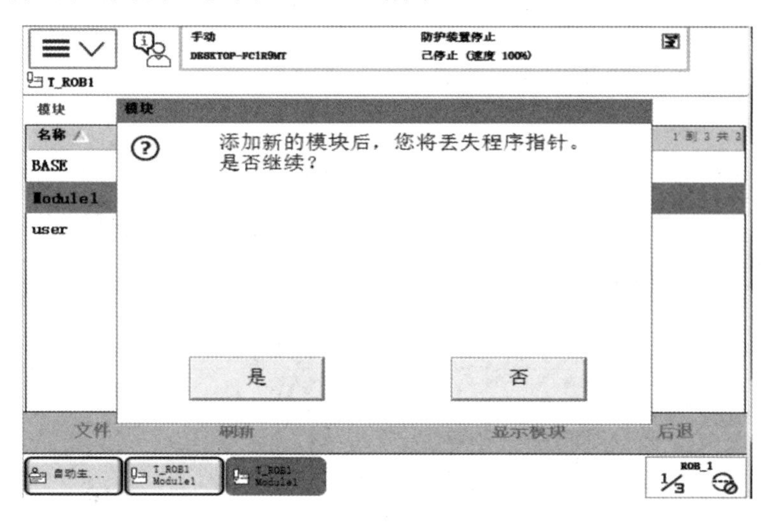

（a）

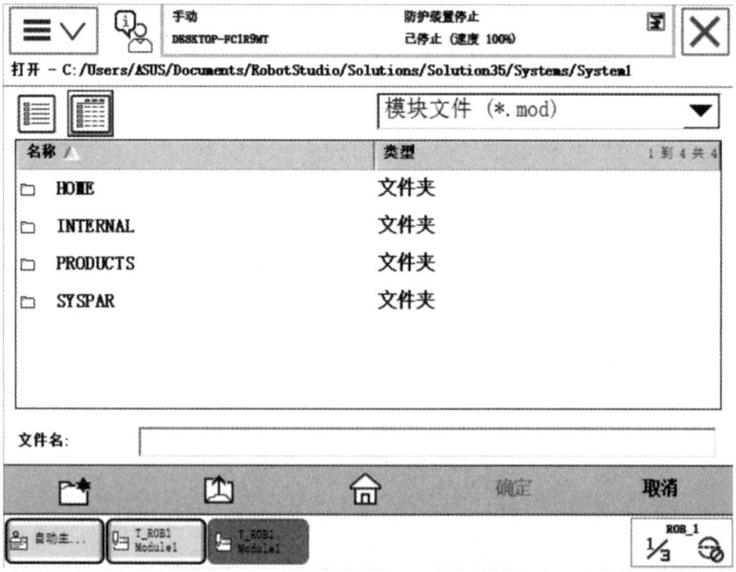

（b）

图 3-39　选择相应模块并加载

2. 保存程序模块

保存程序模块的具体操作方法如下：

（1）单击主菜单下的“程序编辑器”菜单，选择要保存的程序模块，然后选择“文件”下的“另存模块为...”选项，如图 3-40（a）所示。

（2）可通过文件搜索工具确定程序模块的保存位置，并使用软键盘输入保存程序模块时的文件名称，然后单击“确定”按钮，进行保存，如图 3-40（b）所示。

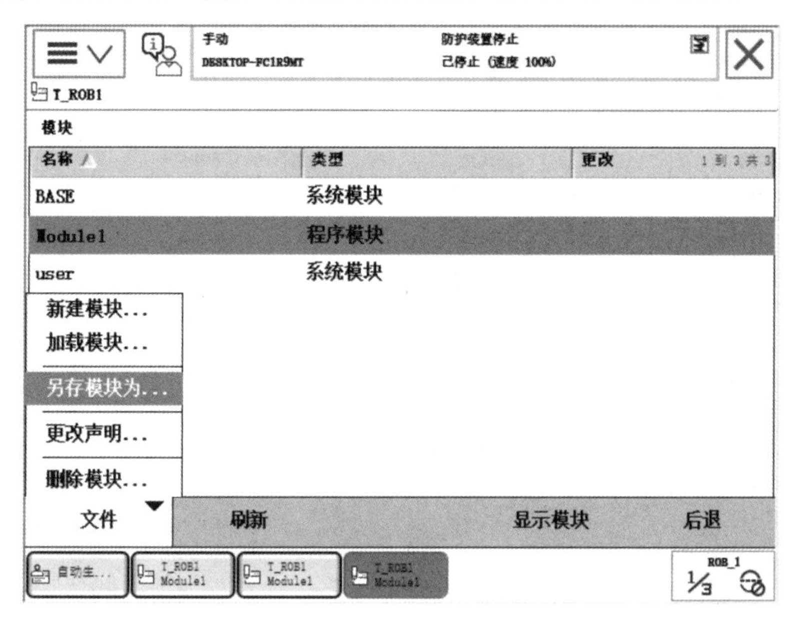

（a）

（b）

图 3-40　保存程序模块

3．重命名程序模块和更改程序模块类型

具体的操作如下：

（1）单击主菜单下的“程序编辑器”菜单，选择要更改的程序模块，并选择“文件”下的“更改声明...”选项，如图 3-41（a）所示。

（2）单击“ABC...”按钮，调出软键盘，可对程序模块进行重命名操作，在“类型”一栏可更改程序模块的类型，完成后单击“确定”按钮即可，如图 3-41（b）所示。

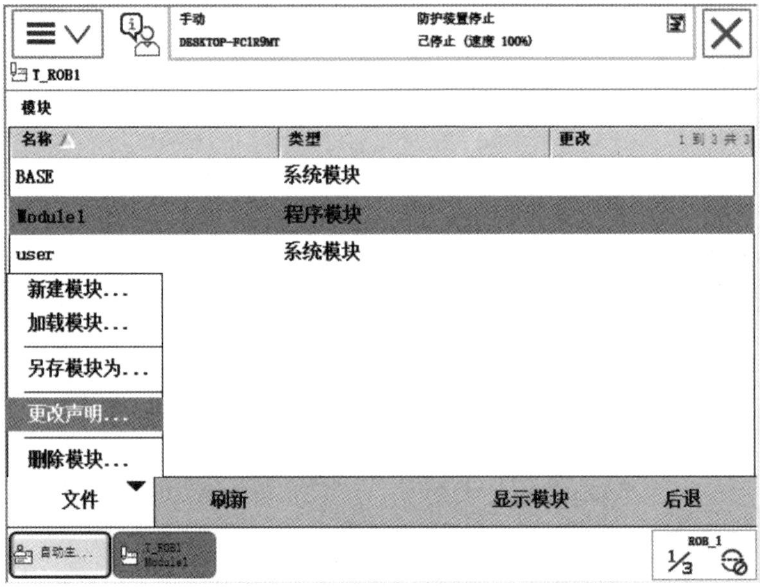

（a）

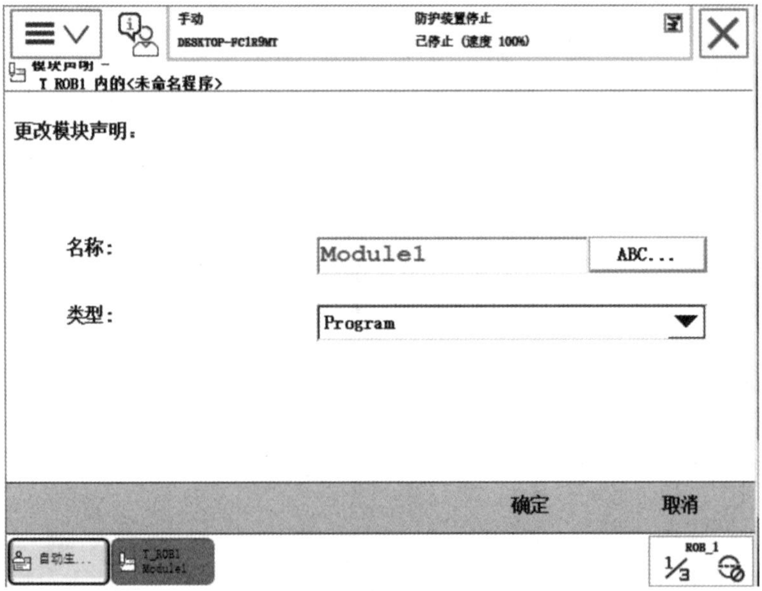

（b）

图 3-41　更改程序模块的名称和类型

4．删除程序模块

具体的操作如下：

（1）单击主菜单下的“程序编辑器”菜单，选择要删除的程序模块并在“文件”下选择“删除模块...”选项，如图 3-42（a）所示。

（2）之后系统弹出程序选择界面，如图 3-42（b）所示，若单击“确定”按钮，则程序模块会被删除且不会被保存，若想先保存程序模块，则可单击“取消”按钮进行保存后再对其进行删除。

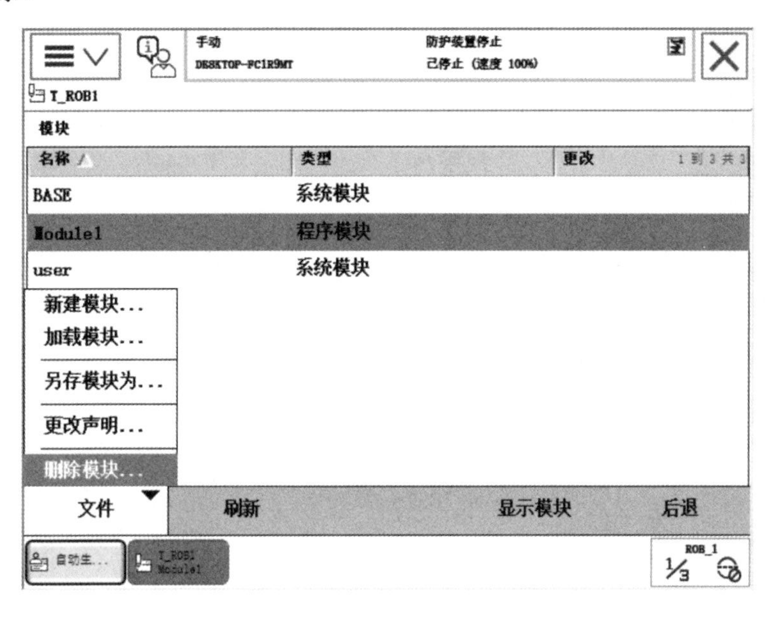

（a）

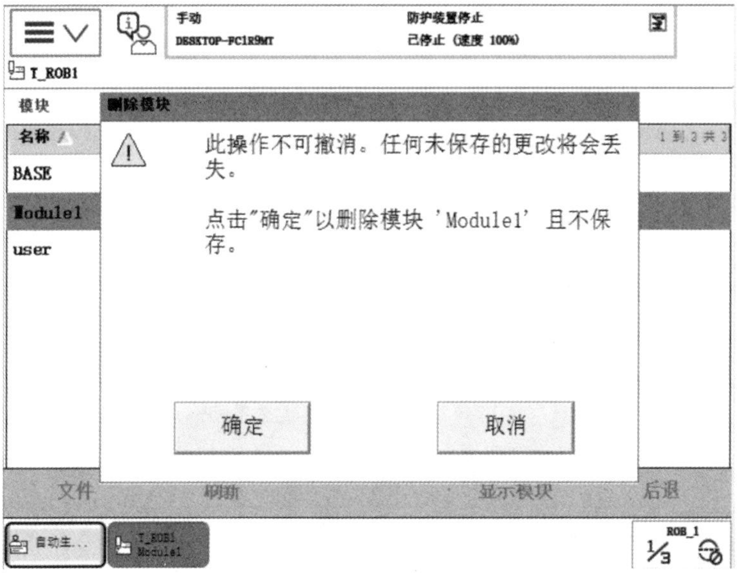

（b）

图 3-42　删除程序模块

5．复制例行程序

具体操作如下：

（1）选中要复制的例行程序，并选择“文件”菜单中的“复制例行程序...”选项，如图 3-43（a）所示。

（2）之后系统弹出如图 3-43（b）所示的界面，在此可修改复制后的例行程序的名称、类型、参数、任务及模块等，修改后单击“确定”按钮完成复制。

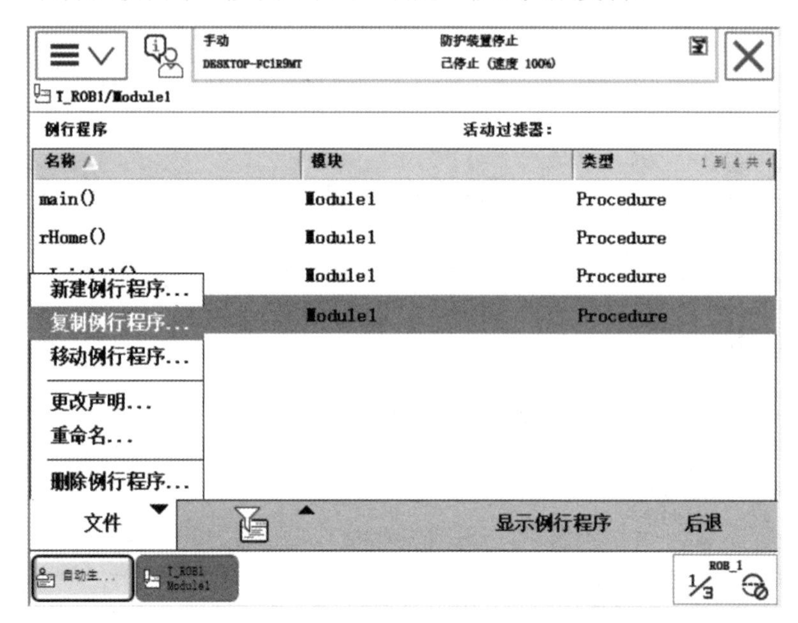

（a）

（b）

图 3-43　复制例行程序

6. 移动例行程序

具体的操作如下：

（1）选中要移动的例行程序，并选择“文件”菜单的“移动例行程序...”选项，如图3-44（a）所示。

（2）接着系统弹出如图 3-44（b）所示的界面，其中只有“任务”与“模块”是可更改项，根据实际需要选择相应的“任务”或“模块”，则例行程序被移动至相应的“任务”或“模块”中。

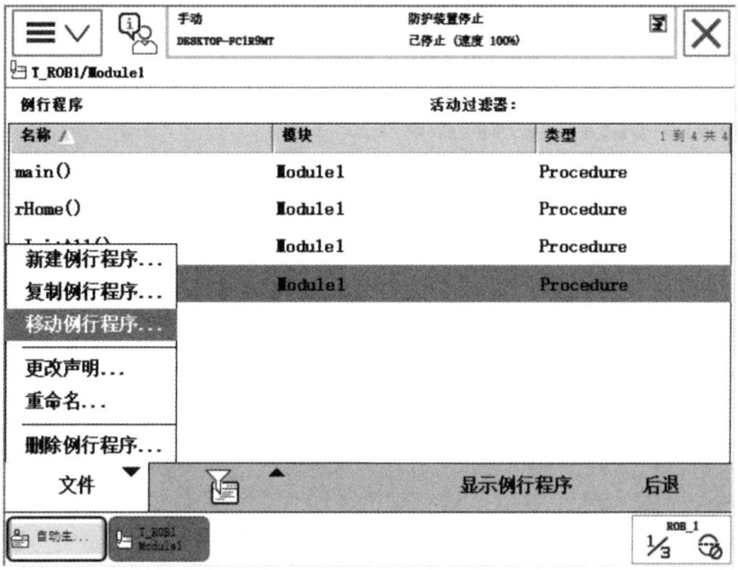

（a）

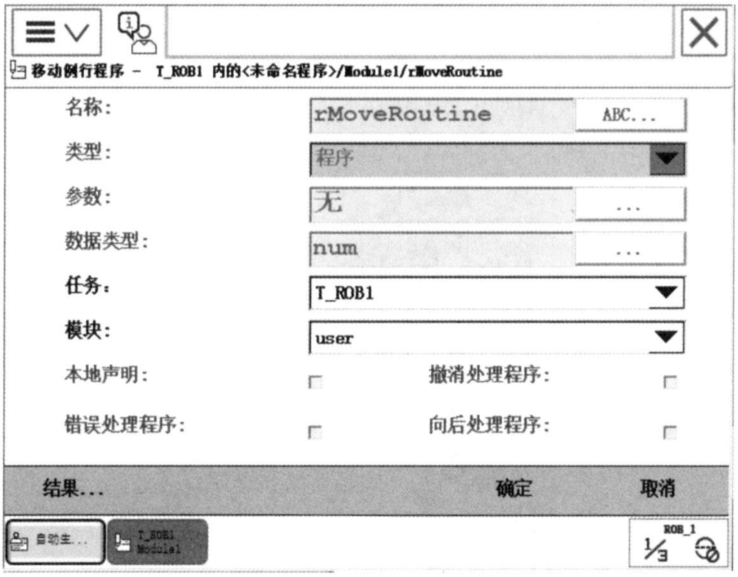

（b）

图 3-44　移动例行程序

任务 4　搬运示教编程

搬运示教编程

任务导读

本任务主要介绍用来完成机器人 TCP 的位置移动的动作指令，通过相关指令的添加，可完成前文所述的程序编辑过程以实现搬运工作站的简单工作。

相关知识

3.4.1　ABB 机器人动作指令的介绍

所谓动作指令，是指以指定的移动速度和移动方法使机器人向作业空间内的指定位置进行移动的控制语句。

ABB 机器人在空间中的运动主要有关节运动（MoveJ）、线性运动（MoveL）、圆弧运动（MoveC）和绝对位置运动（MoveAbsJ）四种方式。下面介绍这四种运动指令、Offs 偏移指令及调用指令的使用。

MoveJ 指令的应用

1. 关节运动指令——MoveJ

关节运动是指机器人从起始点以执行最快的路径移动到目标点，这是耗时最少也是最优的轨迹路径，这里所说的“最快路径”不一定是最短路径（直线），由于机器人做回转运动，且所有轴的运动都是同时开始和结束，所以机器人的运动轨迹很难精确预测，如图 3-45 所示，这种轨迹的不确定性也限制了这种运动方式只适合于机器人在空间中的大范围移动（中间没有任何遮挡物），所以在调试机器人以及试运行时，应该在遮挡物附近降低机器人的移动速度来测试机器人的移动特性，否则可能发生碰撞，由此造成部件、工具或机器人损伤。

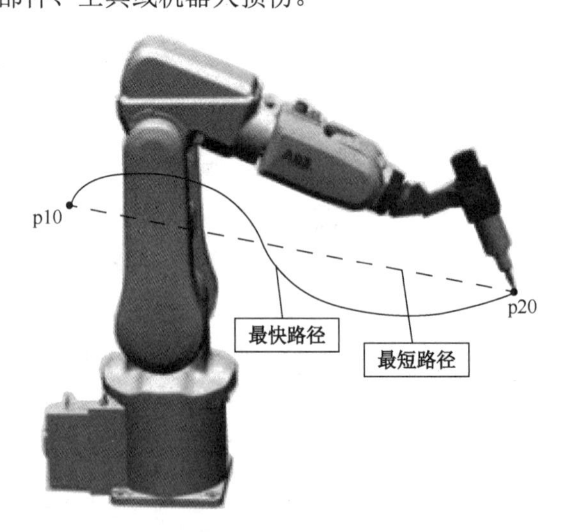

图 3-45　关节运动

关节运动指令的语句形式如图 3-46 所示。

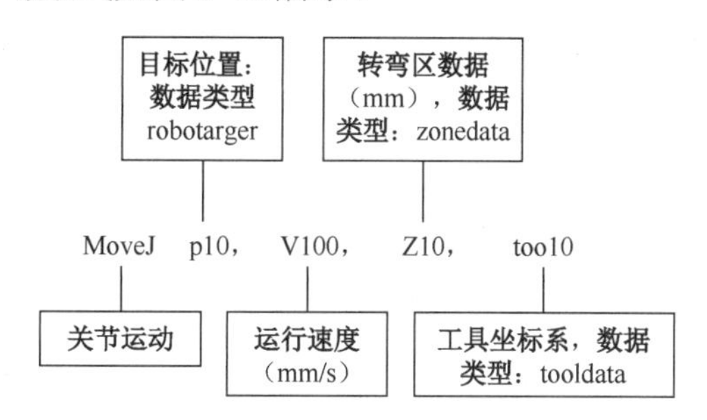

图 3-46　关节运动指令的语句形式

MoveL 指令的应用

2．线性运动指令——MoveL

线性运动指机器人沿一条直线以定义的速度将 TCP 移至目标点，如图 3-47 所示，TCP 从 p10 点以直线运动方式移动到 p20 点，从 p20 点移动到 p30 点也是以直线运动方式进行的。在进行线性运动时，机器人的运动状态是可控的，运动路径保持唯一，但运动过程中有可能出现死点，此种运动常用于机器人在工作状态中的移动。

线性运动指令的语句形式如图 3-48 所示。

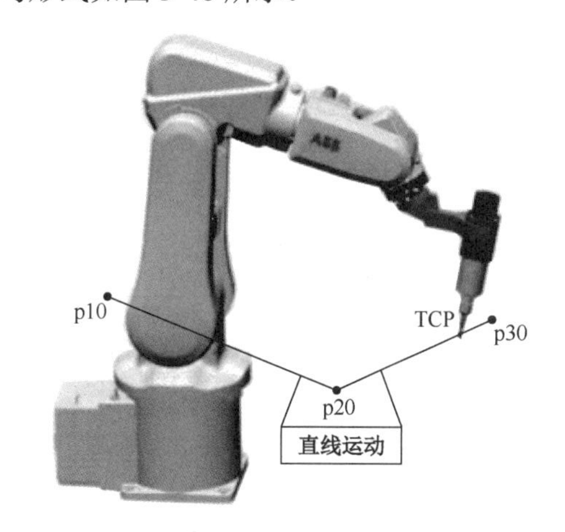

图 3-47　线性运动

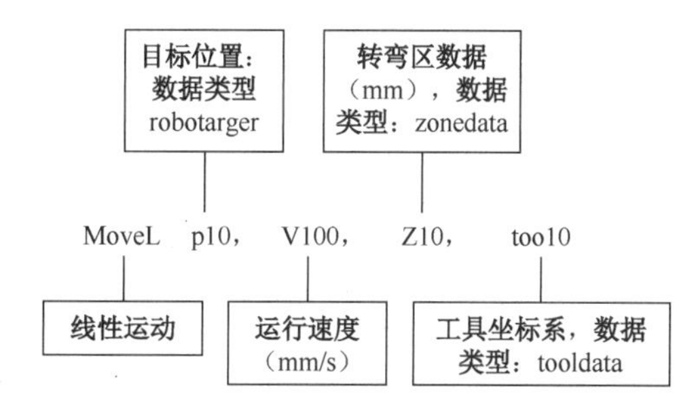

图 3-48　线性运动指令的语句形式

MoveC 指令的应用

3．圆弧运动指令——MoveC

圆弧运动指机器人沿弧形轨道以定义的速度将 TCP 移动至目标点，如图 3-49 所示，弧形轨道是通过起始点、中间点和目标点进行定义的。上一条以精确定位方式控制移动的指令所确定的目标点可以作为起始点。起始点、中间点和目标点在空间的一个平面上，为了准确地确定这个平面，上述 3 个点之间的距离越远越好。

在圆弧运动中，机器人运动状态可控，运动路径保持唯一。此运动常用于机器人在工作状态中的移动。其限制是机器人不可能通过一个 MoveC 指令完成一个圆形轨迹运动。

圆弧运动指令的语句形式如图 3-50 所示。

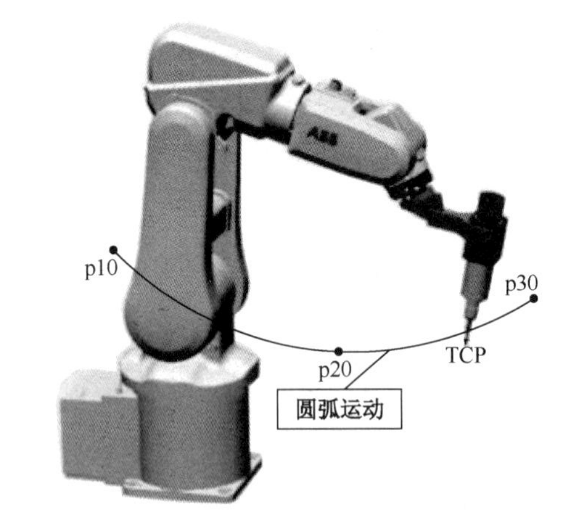

图 3-49　圆弧运动

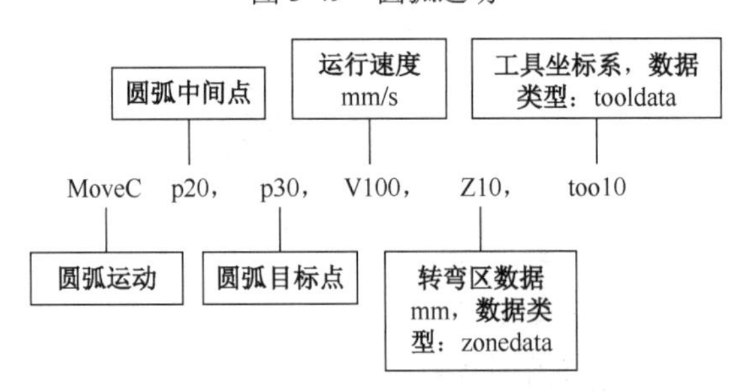

图 3-50　圆弧运动指令的语句形式

4．绝对位置运动指令——MoveAbsJ

MoveAbsJ 指令的应用

绝对位置运动指机器人以单轴运行的方式运动至目标点，运动状态完全不可控。应尽量避免在正常生产中使用绝对位置运动指令，此指令常用于检查机器人零点位置。

绝对位置运动指令与上述 3 个运动指令较为直接的区别在于，MoveJ、MoveL 和 MoveC 运动指令涉及的位置信息用于在相应坐标系中的坐标定位，而 MoveAbsJ 涉及的位置信息则通过机器人关节轴的转动角度体现。例如，如图 3-51（a）所示为 MoveJ 运动指令涉及的位置信息，可以看出 MoveJ 涉及的是立体坐标系中的三个坐标值；如图 3-51（b）所示为 MoveAbsJ 运动指令涉及的位置信息，实际上就是 6 个关节轴的转动角度。不同的数据形式决定了不同指令的用途。

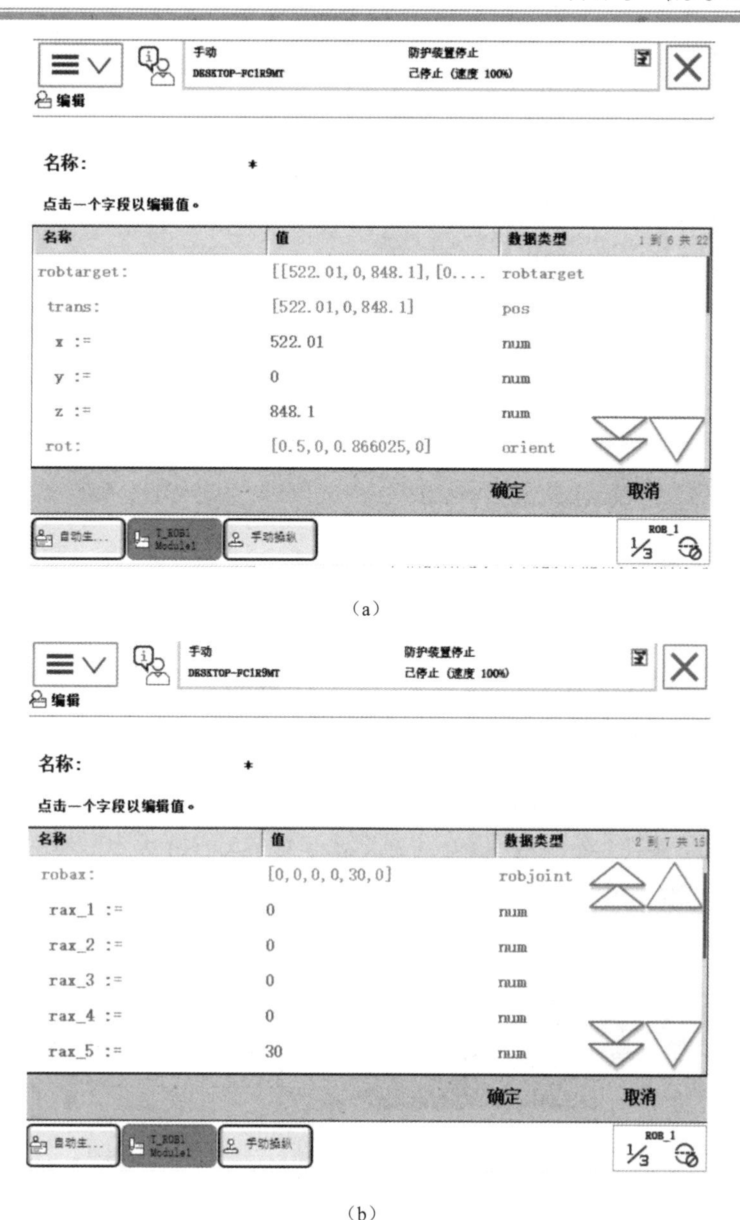

图 3-51　MoveJ 与 MoveAbsJ 指令的区别

5. Offs 偏移指令

这里还要介绍一下 Offs 偏移指令。Offs 偏移指令的功能是以选定的目标点为基准，使机器人的操作点沿着选定工件坐标系的坐标轴偏移一定的距离，如：

MoveL Offs（p10，0，0，10），v200，z50，tool0\Wobj:=Wobjl;

上述指令对应的运动为：机器人的 TCP 移动至 p10 点并以此为基准点，沿着 Wobj1 坐标系的 *Z* 轴正方向偏移 10mm。添加此运动指令后，单击“*”号进入选择功能界面，选择 Offs 偏移指令进行编辑，如图 3-52 所示。

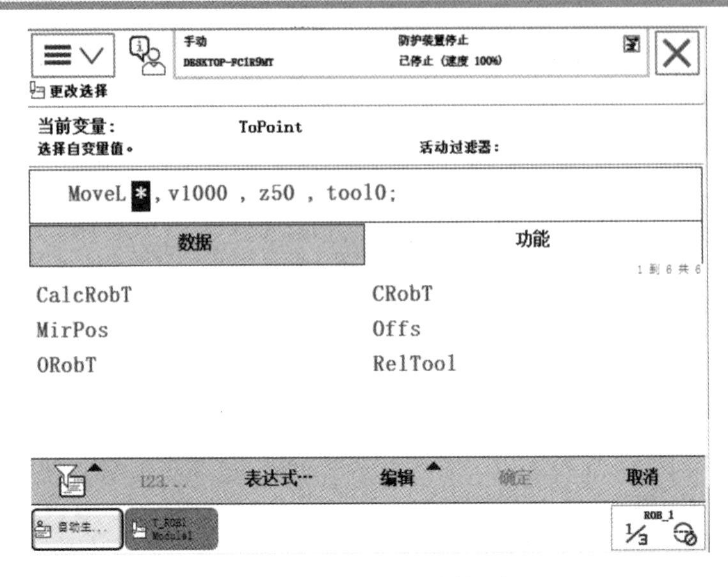

图 3-52　Offs 偏移指令的添加

6. 调用指令

实现主程序调用子程序的功能，主要是使用程序调用指令“ProcCall”，当机器人执行到此指令时，就会调用对应例行程序中的子程序。一般在程序中指令比较多的情况下，可通过建立对应的例行程序，再使用 ProcCall 指令实现调用，以便于管理。

如图 3-53（a）所示，在例行程序添加指令中选择 ProcCall 指令，然后在如图 3-53（b）所示界面中选择需要调用的子程序。

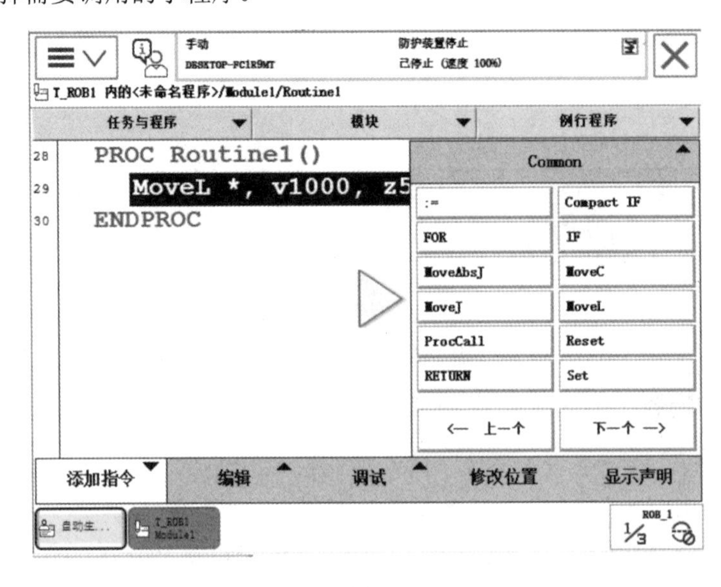

（a）

图 3-53　ProcCall 指令的使用

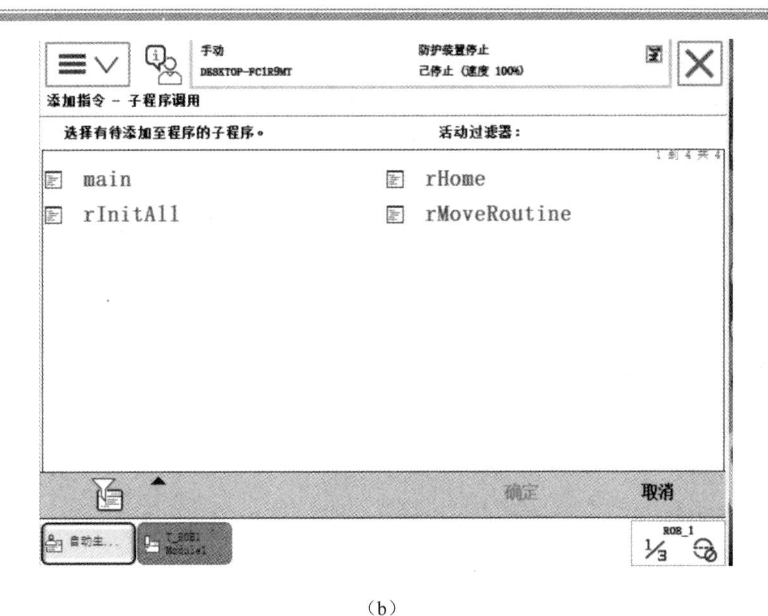

（b）

图 3-53　ProcCall 指令的使用（续）

3.4.2　ABB 机器人基本轨迹示教编程

下面我们选用 IRB120 型机器人为载体，介绍如何完成基本轨迹示教编程。要求：完成在工作台上的菱形轨迹示教编程，如图 3-54 所示，使用的工具为 tool0，工件坐标系使用 Wobj0。

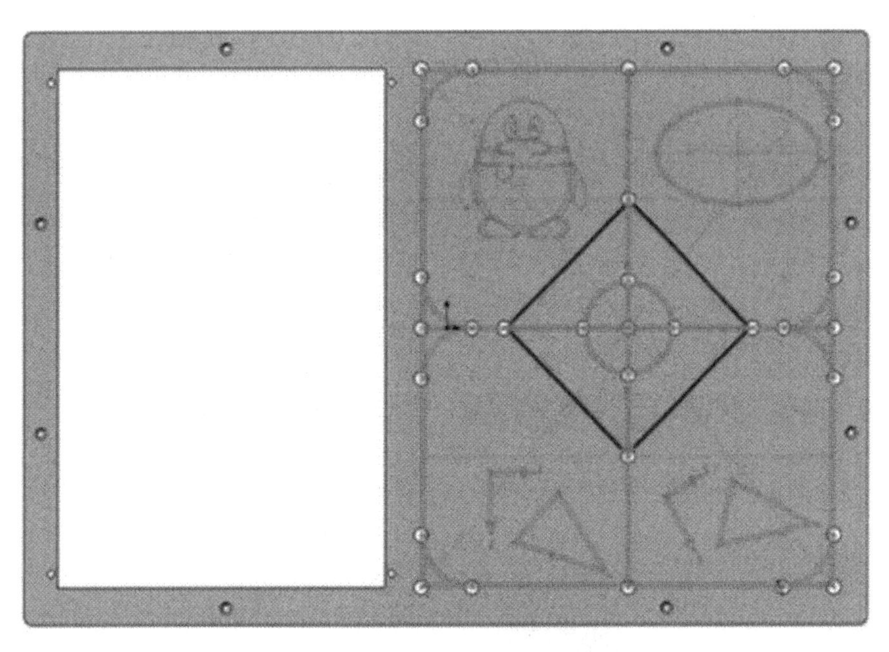

图 3-54　菱形轨迹示教编程

具体的操作方法如下：

（1）单击主菜单下的“手动操纵”菜单项，将“动作模式”改为“线性...”，将“工具坐标”设为“tool0...”（即工具 tool0），将“工件坐标”设为“wobj0”（即坐标系 Wobj0），如图 3-55（a）所示。

（2）单击主菜单下的“程序编辑器”菜单项，新建程序模块“Module1”，并在“Module1”程序模块中新建例行程序“Routine1()”，如图 3-55（b）所示。

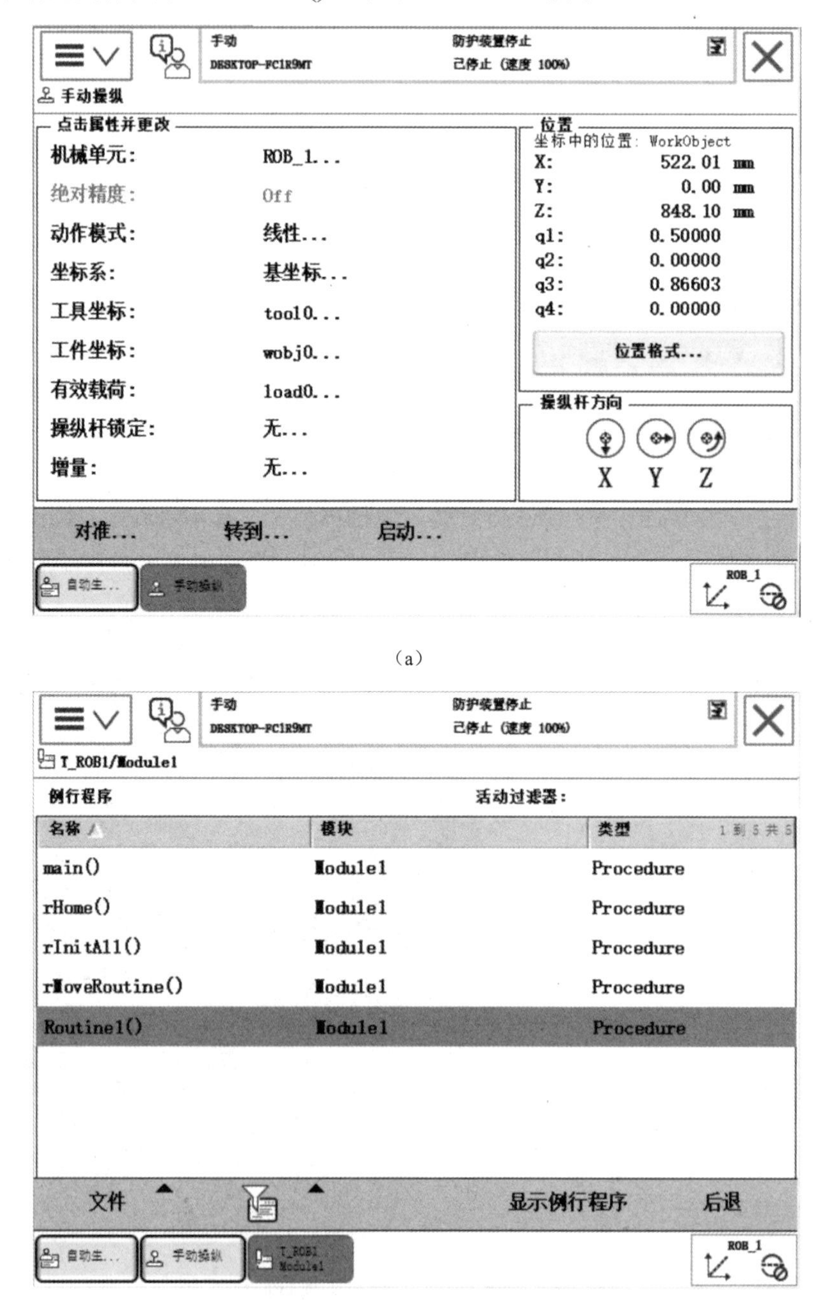

（a）

（b）

图 3-55　设定坐标系并建立新例行程序

（3）单击“例行程序”，选择“Routine1()”进入程序编辑界面，通过“添加指令”按钮添加“MoveAbsJ”指令，将起始点 jpos10 的位置设为[0,0,0,0,90,0]，速度设为 v200，转弯半径设为 z50，如图 3-56（a）所示。

（4）选择合适的姿态，将机器人 TCP 移至轨迹轮廓上方，作为轨迹安全点 p10，如图 3-56（b）所示。

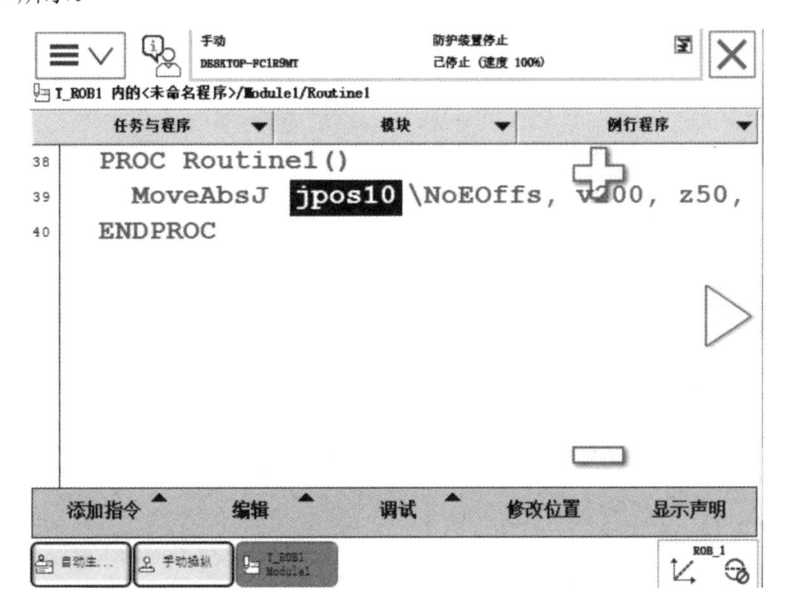

（a）

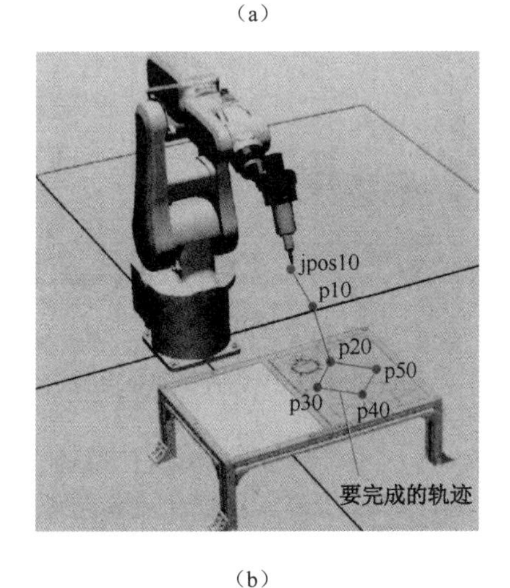

（b）

图 3-56　轨迹示教过程

（5）接着单击“添加指令”按钮，添加“MoveJ”指令，其他参数沿用上次添加指令的设置，则此条指令将机器人的姿态及位置全部记录下来，如图 3-57（a）所示。

（6）按照上面的步骤，完成菱形轨迹的程序编辑，完成后的程序如图 3-57（b）所示。在程序中，起始点与终止点是同一个点，可采用复制指令的方法，另外，程序中涉及的点采用全局变量表示，也就是说，如果点的名称一致，那么机器人的位置及姿态也是一致的，如第 48 行的 p20 点与第 52 行的 p20 点即表示同一位置、同一姿态。

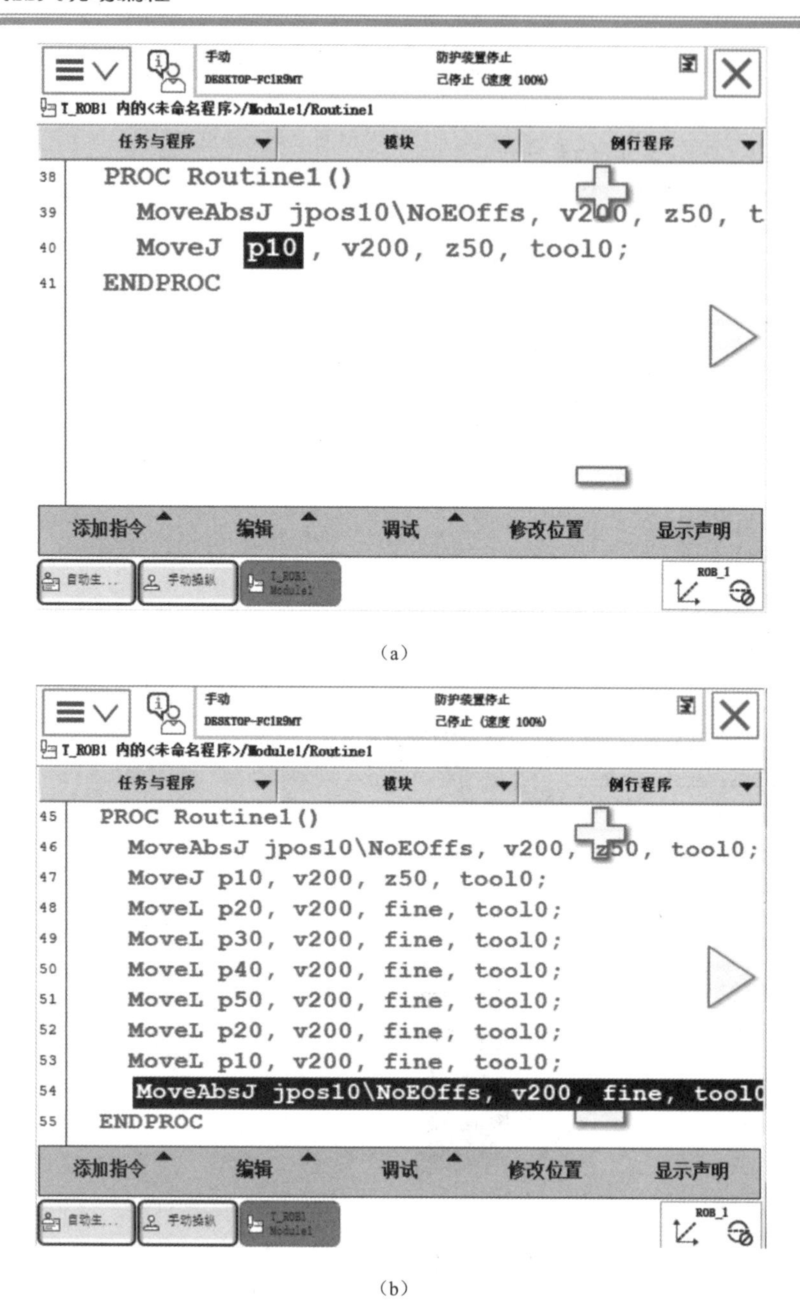

图 3-57　完成指令编辑

（7）程序编辑完成后，单击“调试”按钮下的“检查程序”，若无误则在“手动模式”下，单击“调试”下的“PP 移至例行程序”，选择程序“Routine1()”，并单击使能器按钮与程序启动键，则程序开始运行。

3.4.3　与等待有关的指令

等待指令可以使程序进入等待状态，直到设定的条件或者状态出现为止。等待指令主要有时间等待指令和信号等待指令。

1. 时间等待指令

时间等待指令的具体形式为“WaitTime （以秒为单位的时间值）”，这里的时间值可以用具体的数值来表示，也可以用合适的变量或表达式来表示，如图 3-58（a）所示为用具体的数值来表示时间值，如图 3-58（b）所示为用表达式来表示时间值。

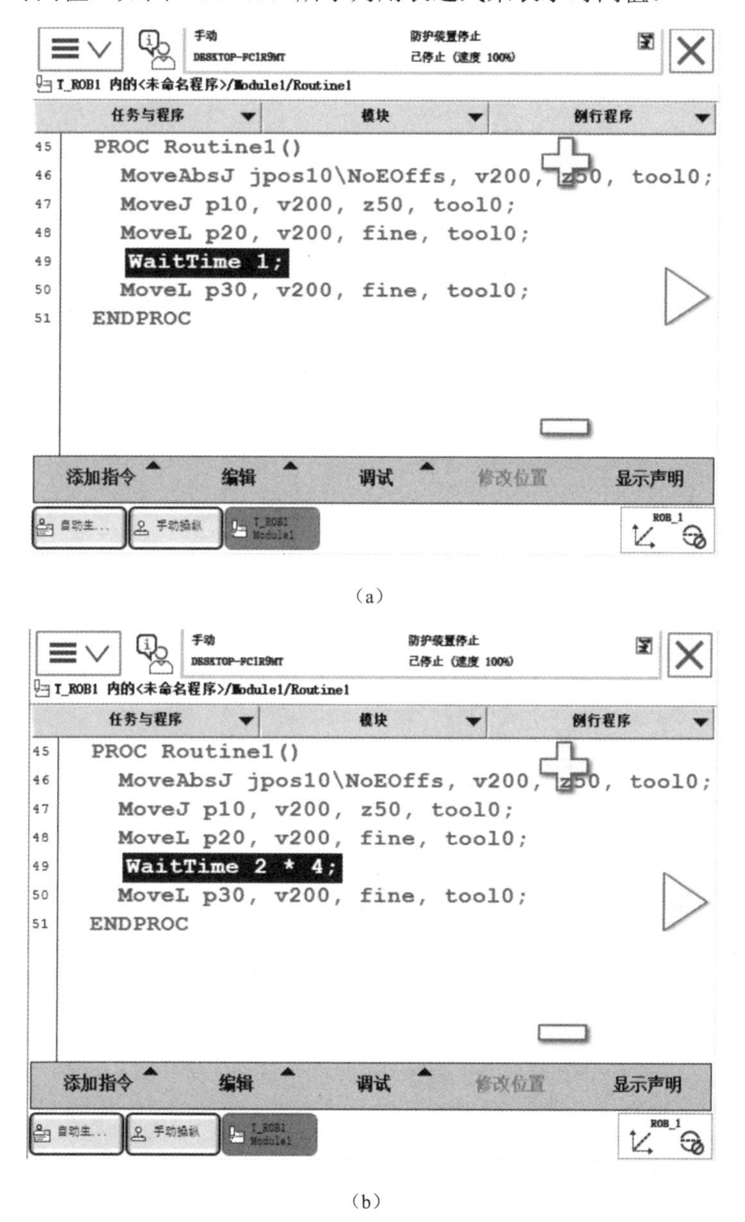

图 3-58　时间等待指令的应用

2. 信号等待指令

信号等待指令是指在满足条件时才切换到后续进程，使程序的执行得以继续，若机器人等待时间超过规定的时限，则机器人将停止运行，并显示相应出错信息或进入机器人错误处理程序，常用的信号等待指令及书写形式如下（如图 3-59 所示）：

（1）WaitDI （di signal），1/0——只有当等待的信号为 1 或 0 时才执行后面的程序。

（2）WaitDO （do signal），1/0——只有当等待的信号为 1 或 0 时才执行后面的程序。

（3）WaitUntil<EXP>——只有当等待的条件满足时，才执行后面的程序。

使用上述几种信号等待指令时，如果同时选用参变量“\Max Time”和参变量“\Max Time Flag”，则等待超过时限后，无论是否出现满足条件的状态，机器人都将自动执行下一句指令，如果在等待时间内出现满足条件的状态，则逻辑量置为 FALSE，如果超过等待时限，则逻辑量置为 TRUE。

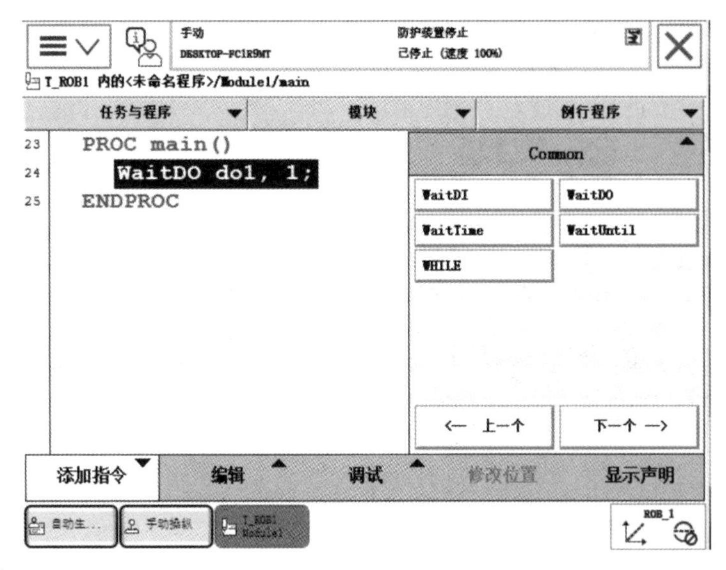

图 3-59 信号等待指令

3.4.4 机器人搬运编程应用

搬运编程的应用

机器人搬运编程的应用，以如图 3-60 所示的 HZ-I-AO1 工作站搬运功能为例进行介绍，它所使用的是 IRB120 型机器人。机器人首先拾取夹爪，利用夹爪工具夹取双层物料库中的长方体物料，然后放到平面托盘上，以完成一个简单的搬运过程，搬运轨迹从安全点 p70 点开始，在 p80 点夹取物料，经过中间点（p90、p100）到达 p110 点，在 p110 点放下物料，并最终回到 HOME 点。

整个编程过程可分为五个程序：

grip_jz()，即拾取夹爪的程序。

banyun()，即夹取物料并放至平面托盘的程序。

fang_jz()，即将夹爪工具放回至工具库的程序。

rInitAll()，即初始化程序。

main()，即分别调用前面四个子程序的主程序。

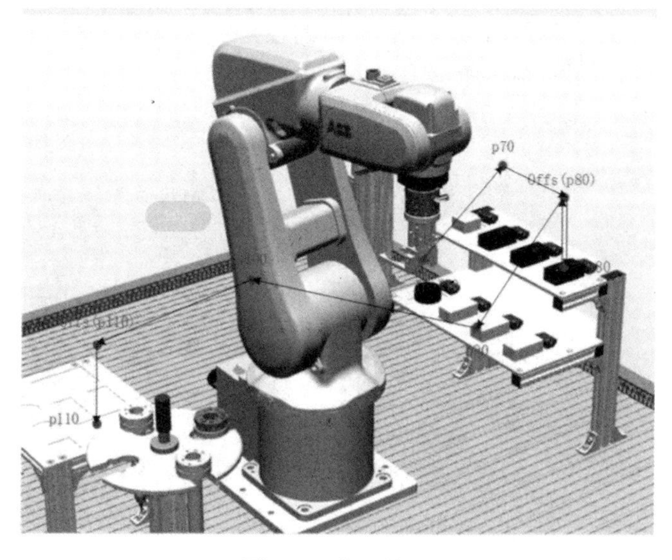

图 3-60　搬运轨迹

已定义好的机器人 I/O 信号如表 3-19 所示。

表 3-19　已定义好的机器人 I/O 信号

信号名称	信号含义说明
digripok	数字输入信号，用于反馈工具的拾取与放置
do1	数字输出信号，用于控制夹爪工具夹取长方体物料
dogrip	数字输出信号，用于控制工具的拾取与放置

完成整个搬运任务的具体说明如下：

（1）新建初始化程序 rInitAll()，如图 3-61 所示，其作用是使机器人在每次运行之前，将所有信号或初始位置进行复位。

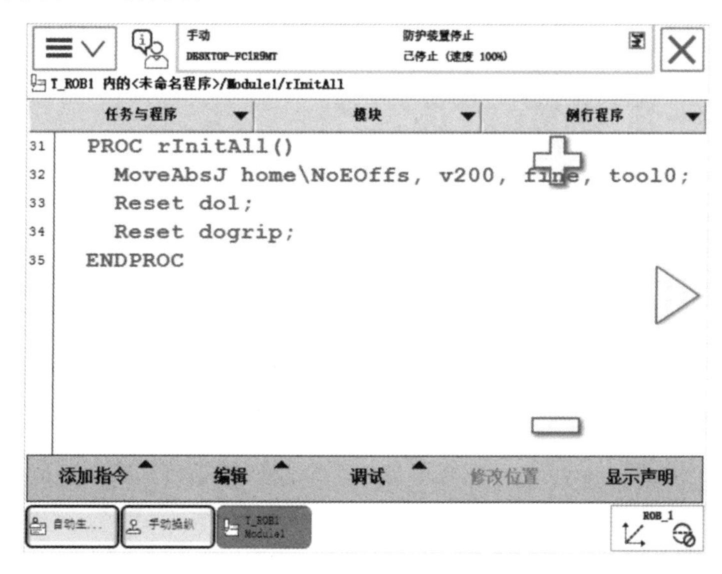

图 3-61　新建初始化程序

（2）依据如图 3-62 所示的拾取夹爪的轨迹路径，新建例行程序 grip_jz()，完成机器人拾取夹爪工具的动作，如图 3-63 所示。

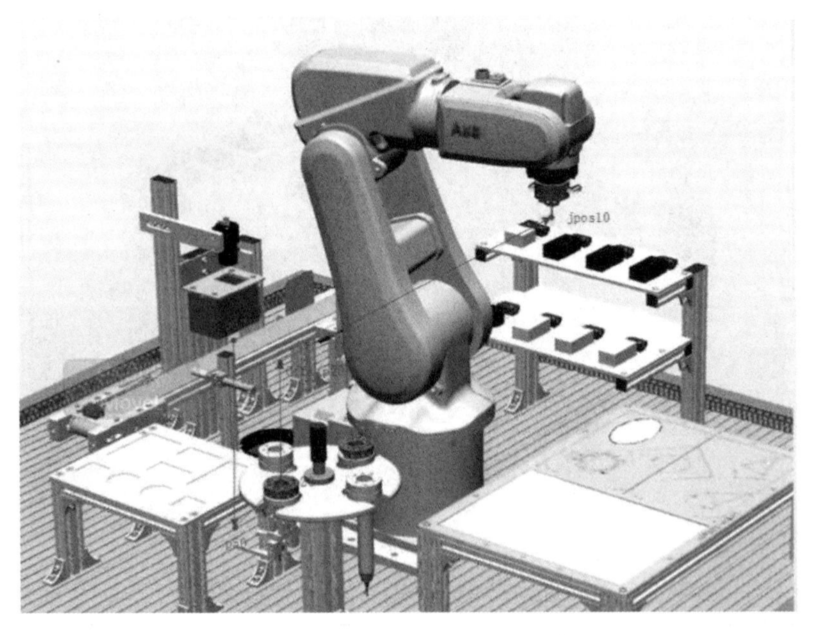

图 3-62 机器人拾取夹爪的轨迹路径

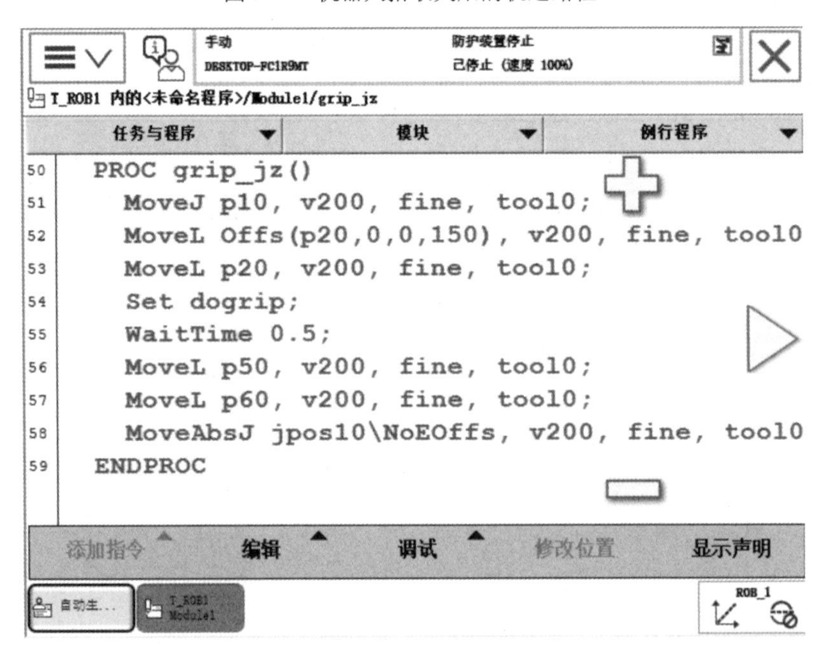

图 3-63 拾取夹爪程序

（3）新建例行程序 banyun()，完成机器人抓取长方体物料并将其放到平面托盘上的动作，如图 3-64 所示。

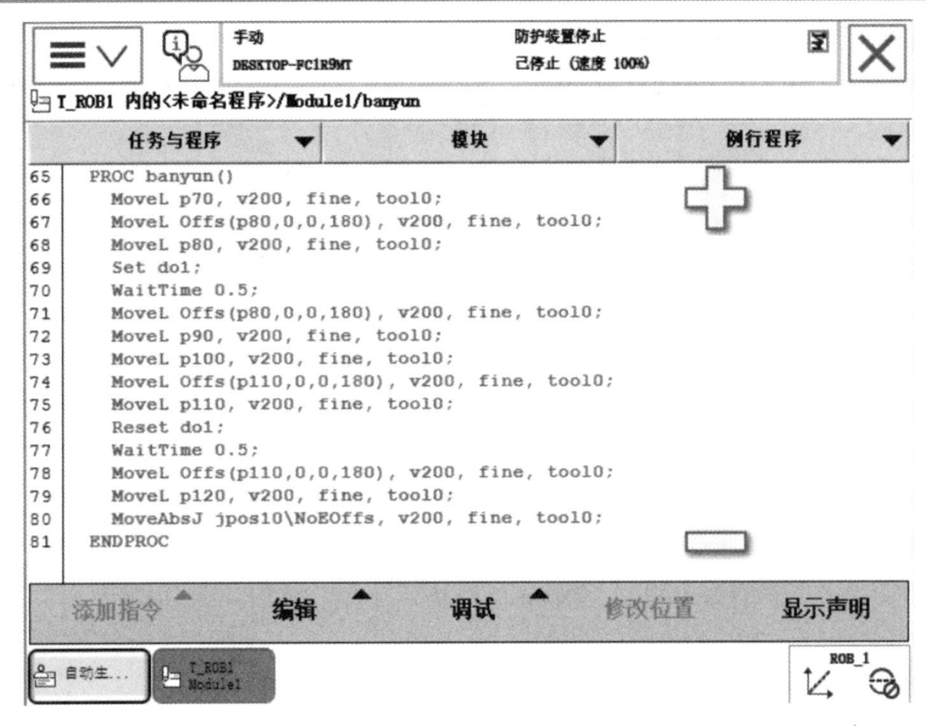

图 3-64　搬运程序

（4）新建例行程序 fang_jz()，完成搬运后，此程序可使机器人将夹爪放回至工具库，如图 3-65（a）所示。

（5）以上子程序建立完成之后，新建 main()例行程序，调用以上 4 个子程序，完成机器人从拾取工具到搬运物料，再放下工具的整个过程，程序如图 3-65（b）所示。

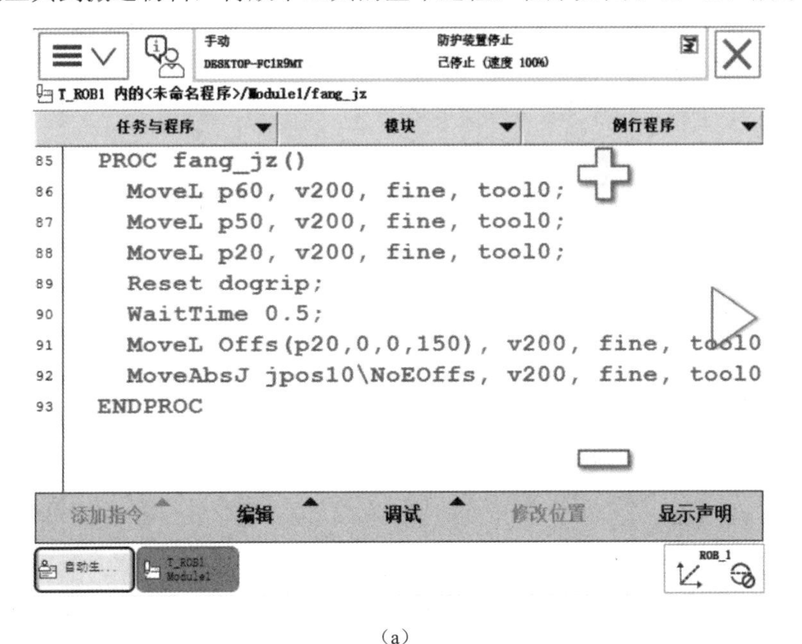

（a）

图 3-65　搬运子程序及主程序

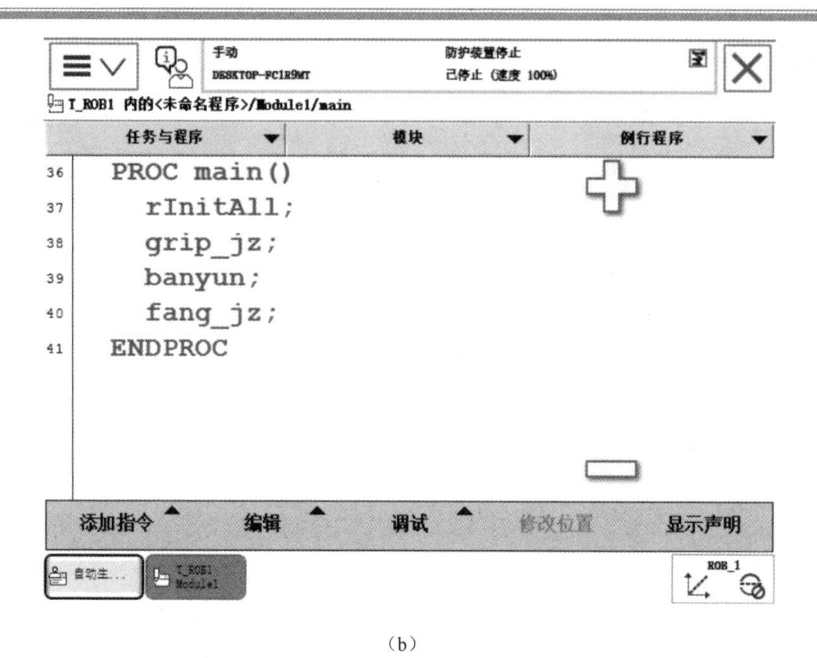

（b）

图 3-65　搬运子程序及主程序（续）

思考与练习

1．日常生产中的搬运工具有哪些？

2．ABB 机器人的 I/O 通信需要依托什么协议？

3．串行通信与并行通信分别适合用于何种情况？

4．在禁用示教器的情况下，可否进行程序的创建与更改？

5．简单说明例程中主程序与子程序的区别。

6．简单说明 MoveJ 与 MoveAbsJ 的区别。

7．简单说明 MoveJ 与 MoveL 的区别。

项目4　焊接工作站操作编程

项目导读

焊接机器人作为当前广泛使用的先进自动化焊接设备，具有通用性强、工作稳定、操作简便、功能丰富等优点，越来越受到人们的重视。机器人在焊接领域的应用最早是从汽车装配生产线上的点焊开始的，随着重工业等行业的飞速发展，焊接机器人的应用越来越普遍。机器人和焊接电源组成的机器人自动化焊接系统能够自由、灵活地沿各种复杂三维曲线轨迹执行焊接任务。它能够把人从恶劣的工作环境中解放出来，以从事具有更高附加值的其他工作。现阶段各行业对于能够熟练掌握机器人焊接相关技术的人才的需求量很大。通过本项目的学习，读者能够掌握焊接工作站的系统组成、焊接参数的设置、程序数据的创建、目标点的示教、程序的编写及调试，最终能够控制机器人完成焊缝的焊接。

知识目标

（1）了解焊接工作站的组成。
（2）熟悉弧焊、点焊设备。
（3）了解焊接参数的设定方法。
（4）了解机器人坐标系的构成。
（5）了解机器人工件坐标系的建立方法。
（6）熟悉机器人焊接常用指令。
（7）熟悉弧焊的I/O配置方法。

能力目标

（1）掌握焊接参数的设定方法。
（2）掌握工具坐标系的设定方法。
（3）认识机器人焊接常用指令。
（4）掌握焊接轨迹的编程示教。

知识技能点

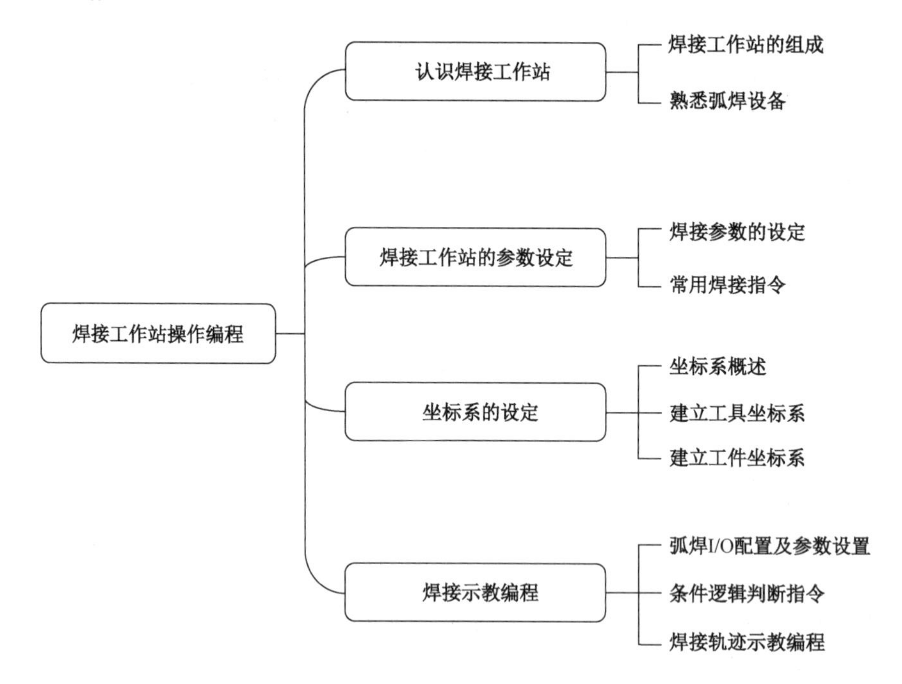

任务 1　认识焊接工作站

认识焊接工作站

任务导读

焊接工作站系统由机器人本体和焊接设备构成，而焊接设备一般包含了焊机电源、送丝机、焊枪等设备。了解焊接工作站的系统组成及熟悉焊接设备是进行焊接工作站编程操作的前提。

相关知识

4.1.1　焊接工作站的组成

焊接工作站是从事焊接（包括切割与喷涂）的机器人的系统集成体，它主要包括机器人和焊接设备两部分，如图 4-1 所示。其中，机器人由机器人本体和控制柜（硬件及软件）组成；而焊接装备，以弧焊和点焊为例，则由焊接电源（包括其控制系统）、送丝机（弧焊）、焊枪（钳）、变位机等部分组成。于智能机器人而言，还应配有传感系统，如激光或摄像传感器及其控制装置等。

焊接机器人在机器人应用中约占总量的 40%以上，之所以占比如此之大，是与焊接这个特殊的行业密切相关的。焊接作为工业“裁缝”，是工业生产中非常重要的加工手段，同时由于焊接烟尘、弧光、金属飞溅的存在，其工作环境又非常恶劣，焊接质量的好坏对产品质量起决定性作用。

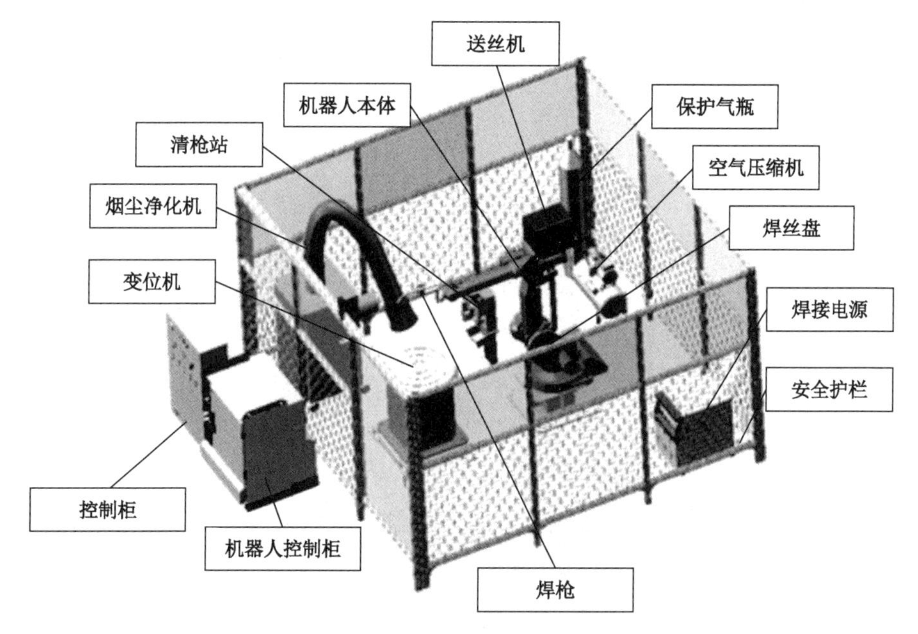

图 4-1　焊接工作站

焊接工作站的使用对我国工业生产具有以下几个主要的意义：

（1）稳定和提高焊接质量，保证其均一性。焊接参数（如焊接电流、电压、速度等）对焊接结果起着决定性的作用。而采用机器人焊接时，对于每条焊缝的焊接参数都是恒定的，焊缝质量受人的因素影响较小，降低了对工人操作技术的要求，因此焊接质量是稳定的，而人工焊接时，焊接速度等都是变化的，因此很难做到质量的均一性。

（2）改善了工人的劳动条件。采用机器人焊接，工人只需要装卸物料，远离了焊接弧光、烟尘和金属飞溅等，而对于点焊来说，工人不再搬运笨重的手动焊钳，使工人从大强度的体力劳动中解脱出来，甚至物料的装卸已经部分实现自动化了，更加改善了工人的劳动条件。

（3）提高劳动生产率。机器人不会感到疲劳，可 24 小时连续生产。另外，随着高速高效焊接技术的应用，使用机器人焊接的效率提高得更加明显。

（4）产品周期明确，容易控制产品质量。机器人的生产节拍是固定的，因此根据任务可将生产计划安排得非常明确。

（5）可缩短产品改型换代的周期，减小相应的设备投资。可实现小批量产品的焊接自动化。机器人与专用机器的最大区别就是专用机器只能用于特定工件（物料）的制造，而对于机器人来说则可以通过修改其控制程序，使其适用于不同工件（物料）的生产。

4.1.2　熟悉弧焊设备

如果想实现焊接功能，就要用到电焊设备。电焊设备主要由焊接电源（电焊机）、送丝机和焊枪（钳）组成。

1. 焊接电源

焊接电源如图 4-2 所示，它是为焊接提供电流、电压并具有适合该焊接方法所要求的输出特性的设备。它适合在干燥的环境下工作，没有太多的操作要求，因此体积小巧、操作简单、使用方便，广泛用于各个领域。

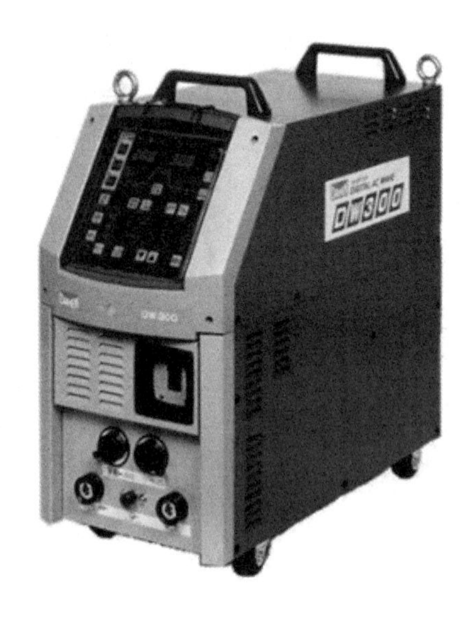

图 4-2 焊接电源

普通焊接电源的工作原理和变压器相似，实际上就是个降压变压器，其结构如图 4-3 所示。在二次线圈的两端是被焊接物料和焊条，引燃电弧后，电弧的高温可将物料的缝隙和焊条熔接。

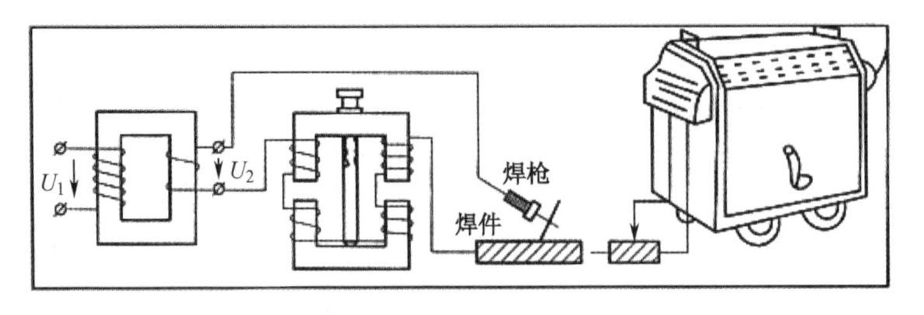

图 4-3 焊接电源的结构

2. 送丝机

送丝机是在微型计算机控制下，根据设定的参数连续、稳定地送出焊丝的自动化送丝装置，如图 4-4 所示。

送丝机一般由控制部分提供参数设置，由驱动部分在控制部分的控制下进行送丝驱动，由送丝嘴部分将焊丝送到焊枪位置。送丝机主要应用于手工焊接、自动氩弧焊、等离子焊和激光焊等的自动送丝。

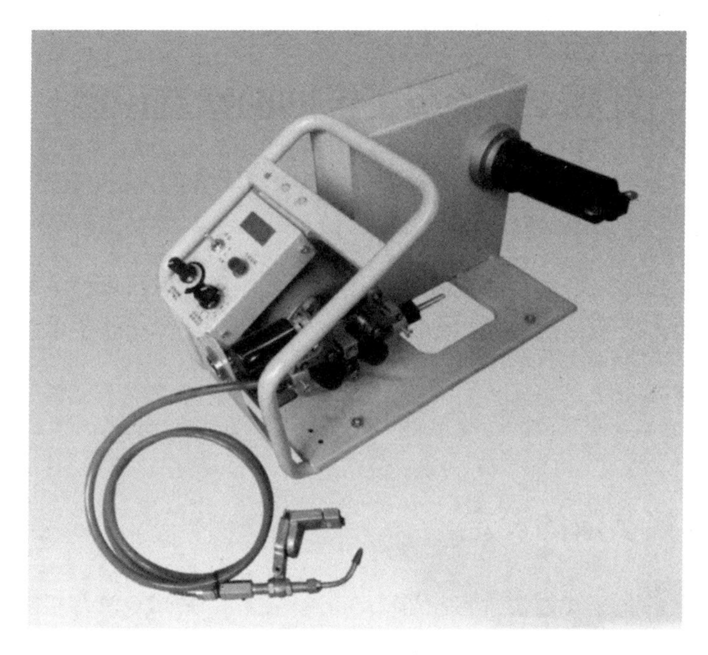

图 4-4　送丝机

3．焊枪

焊枪是在焊接过程中执行焊接操作的部分，它使用灵活、方便，工艺简单。机器人焊枪带有与机器人匹配的连接法兰，推丝式焊枪按形状不同，可分为鹅颈式焊枪和手枪式焊枪两种，如图 4-5 所示为鹅颈式焊枪。典型的鹅颈式焊枪主要包括喷嘴、焊丝嘴、分流器、导管电缆等部分。手枪式焊枪，顾名思义，其外形如同手枪，用来焊接除水平面以外的空间焊缝较为方便。

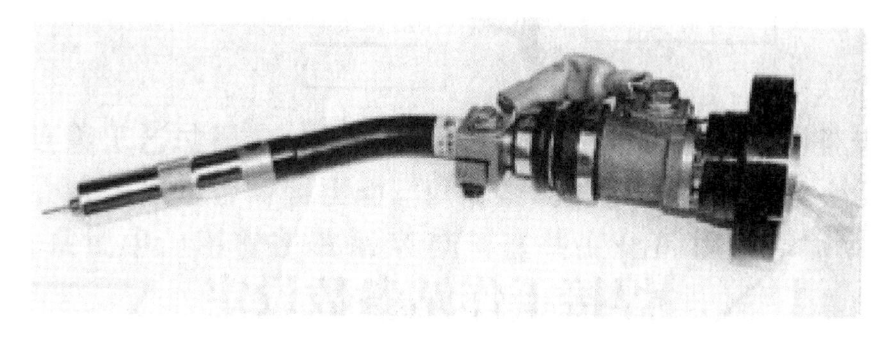

图 4-5　鹅颈式焊枪

焊枪将焊接电源提供的强电流、高电压产生的热量聚集在其终端，熔化焊丝。熔化的焊丝渗透到被焊接的部位，冷却后，被焊接的物体就牢固地连接成一体。

任务 2　焊接工作站的参数设定

焊接参数的设定

任务导读

了解了焊接工作站系统的组成及各弧焊设备的工作原理后，本任务将学习焊接工作站各焊接参数的设定方法及常用焊接指令的使用方式，为后续焊接轨迹示教编程打下坚实的基础。

相关知识

4.2.1　焊接参数的设定

随着现代工业的飞速发展，焊接机器人在各行各业，尤其是汽车工业得到大范围的推广及应用。机器人和焊接电源所组成的机器人自动化焊接系统能够自由、灵活地实现各种复杂的三维曲线加工轨迹，可有效提高焊接工艺水平和焊接一致性，并且能够把员工从恶劣的工作环境中解放出来，从事具有更高附加值的工作。

如果要采用 ABB 机器人完成焊接工作，首先需要另行购买、安装焊接系统。如图 4-7 所示，拥有焊接系统后才能设置相应的焊接参数。

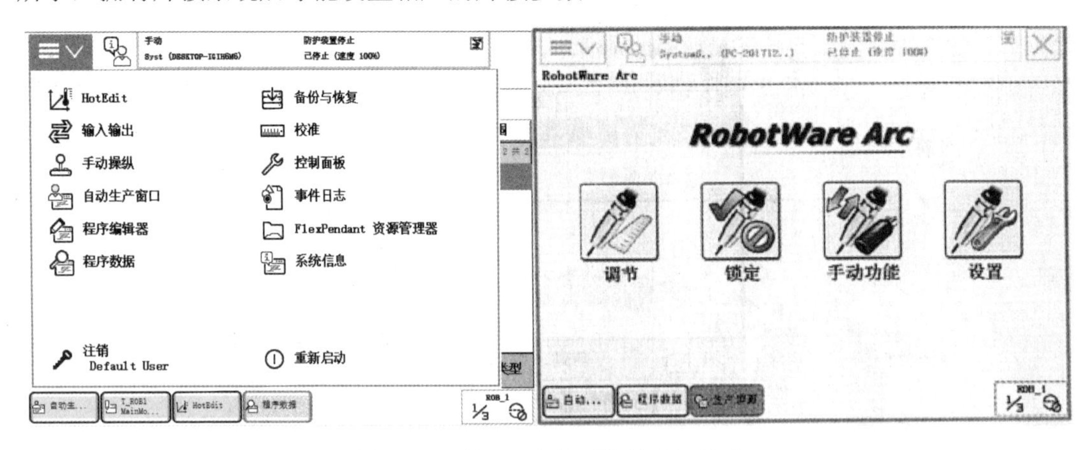

图 4-7　示教器及焊接系统的系统界面

在弧焊连续工艺过程中，需要根据材质或焊缝的特性来调整焊接电压和电流的大小、焊枪是否需要摆动、摆动的形式和摆动幅度等参数。用弧焊机器人系统执行焊接任务时，需要设定三个参数。

设置方法如下：在示教器的“程序数据”界面中选择全部数据类型，如图 4-8 所示，在该界面中找到相应需要设置的焊接参数。

以 wobjdata 型数据为例，如图 4-9 所示，选择其中的一个参数，单击“编辑”选项即可进行焊接参数的修改。

图 4-8　程序数据界面

图 4-9　wobjdata 型数据的修改界面

1）焊接参数 welddata

welddata 用来控制焊接过程中机器人的焊接速度，以及焊接电压和焊接电流的大小，需要设定的参数如表 4-1 所示。

表 4-1　焊接参数说明

参数名称	参数注释
Weld_Speed	焊接速度
Voltage	焊接电压
Current	焊接电流

2）起弧收弧参数 seamdata

seamdata 用来控制焊接开始前和结束后的吹（保护）气的时间，以保证焊接时的稳定性和焊缝的完整性。需要设定的参数如表 4-2 所示。

表 4-2 起弧收弧参数说明

参数名称	参数注释
Purge_time	清枪吹气时间
Preflow_time	预吹气时间
Postflow_time	尾气吹气时间

3）摆弧参数 weavedata

weavedata 用来控制机器人焊接过程中焊枪的摆动。通常在焊缝的宽度超过焊丝直径较多时通过焊枪的摆动来填充焊缝。该参数属于可选项，如果焊缝宽度较小，机器人线性焊接可以满足要求的情况下不选用该参数。需要设定的参数如表 4-3 所示。

表 4-3 摆弧参数说明

参数名称	参数注释
Weave_shape	摆动的形状
Weave_type	摆动的模式
Weave_length	周期前进的距离
Weave_width	摆动的宽度
Weave_height	摆动的高度

说明：上述内容不在机器人中设定，而在焊机中设定，故各种参数的名称与机器人系统中参数的名称不是严格对应的。

4.2.2 常用焊接指令

焊接指令的应用

任何焊接程序都必须以 ArcLStart 或者 ArcCStart 开始，通常以 ArcLStart 开始，以 ArcLEnd 或者 ArcCEnd 结束，定义焊接中间点采用 ArcL 或者 ArcC 语句。焊接过程中，不同的语句可以使用不同的焊接参数（如 welddata 和 seamdata）。

1）线性焊接开始指令 ArcLStart

ArcLStart 用于启动直线焊缝的焊接，工具中心点线性移动到指定目标位置，整个焊接过程根据预先设定的参数控制，程序如下：

```
ArcLStart p1, v100, seam1, weld5, fine, gun1;
```

程序解读：机器人在 p1 点开始焊接，速度为 v100，起弧收弧参数采用数据 seam1，焊接参数采用数据 weld5，无拐弯半径，采用的焊接工具坐标为 gun1，具体过程如图 4-10 所示。

2）线性焊接指令 ArcL

ArcL 用于直线焊缝的焊接，工具中心点线性移动到指定目标位置，焊接过程通过参数控制，程序如下：

```
ArcL*, v100, seam1, welds5\Weave:=Weavel, z10, gun1
```

如图 4-11 所示，机器人线性焊接的部分应使用 ArcL 指令。

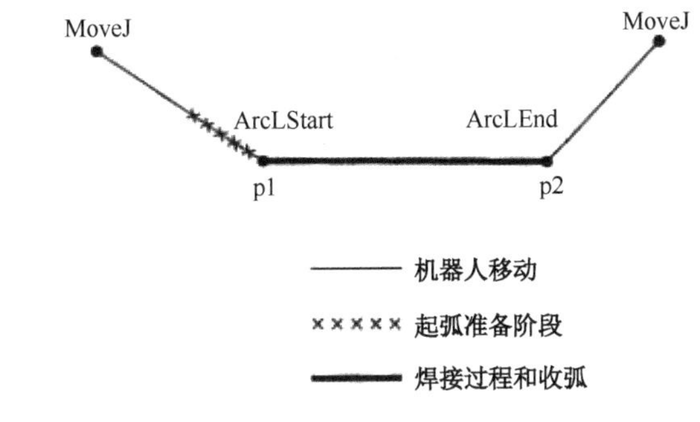

图 4-10　启动直线焊缝的焊接

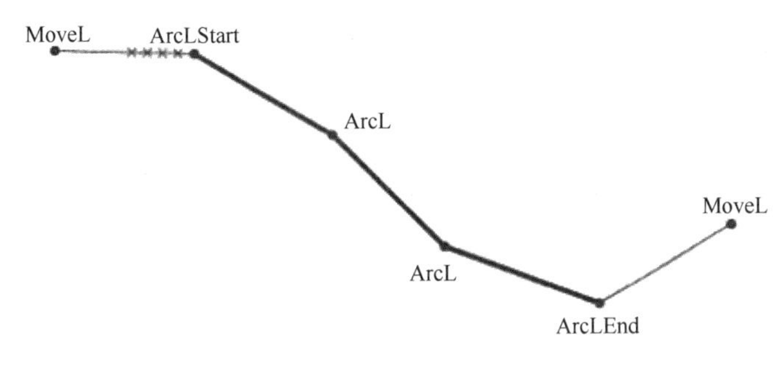

图 4-11　线性焊接运动

3）线性焊接结束指令 ArcLEnd

ArcLEnd 用于结束直线焊缝的焊接，工具中心点线性移动到指定目标位置，整个焊接过程通过参数控制，程序如下：

```
ArcLStart p2, v100, seam1, weld5, fine, gun1
```

4）圆弧焊接开始指令 ArcCStart

ArcCStart 用于启动圆弧焊缝的焊接，工具中心点沿圆弧运动到指令目标位置，整个焊接过程通过参数控制，程序如下：

ArcCStart p2，p3，seaml，weld5，fine，gun1

执行以上指令，机器人沿圆弧运动到 p3 点，在 p3 点开始焊接，如图 4-12（a）所示。

5）圆弧焊接指令 ArcC

ArcC 用于圆弧焊缝的焊接，工具中心点沿圆弧移动到指定目标位置，焊接过程通过参数控制，程序如下：

```
ArcC*, *, v100, seaml, weld\Weave:=Weavel, z10, gunl;
```

如图 4-12（b）所示，机器人圆弧焊接的部分应使用 ArcC 指令。

6）圆弧焊接结束指令 ArcCEnd

ArcCEnd 用于结束圆弧焊缝的焊接，工具中心点沿圆弧运动到指定目标位置，整个焊接过程通过参数控制，程序如下：

```
ArcCEnd P2, P3, v100, seaml, weld5, fine, gunl;
```

如图 4-13 所示，机器人在 p3 点使用 ArcCEnd 指令结束焊接。

焊接指令的添加过程：打开例行程序后单击“添加指令”，如图 4-14 所示，选择需要的 Arc 指令。

接下来如图 4-15 所示，选择相应的焊接指令，完成焊接指令的添加。

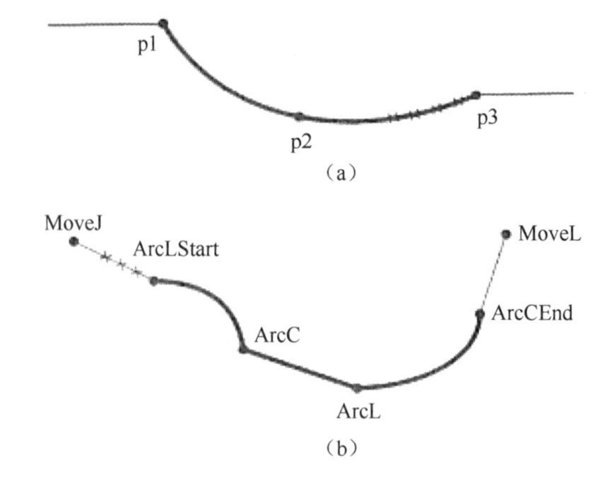

图 4-12　圆弧焊接运动指令

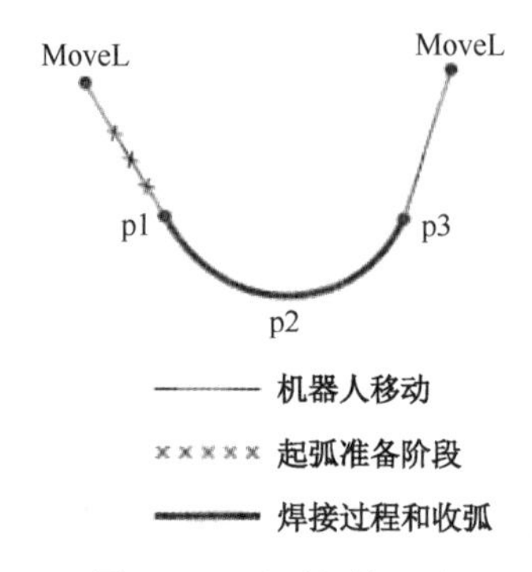

图 4-13　圆弧焊接运动

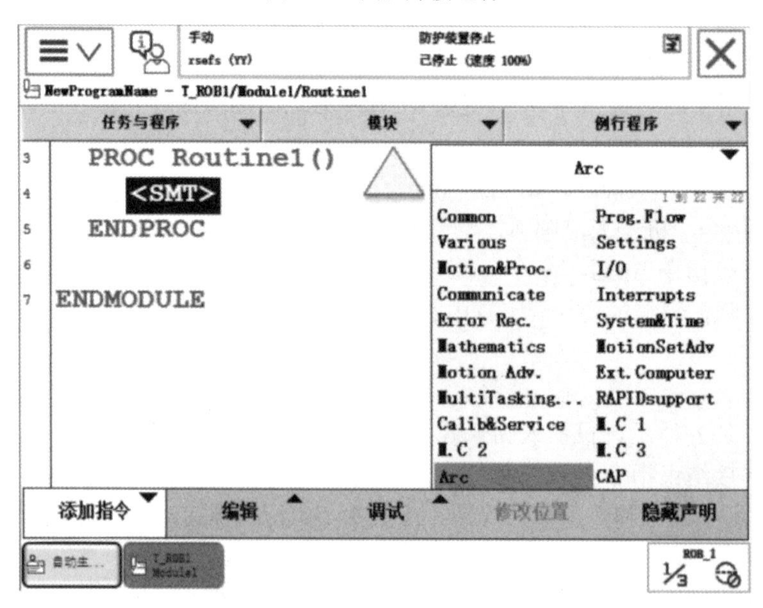

图 4-14　单击“添加指令”

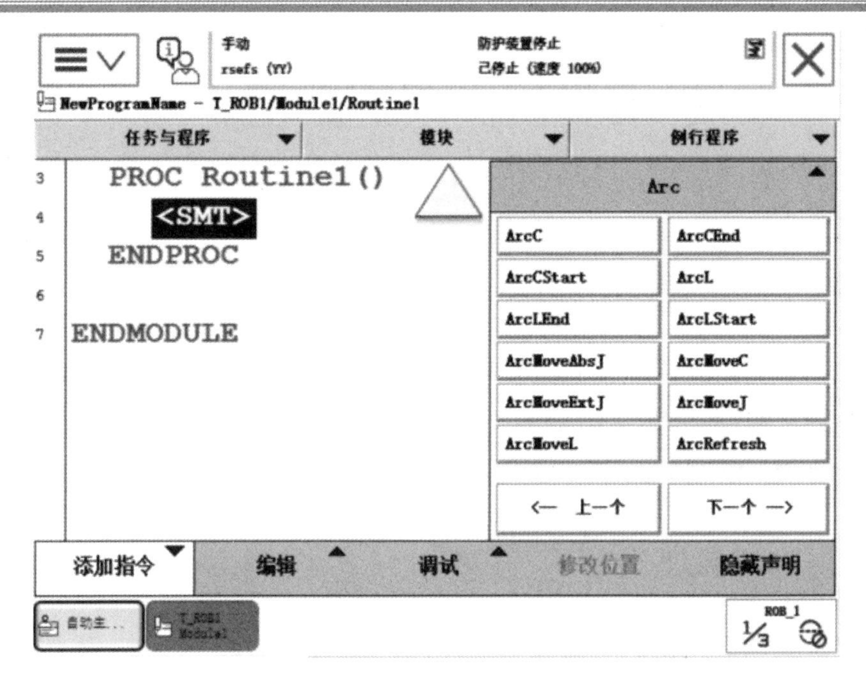

图 4-15　选择需要的 Arc 指令

任务 3　坐标系的设定

坐标系的设定

任务导读

在焊接过程中，有时要完成各种曲面的焊接任务，此时焊枪的姿态显得尤为重要。控制焊枪的旋转和推进需要综合运用各种坐标系，不仅如此，机器人的所有运动都需要通过坐标来定位。掌握坐标系的设定方法是控制机器人完成各种运动的基础。因此，接下来我们要展开对坐标系的学习。

相关知识

4.3.1　坐标系概述

在参照系中，为确定某一点的位置，按照规定方法选取的有次序的一组数据，即被称为坐标。在某一问题中确定坐标的方法，就是该问题所用的坐标系。在对机器人进行操作、编程和调试时，如何选取坐标系具有重要的意义。

在 ABB 机器人控制系统中定义了下列坐标系：

（1）基坐标系：基坐标系的原点在机器人底座的中心，最适合用于机器人从一个位置移动到另一个位置的定位。

（2）工件坐标系：工件坐标系与工件（物料）有关，通常是最适于对机器人进行编程的坐标系。

（3）工具坐标系：工具坐标系可用于定义机器人到达预设目标时所使用工具的位置。

（4）大地坐标系：可用于定义机器人单元的位置，其他的坐标系均与大地坐标系有直接或间接的关系。大地坐标系可用于手动操纵、常规移动具有若干机器人或外轴移动机器人的工作站和工作单元。

1. 基坐标系

基坐标系的原点在机器人底座的中心，如图 4-16 所示。在正常配置的机器人系统中，当操作人员正向面对机器人并在基坐标系下进行手动操纵时，前后拨动操纵杆可使机器人沿 X 轴移动，左右拨动操纵杆可使机器人沿 Y 轴移动，旋转操纵杆可使机器人沿 Z 轴移动。

2. 工件坐标系

工件坐标系对应的是工件（物料），其定义的位置是工件（物料）相对于大地坐标系的位置，如图 4-17 所示，A 为大地坐标系，B 和 C 均为工件坐标系。机器人可以拥有若干工件坐标系，或者表示不同工件（物料），或者表示同一工件（物料）在不同位置的若干副本。

3. 工具坐标系

为操作方便，在工具坐标系中一般将工具的作用点设为原点，由此定义工具的位置和方向。工具坐标系缩写为 TCPF（Tool Center Point Frame），工具坐标系原点缩写为 TCP（Tool Center Point）。ABB 机器人在六个轴的法兰盘处都设有预定义的工具坐标系，如图 4-18 所示。新设定的工具坐标系的中的坐标可根据其相对于预定义工具坐标系的偏移值来确定。

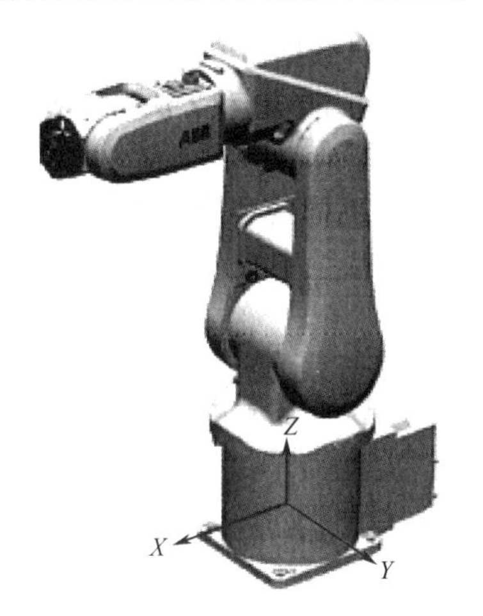

图 4-16 基坐标系

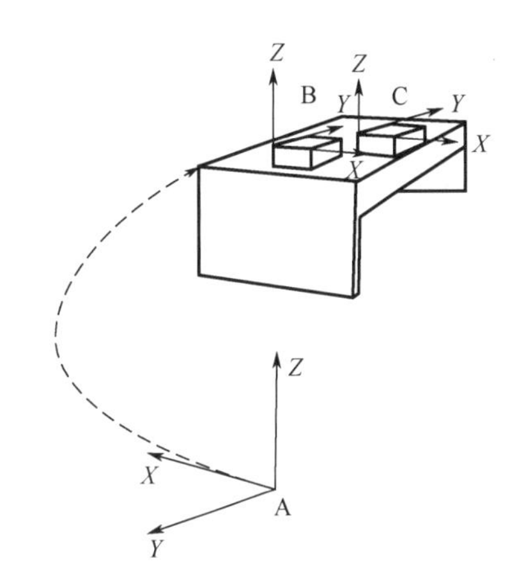

图 4-17 工件坐标系

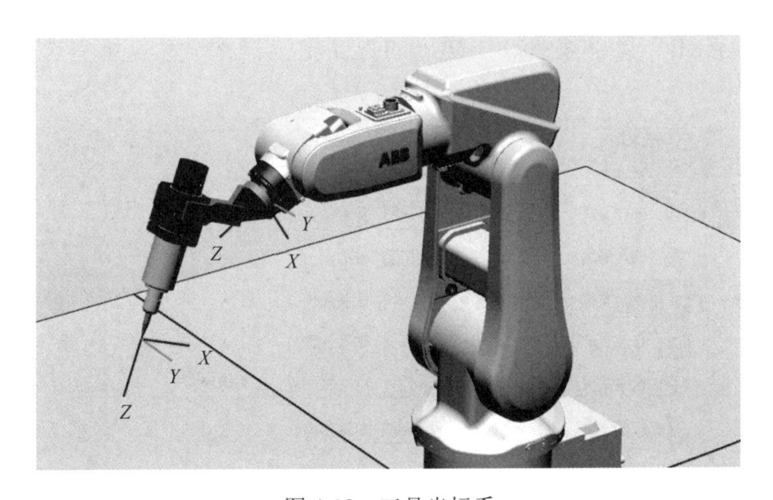

图 4-18 工具坐标系

4．大地坐标系

大地坐标系在工作单元或工作站中的位置相对较为固定，有助于处理若干机器人协作或存在外轴移动机器人的情况。在默认情况下，大地坐标系与基坐标系是一致的。

在实际使用坐标系时，只有工具坐标系和工件坐标系是常要用户自定义的。

4.3.2 建立工具坐标系

建立工具坐标系

在定义工具坐标系时，需要输入工具坐标系的工具数据（Tooldata），工具数据用于描述安装在机器人第六轴上的 TCP、质量、重心等参数。工具数据会影响机器人的控制算法（如计算加速度）、速度和加速度监控、力矩监控、碰撞监控、能量监控等，因此机器人的工具数据需要正确设置。

工具坐标系的设定方法包括 N（$N \geq 3$）点法、TCP-Z 法、TCP-Z-X 法。

（1）N（$N \geq 3$）点法：机器人的 TCP 通过 N 种不同的姿态同参考点接触，得出多组解，通过计算得出当前 TCP 相对于机器人安装法兰中心点（tool0）的位置。

（2）TCP-Z 法：在 N 点法基础上，将 Z 点与参考点连线作为坐标系 Z 轴。

（3）TCP-Z-X 法：在 N 点法基础上，将 X 点与参考点连线作为坐标系 X 轴，将 Z 点与参考点连线作为坐标系 Z 轴。

通常情况下，设定工具坐标系采用 TCP-Z-X 法（N=4），其设定步骤如下：

（1）在机器人工作范围内找一个非常精确的固定点作为参考点。

（2）在工具上确定一个参考点（最好是工具的中心点）。

（3）用手动操纵机器人的方法，移动工具上的参考点，以不少于 4 种（本例中以 4 种为准）不同的机器人姿态尽可能精确地使其与固定点重合。

（4）机器人根据这 4 组数据计算求得 TCP 的数据，然后将其保存在“工具数据”中。

为了获得更准确的 TCP 数据，也可使用六点法进行操作（后两个点是延伸器点），其中点 4 对应的姿态是使工具的参考点在垂直方向上移动，点 5 对应的姿态是使工具参考点从固定点向 X 轴正方向移动，点 6 对应的姿态是使工具参考点从固定点向 Z 轴负方向移动。

以 TCP-Z-X 法建立一个新的工具坐标系 tool1 的操作如下。

（1）单击“ABB”菜单按钮，在弹出的界面中选择“手动操纵”选项，如图 4-19 所示。

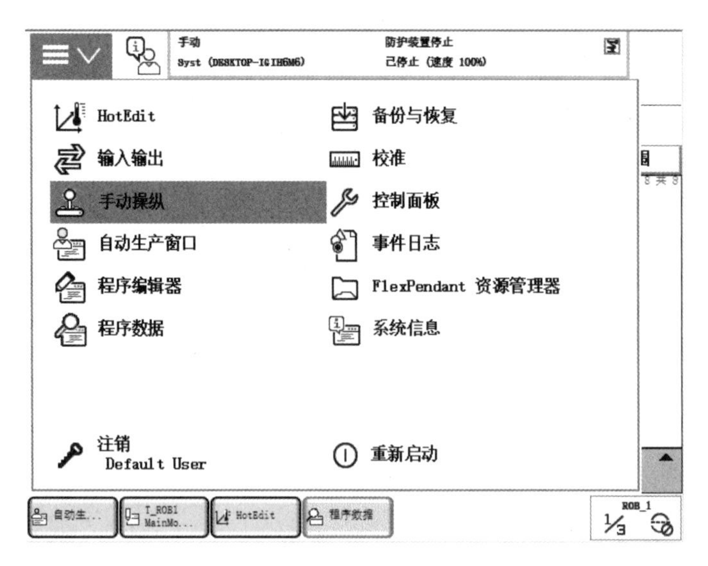

图 4-19　选择“手动操纵”选项

（2）在“手动操纵”界面中单击“工具坐标”选项，并在弹出的界面中单击“新建...”按钮，以新建一工具坐标系，如图 4-20 所示。

（3）选中新建的工具坐标系“tool1”，选择“编辑”菜单下的“定义...”选项，如图 4-21（a）所示。

（4）在“工具坐标定义”界面，选择“TCP 和 Z，X”，将“点数”设为 4，如图 4-21（b）所示。

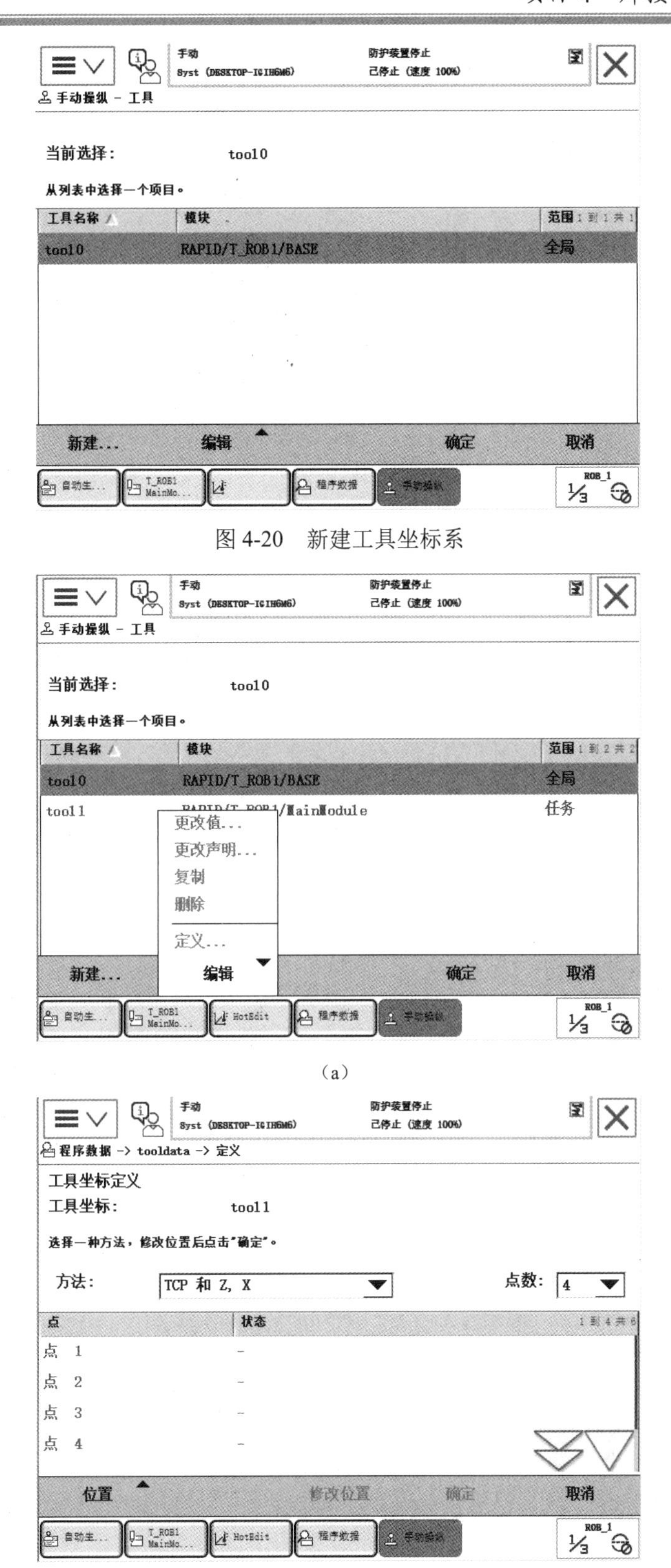

图 4-20　新建工具坐标系

（a）

（b）

图 4-21　对新建的工具坐标系进行设置

（5）在示教器上选择合适的手动操纵模式，按下使能器按钮，以如图 4-22（a）所示的姿态与参照点接触，并以此作为第 1 个姿态，并在示教器上单击“修改位置”按钮，完成点 1 的记录，如图 4-22（b）所示。

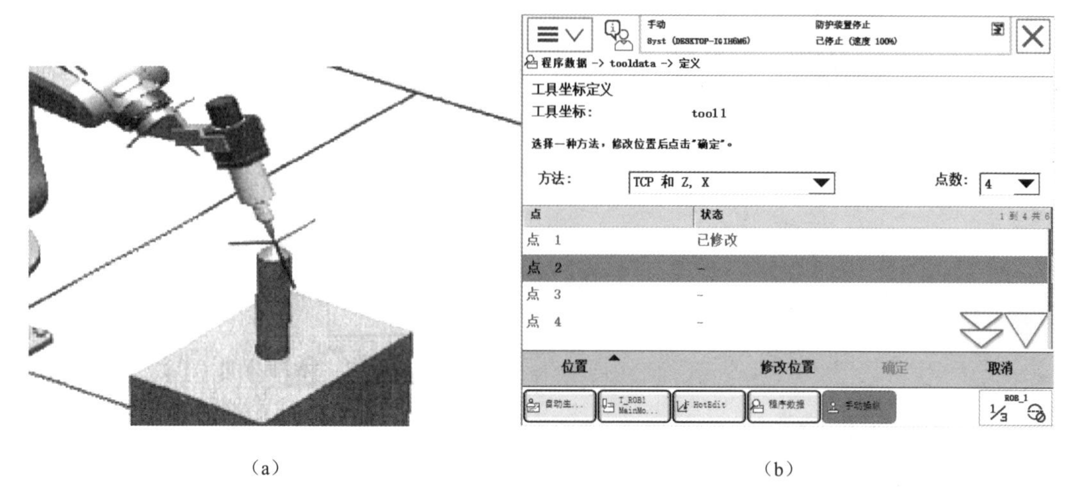

（a）　　　　（b）

图 4-22　示教点 1 位置并记录

（6）按照上述的方法分别完成点 2、点 3 和点 4 的位置记录。提示：在操作过程中，前面 3 个点的姿态相差尽量大些，这样有利于提高定位精度。点 2 的姿态如图 4-23（a）所示，点 3 的姿态如图 4-23（b）所示，点 4 的姿态如图 4-24（a）所示，记录完 4 个点的数据之后的界面如图 4-24（b）所示（前面 3 个点的姿态可以是任意的，相关图示仅供参考）。

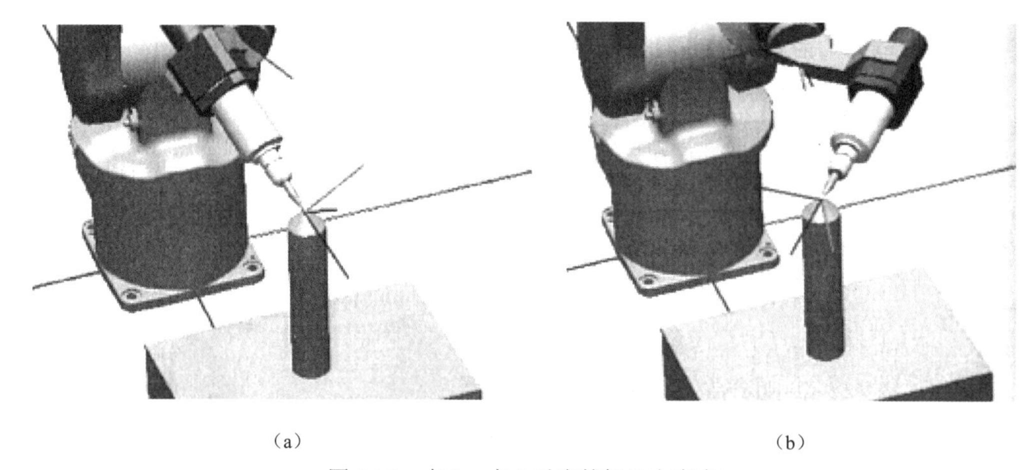

（a）　　　　（b）

图 4-23　点 2、点 3 对应的机器人姿态

（7）手动操纵机器人，使工具参考点以点 4 对应的姿态从固定点移动到工具坐标系的 X 轴正半轴上，单击示教器上的“修改位置”，记录延伸器点点位，如图 4-25 所示。

（8）手动操纵机器人，使工具参考点以点 4 对应的姿态从固定点移动到工具坐标系的 Z 轴负半轴上，并单击“修改位置”，记录延伸器点点位，如图 4-26 所示。

（9）完成 6 个点的记录后，单击“确定”按钮，此时系统显示测量的平均误差，平均误差数值越小，则表示测量越精确，为以后编程时定位准确，这里的平均误差要求不大于 0.9m，如不满足此要求，应重复上述步骤直至满足要求。

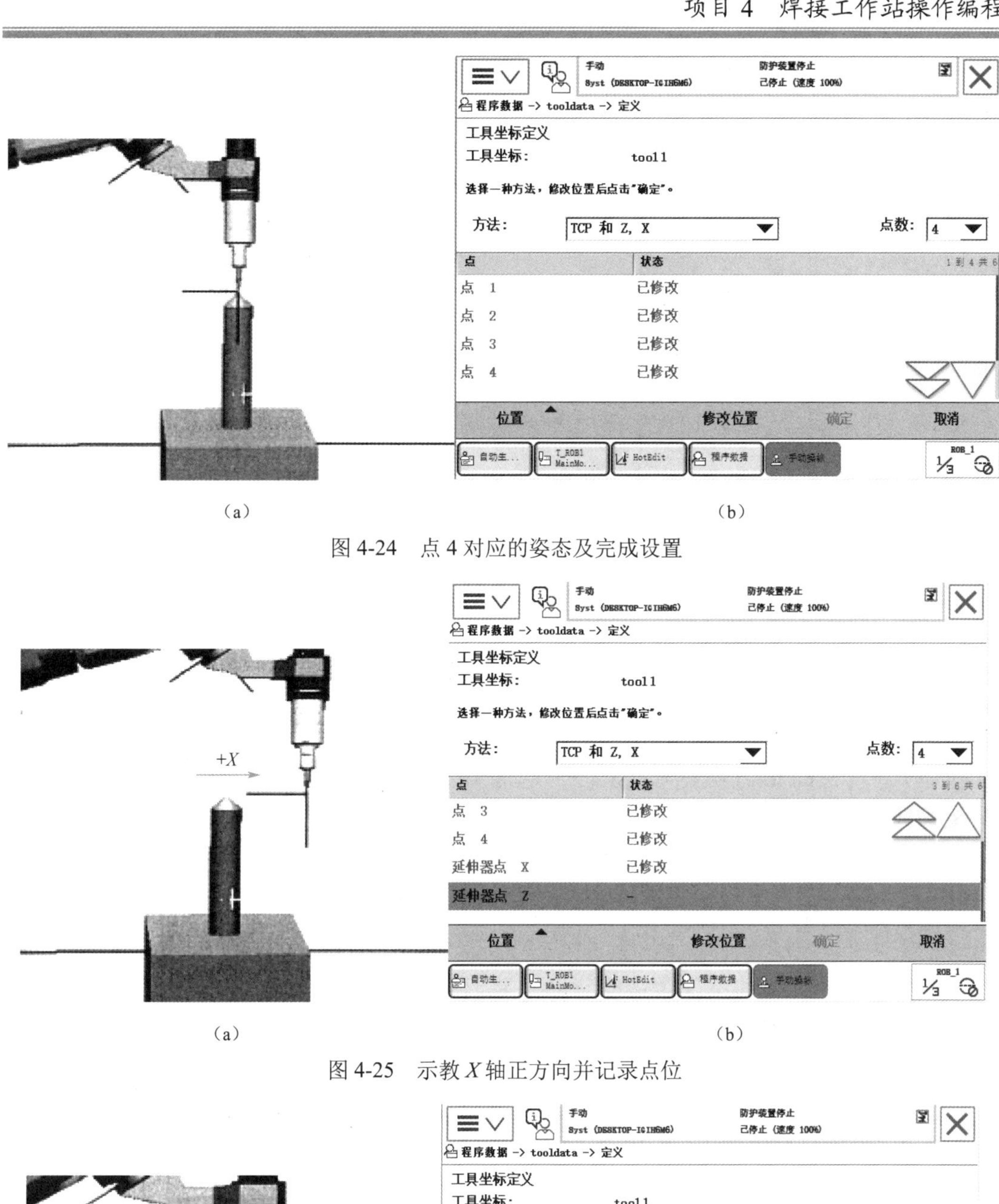

(a)　　　　　　　　　　(b)

图 4-24　点 4 对应的姿态及完成设置

(a)　　　　　　　　　　(b)

图 4-25　示教 X 轴正方向并记录点位

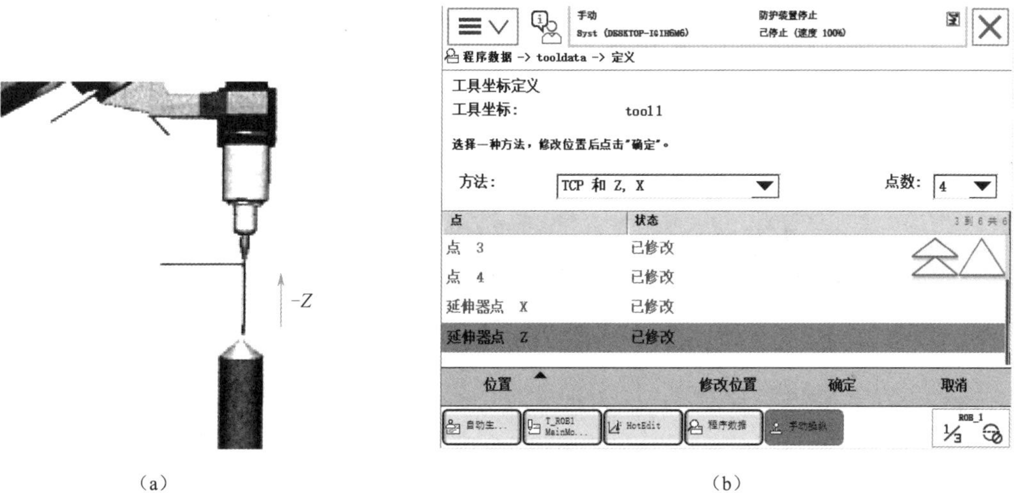

(a)　　　　　　　　　　(b)

图 4-26　示教 Z 轴负方向并记录点位

（10）退回到工具坐标系建立界面，选择之前新建的工具坐标系“tool1”，选择“编辑”菜单下的“更改值...”选项，如图 4-27 所示。

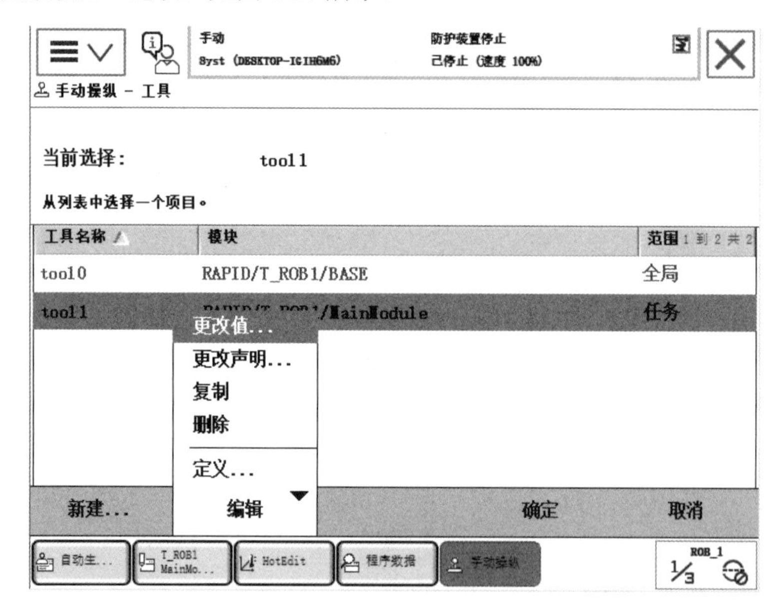

图 4-27　选择“更改值...”

（11）在弹出的 tool1 数据更改界面，完成工具 mass、重心坐标等的数据设置，并单击“确定”按钮完成更改，如图 4-28 所示。

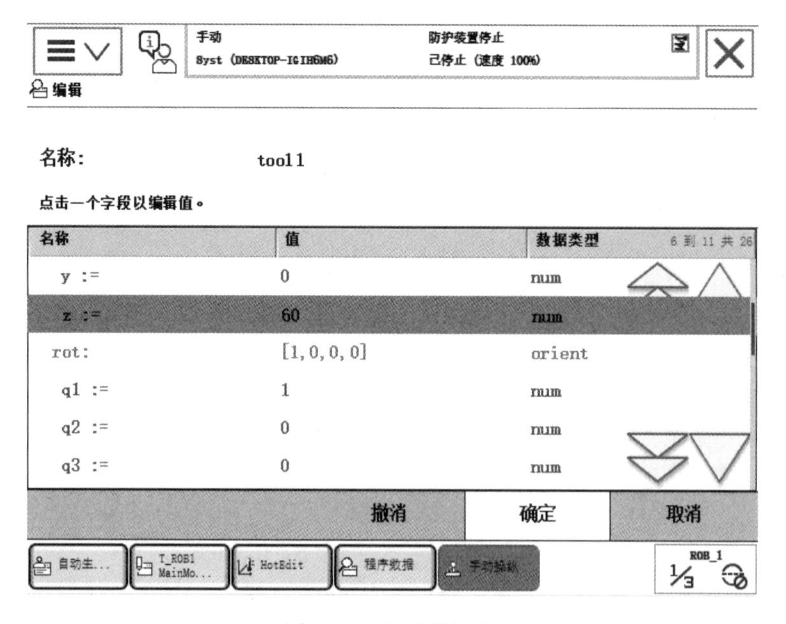

图 4-28　更改值操作

（12）最后，按照工具重定位动作模式，将“坐标系”选为“工具”，将“工具坐标”选为“tool1”，并通过示教器操作检验设定的坐标系的准确性。

4.3.3　建立工件坐标系

建立工件坐标系

建立工件坐标系时，通常采用三点法，即通过在对象表面或工件（物料）边缘角等位置定义三个点来创建一个工件坐标系，其设定原理如下：

（1）手动操纵机器人，在工件（物料）表面或边缘角的位置找到一点，记为 X1，作为坐标系的原点。

（2）手动操纵机器人，沿着工件（物料）表面或边缘找到另一点，记为 X2，从 X1 指向 X2 的方向即为工件坐标系 *X* 轴的正方向。

（3）手动操纵机器人，在 *XOY* 平面上 *Y* 值为正的部分找到一点，记为 Y1，确定工件坐标系 *Y* 轴的正方向。

以三点法创建工件坐标系 wobj1 的操作如下：

（1）在手动操纵界面中，选择“工件坐标”，在弹出的界面中单击“新建”按钮，弹出工件（物料）数据属性设置界面，完成设置后单击“确定”按钮，完成 wobj1 的创建，如图 4-29 所示。

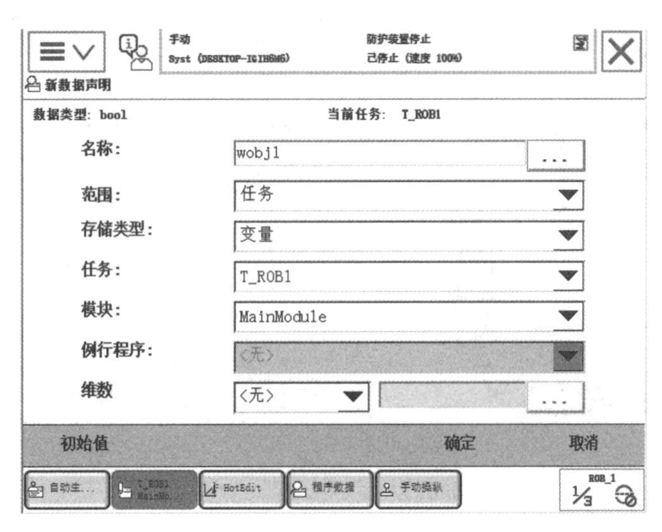

图 4-29　新建工件坐标系

（2）选中“wobj1”，选择“编辑”菜单下的“定义”选项，将“用户方法”设为“3 点”，如图 4-30 所示。

（3）手动操纵机器人，将工具 TCP 移向要定义工件坐标系的 X1 点，并在示教器中单击“修改位置”，将 X1 点记录下来，如图 4-31 所示。

（4）手动操纵机器人，将工具 TCP 移向要定义工件坐标系的 X2 点，并在示教器中单击“修改位置”，完成 X2 点的记录，如图 4-32（a）所示。

（5）手动操纵机器人，将工具 TCP 移向要定义工件坐标系的 Y1 点，并在示教器中完成位置的修改，如图 4-32（b）所示。

（6）3 个点记录完成之后，单击“确定”按钮，确认无误后再次单击“确定”按钮，如图 4-33（a）所示。

（7）将“坐标系”选择为创建的工件坐标系，并使用线性动作模式，观察机器人在工件坐标系下的移动方向，以检验其准确性，如图 4-33（b）所示。

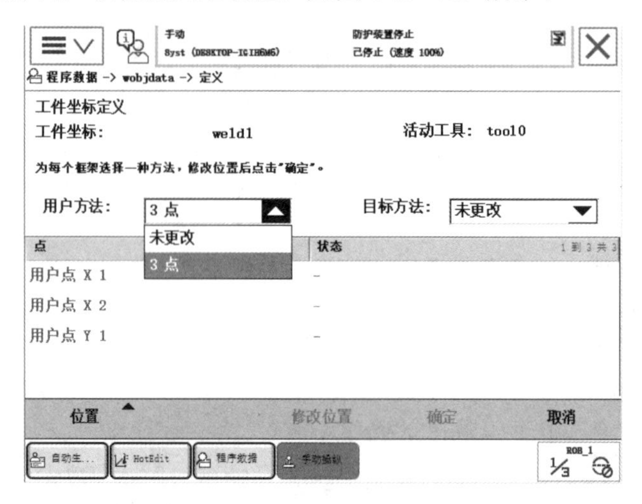

图 4-30 将“用户方法”设为“3 点”

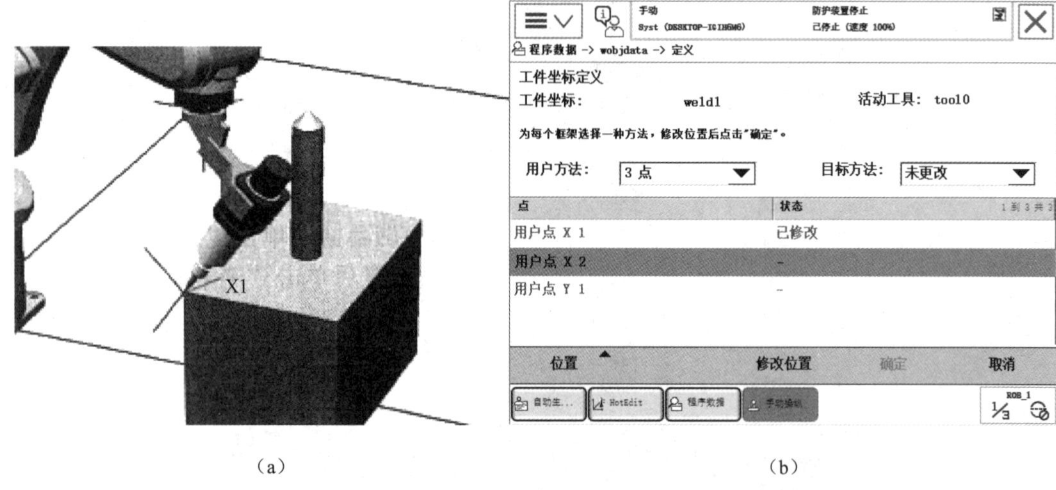

（a）　　　　　　　　　　（b）

图 4-31　示教点 X1 并记录

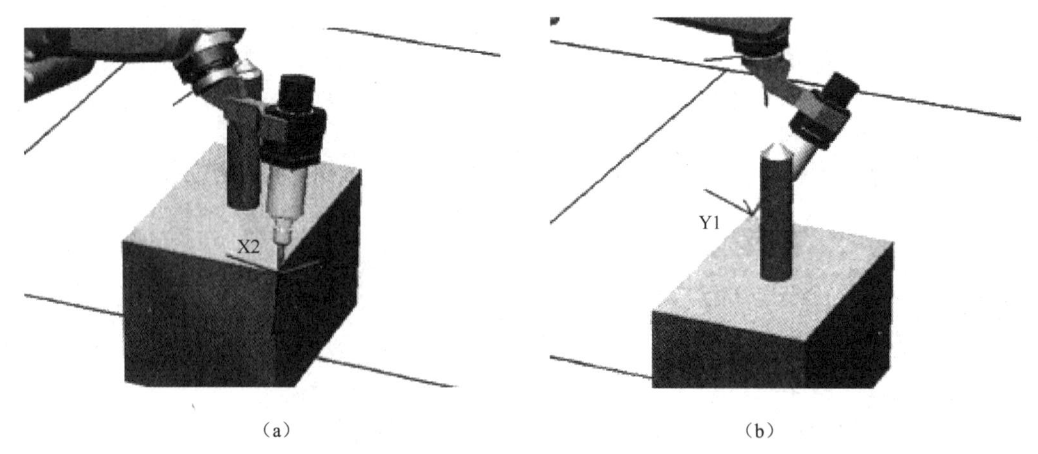

（a）　　　　　　　　　　（b）

图 4-32　示教点 X2 与点 Y1

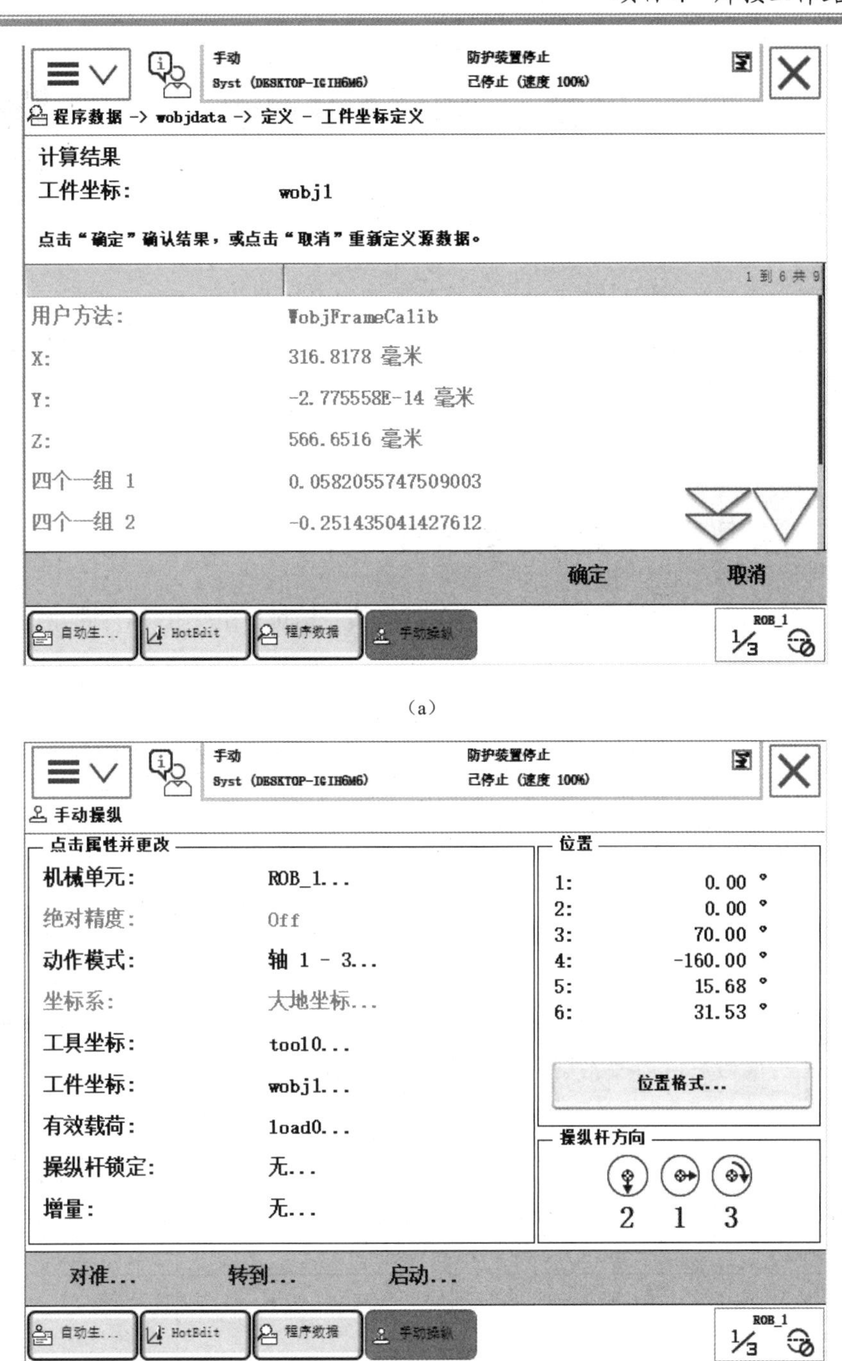

（a）

（b）

图 4-33　选定工件坐标系并检验

任务 4　焊接示教编程

焊接示教编程

任务导读

学会了焊接参数的设置、常用焊接指令的应用以及工具坐标系的设定后，本任务我们将学习焊接轨迹的编程示教，同时学习示教过程中所需的弧焊 I/O 配置、参数设置和机器人条件逻辑判断指令的应用。

相关知识

4.4.1　弧焊 I/O 配置及参数设置

机器人需要与焊接设备进行通信（信号名称和信号地址自定义），弧焊常用信号如表 4-5 所示。

表 4-5　弧焊常用信号说明

信号名称	信号类型	信号地址	参数注释
AoWeldingCurrent	AO	0～15	控制焊接电流或者送丝速度
AoWeldingVoltage	AO	16～31	控制焊接电源
Do32_WeldOn	DO	32	起弧控制
Do33_GasOn	DO	33	送气控制
Do34_FeedOn	DO	34	点动送丝控制
Dioo_ArcEst	DI	0	起弧信号（焊机通知机器人）

设置完相关信号后，需要将这些信号与焊接参数进行关联，如表 4-6 所示。

表 4-6　焊接参数说明

信号名称	参数类型	参数名称
AoWeldingCurrent	Arc Equipment Analogue Output	CurrentReference
AoWeldingVoltage	Arc Equipment Analogue Output	VoltReference
Do32_WeldOn	Arc Equipment Digital Output	WeldOn
Do33_GasOn	Arc Equipment Digital Output	GasOn
Do34_FeedOn	Arc Equipment Digital Output	FeedOn
Dioo_ArcEst	Arc Equipment Digital Output	ArcEst

4.4.2　条件逻辑判断指令

条件逻辑判断指令的应用

条件逻辑判断指令用于对条件进行判断后，执行相应的操作，是 ABB 机器人控制程序中重要的组成部分。

条件逻辑判断指令包括紧凑型条件判断指令、IF 条件判断指令、

FOR 重复执行判断指令、WHILE 条件判断指令和 TEST 指令。

1. 紧凑型条件判断指令（Compact IF）

紧凑型条件判断指令用于当一个条件满足了以后，执行后面的语句，如图 4-34 所示，如果 flag1 的状态为 TRUE，则 do1 被置位为 1。

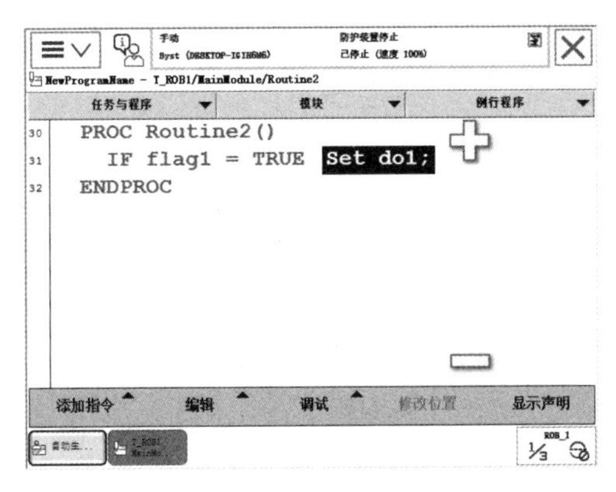

图 4-34　紧凑型条件判断指令

2. IF 条件判断指令

IF 条件判断指令可根据不同的条件去执行不同的语句。IF 条件判断指令的程序流程如图 4-35（a）所示，它可将程序分为多个路径，给程序多个选择，程序对条件进行判断后，执行符合的条件对应的指令。

IF 条件判断指令可以对多个为真或为假的条件进行检查，如果条件满足就会执行 THEN 指令（以 ENDIF 结束）；如果条件不满足就会执行 ELSE 后面的指令。

如图 4-35（b）所示，如果 num1 为 1，则 flag1 会赋值为 TRUE；如果 num1 为 2，则 flag1 会赋值为 FALSE。除了以上两种条件之外，则将 do1 置为 1。判定的条件数量可以根据实际情况进行增加与减少，且 IF 条件判断指令可以嵌套。

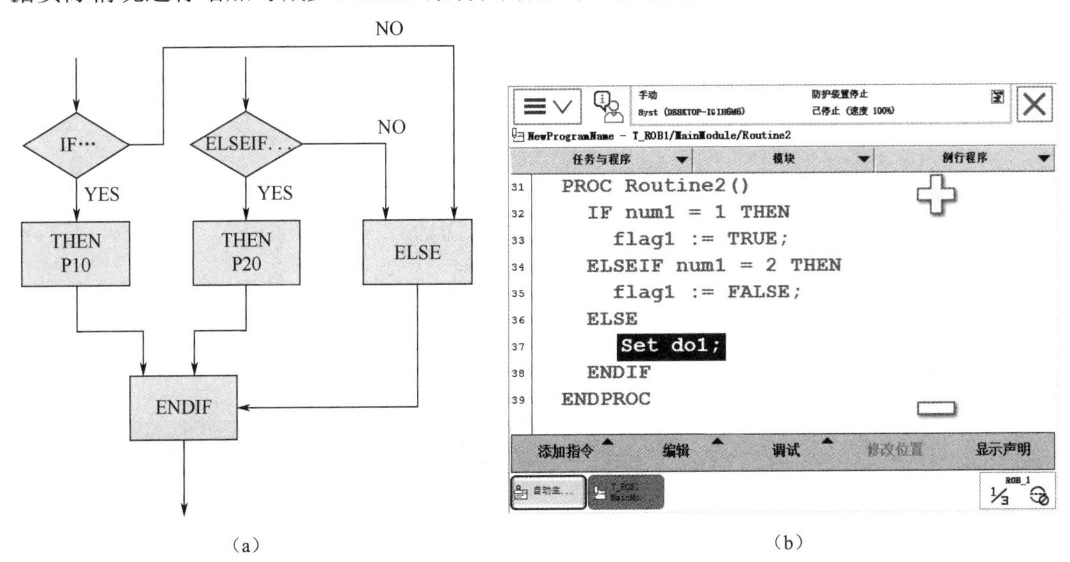

图 4-35　IF 条件判断指令的流程及举例

3．FOR 重复执行判断指令

FOR 重复执行判断指令适用于一个或多个指令需要重复执行数次的情况，其程序流程如图 4-36（a）所示。循环可以按照指定的步幅进行计数，步幅是通过关键词 STEP 指定的某个整数，如果没有借助 STEP 指定步幅，则程序执行时会自动以 1 为默认步幅，如图 4-36（b）所示，程序从变量 i 为 1 开始执行 FOR 重复执行判断指令，满足条件则执行例行程序 Routine1，当 i 变为 3 时结束，步幅为 2，重复执行了 2 次。

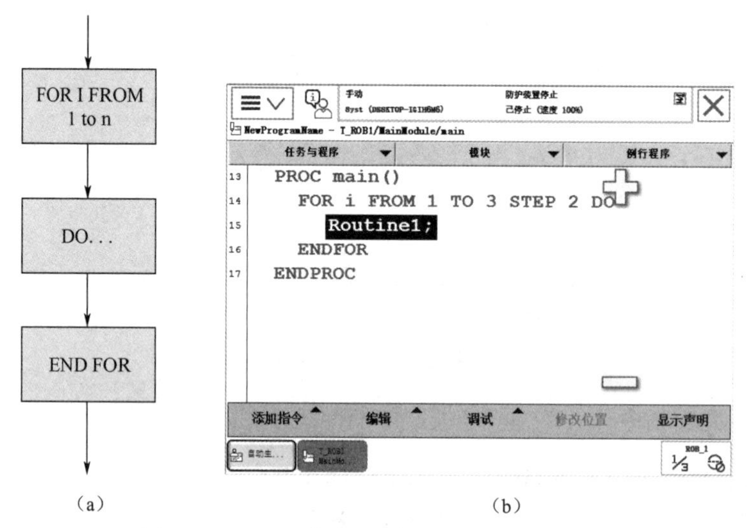

图 4-36　FOR 重复执行判断指令的流程及举例

4．WHILE 条件判断指令

WHILE 条件判断指令用于在给定条件满足的情况下，一直重复执行对应的指令，其程序流程如图 4-37（a）所示，只有当重复条件不满足后，才结束重复执行，转而执行 ENDWHILE 后的指令，如图 4-37（b）所示，给变量 reg1 赋值为 1，当满足条件 reg1 小于 5 时，一直执行 reg1 加 1 的操作，所以当 reg1=5 时，此部分程序执行完毕。

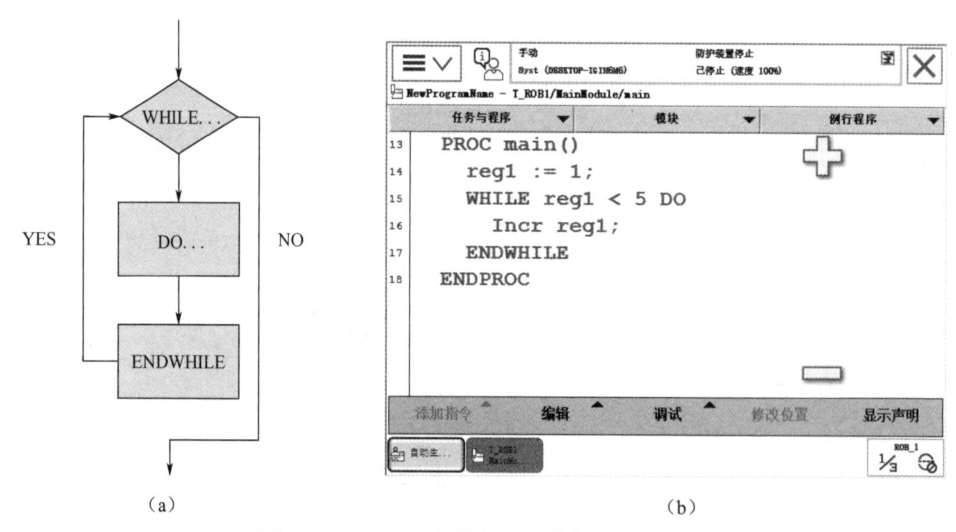

图 4-37　WHILE 条件判断指令的流程及举例

5. TEST 指令

TEST 指令是根据指定变量的判断结果，执行对应的程序，其程序流程如图 4-38（a）所示，程序举例如图 4-38（b）所示，判断 reg1 的数值，若为 1 则执行 Routine1；若为 2，则执行 Routine2；否则执行 Stop 指令。

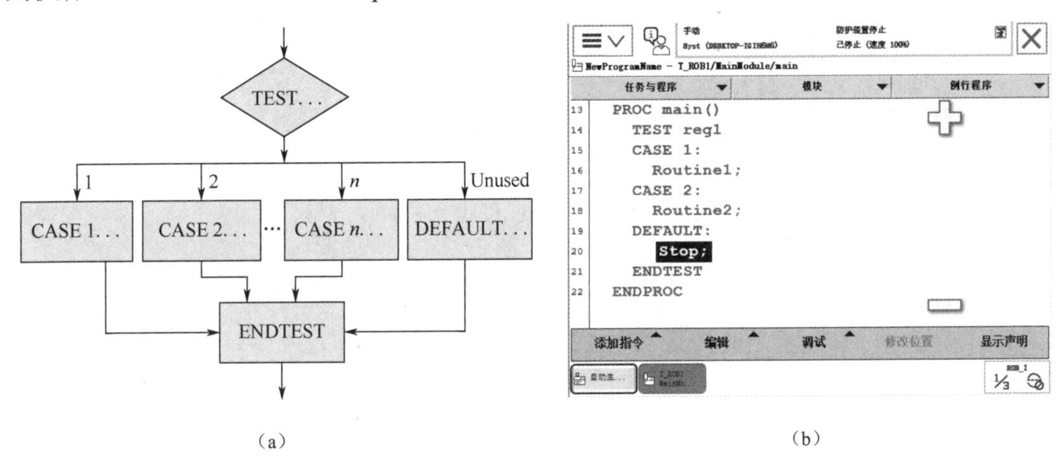

图 4-38　TEST 指令的流程及举例

4.4.3　焊接轨迹示教编程

下面以如图 4-39 所示的工作站为例，借助 RobotStudio 软件讲述机器人焊接编程的过程，具体操作如下。

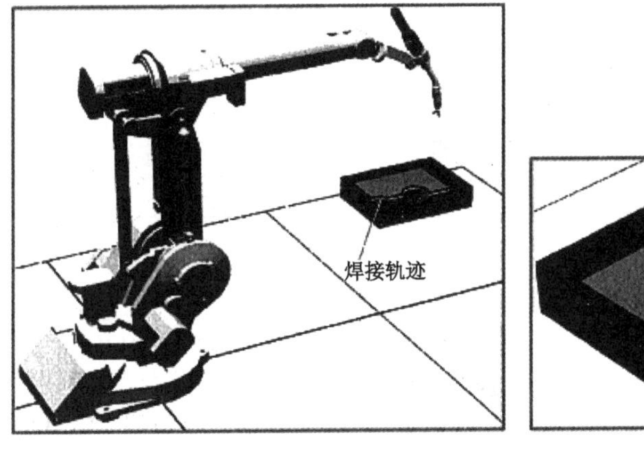

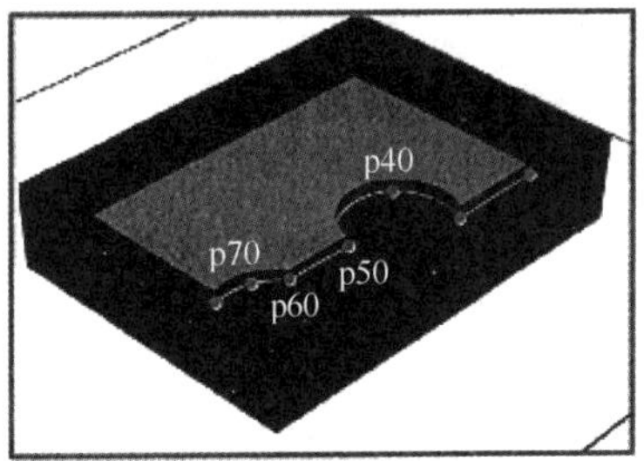

图 4-39　焊接轨迹点

（1）解压工作站压缩包，进入工程文件，在 RobotStudio 软件中创建机器人焊接系统时，需要选中焊接工艺包，即勾选“Application arc”下的“344-arc”选项包。

（2）依据焊接轨迹，进行焊接轨迹点的示教编程，程序如下所示。

```
PROC main()
MoveJ home, v200, z50, tweldGun;
! 机器人从起始点（home点）以速度v200、拐弯半径50运动
MoveL p10, v200, z50, tweldGun;
```

```
! 机器人运动到中间点p10，一般此点在焊接开始点正上方，作为安全点
ArcLStart p20, v200, seaml, weld1, fine, tweldGun;
! 机器人运动到p20点开始焊接，且焊接参数为seam1，起弧收弧参数为weld1，
! 无拐弯半径，机器人运动速度为v200
ArcL p30, V200, seaml, weld1, z10, tweldGun;
! 机器人以直线方式焊接至轨迹点p30
ArcC p40, p50, v200, seam1, weld1, z10, tweldGun:
! 机器人以圆弧方式焊接至轨迹点p40与p50
ArcL p60, v200, seaml, weld1, z10, tweldGun
! 机器人以直线方式焊接至轨迹点p60
ArcCEnd p70, p80, v200, seam1, weld1, z10, tweldGun
! 机器人以圆弧方式焊接至轨迹点p70与p80，且在p80点结束焊接
MoveL p90, v200, z50, tweldGun;
! 机器人以直线运动方式返回至中间点p90
MoveJ home, v200, z50, tweldGun;
! 机器人返回home点
```

思考与练习

1．焊接工作站是从事焊接的工业机器人的系统集成体，它主要包括机器人和_____两部分。

2．在图 4-40 中填入典型的焊接工作站的组成部分。

3．请将表 4-7 补充完整。

4．起弧收弧参数（scandal）用来控制焊接开始前和结束后的____，以保证焊接时____的和焊缝的____。

表 4-7　思考与练习题 3

参数名称	参数注释
Weld_Speed	
Voltage	
Current	

5．请判断如下表述是否正确。（　　）

摆弧参数必须设置，即使在焊缝宽度较小，机器人线性焊接可以满足要求的情况下，也应当设置该参数。

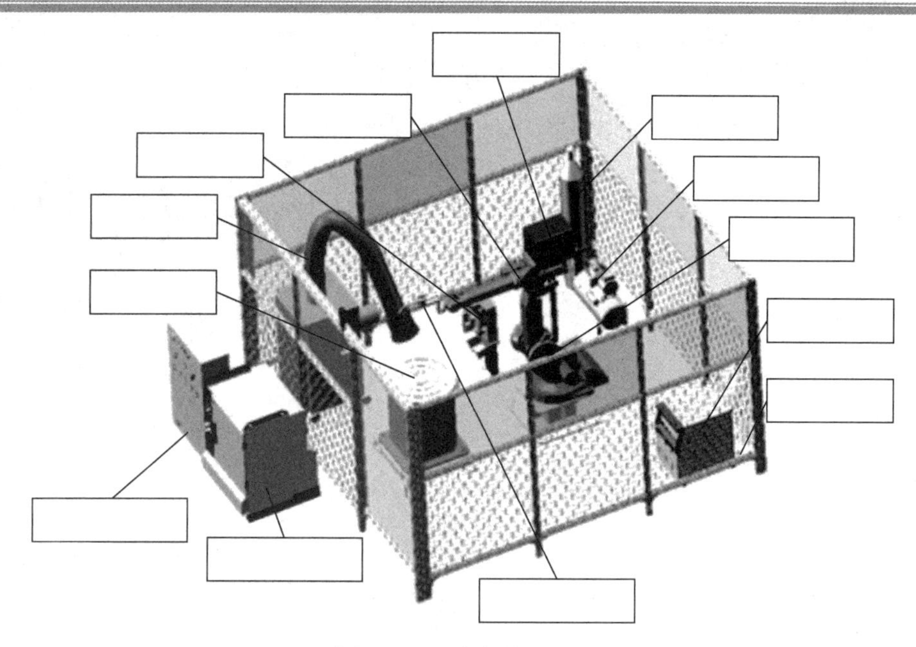

图 4-40　思考与练习题 2

6．工件坐标系和大地坐标系有什么不同？二者存在什么关系？

7．工具坐标系有什么作用？

8．任何焊接程序都必须以_____指令或者______指令开始，以_____指令或者_____指令结束。

9．写出焊接开始指令：机器人在 p1 点开始焊接，速度为 v100，起弧收弧参数采用数据 seam1，焊接参数采用数据 weld5，无拐弯半径，采用的焊接工具为 gun1。

10．简述“IF”“WHILE”和“FOR”指令的功能，说说它们之间的区别。

项目 5　涂胶装配工作站操作编程

项目导读

涂胶机器人作为一种典型的涂胶自动化设备，具有涂层均匀、重复精度好、通用性强、工作效率高等优点，能够将工人从有毒、易燃、易爆的工作环境中解放出来，已在汽车及工程机械制造、家具建材生产等领域得到了广泛应用。玻璃涂胶机器人如图 5-1 所示。

装配是制造业的重要生产环节，随着产品结构复杂程度的提高，传统装配技术和设备已不能满足日益增长的产量要求，装配机器人因其可胜任大批量、重复性的工作，将代替传统人工装配，成为装配生产线上的主力军。汽车整车装配生产线如图 5-2 所示。

图 5-1　玻璃涂胶机器人

图 5-2　汽车整车装配生产线

知识目标

（1）了解涂胶装配工作站的组成。
（2）了解应用于坐标系的直接输入法。
（3）了解涂胶示教编程方法。
（4）了解装配示教编程方法。

能力目标

（1）掌握机器人涂胶装配的基本知识。
（2）掌握涂胶装配常用 I/O 信号的配置。
（3）掌握涂胶装配的特点及编程方式。

知识技能点

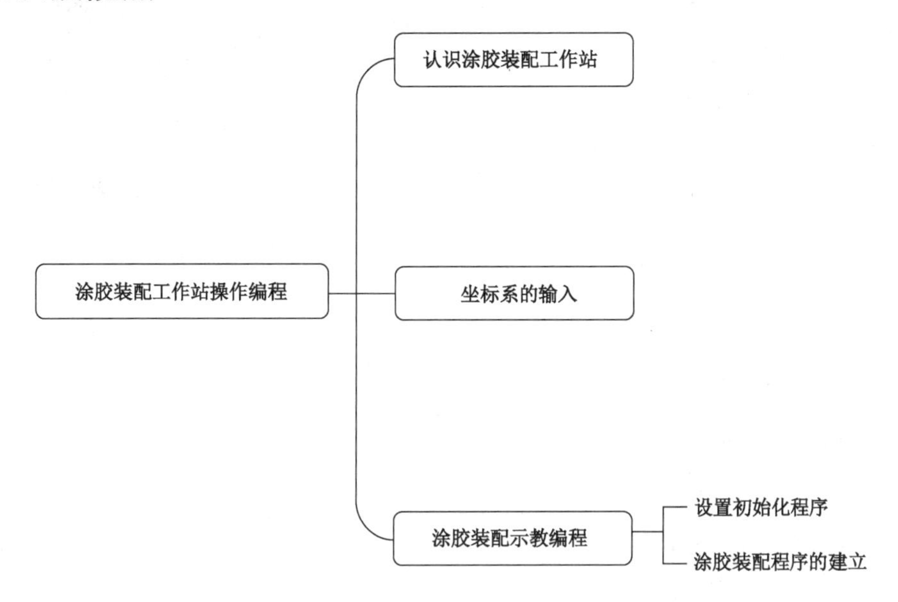

任务 1　认识涂胶装配工作站

认识涂胶装配工作站

任务导读

涂胶装配工作站主要应用于代替环境恶劣、工作量大且重复程度高的人工作业，本任务我们将对涂胶装配工作站的基本组成进行学习，为后续涂胶装配工作站编程操作提供重要依据。

相关知识

1. 涂胶装配机器人的特点

1）概述

涂胶装配机器人在工业生产中以 3 自由度直角坐标机器人和 6 自由度串联机器人的应用最为广泛，如图 5-3 所示。3 自由度直角坐标机器人可基本满足大多数涂胶装配任务的要求，6 自由度串联机器人在各行业中则具有更大的优势，不仅能到达工作空间内的任一位置，还可根据需要自由调整末端姿态，因此其应用领域更广、涂胶效果更佳、装配更加灵活。

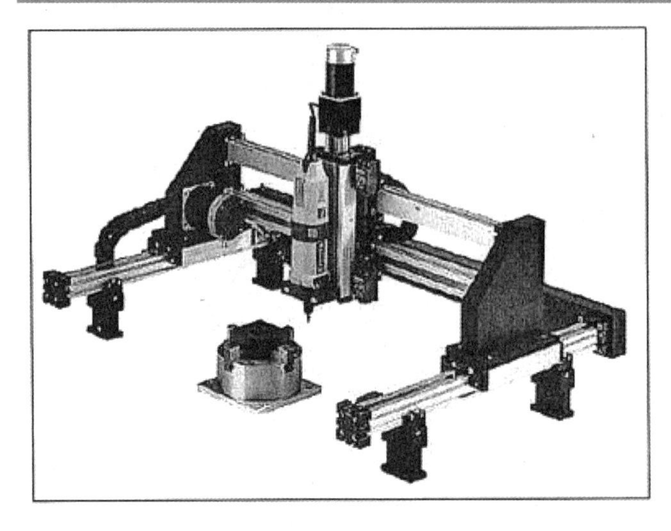

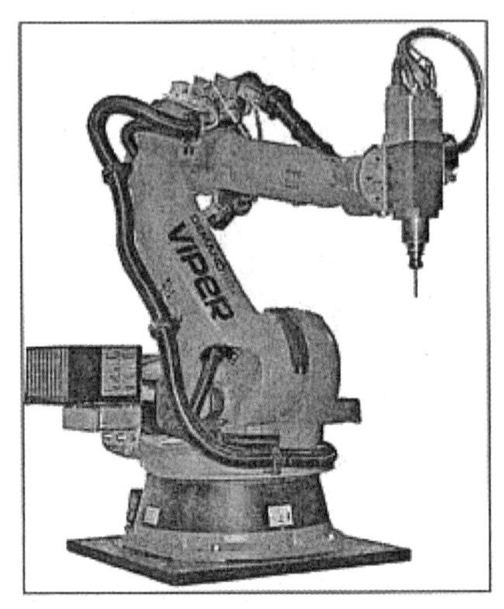

图 5-3　3 自由度直角坐标机器人和 6 自由度串联机器人

2）涂胶装配机器人的技术要求

（1）具备较高的运行速度。

（2）涂胶轨迹精度高。

（3）可准确地控制涂胶量。

（4）能保证物料涂层均匀。

2．涂胶装配工作站的组成

涂胶装配工作站的主要组成部分有：涂胶装配机器人、控制器、自动胶枪、吸盘、机器人导轨、供胶系统及气泵等，如图 5-4 所示。

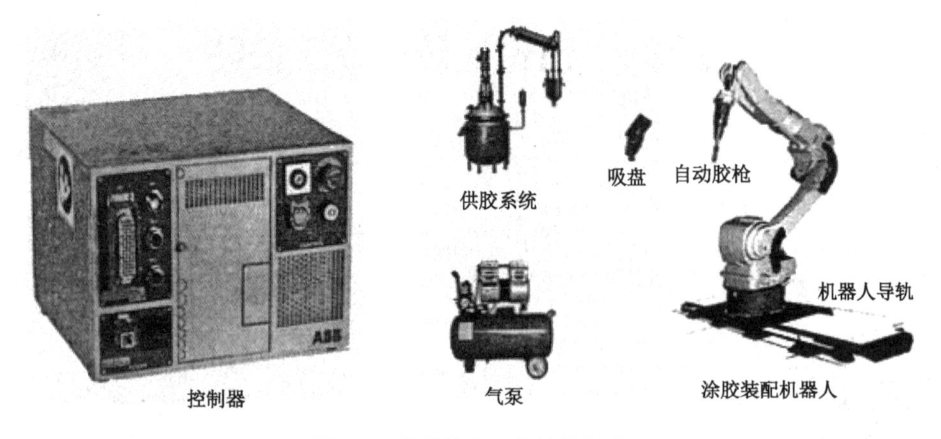

图 5-4　涂胶装配工作站的组成

1）供胶系统

ABB 公司专门为涂胶工序设计了机器人涂胶控制软件 Dispense Ware。该软件采用先进的过程控制方式完成涂玻璃胶和密封胶等任务，具有以下特点：

（1）快速、精确的位置控制和过程控制。

（2）机器人运行速度可用模拟量控制。

（3）动态补偿 TCP（工具中心点）。

（4）具有涂胶流量修正功能。

（5）具有丰富的线性和曲线运动控制命令。

（6）具有在工作断点处重新启动的功能。

（7）具有模拟量、数字量输出的功能，可方便地控制外围设备，完成精确的流量控制。

（8）具有丰富的指令集，适合不同过程控制的要求。

涂胶工艺的核心问题是胶体流量控制，典型的胶体流量控制系统如图 5-5 所示。它直接影响涂胶的质量和胶体使用成本。胶体流量控制系统必须满足两个条件：速度变化响应快和流量计量准确。

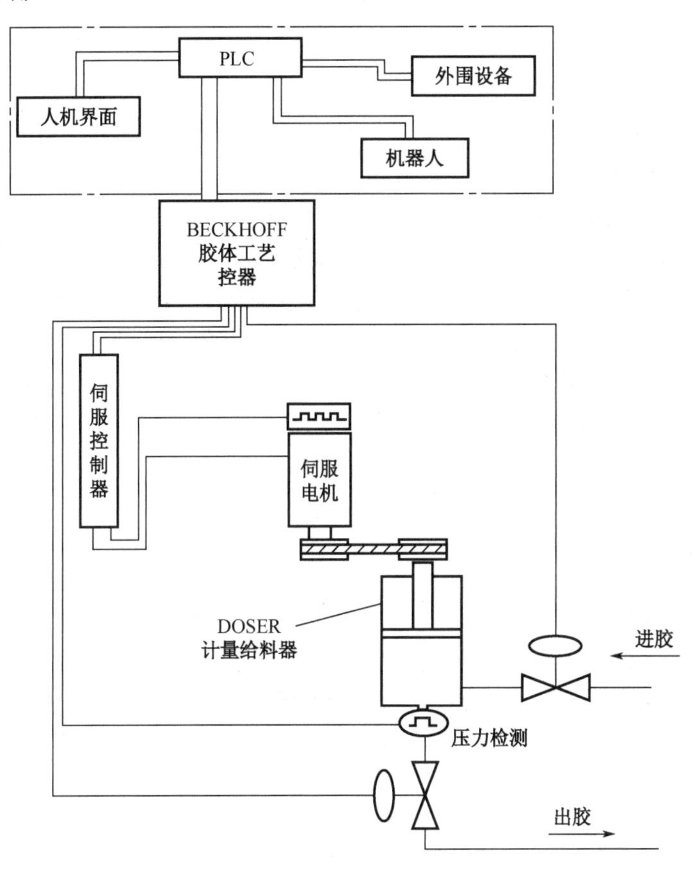

图 5-5　典型的胶体流量控制系统

2）自动胶枪

自动胶枪采用旋转的方式将机器人的第 6 个自由度（执行回转动作）通过一套齿轮传动机构与涂胶嘴联系起来，涂胶嘴与涂胶开关阀之间为回转接头连接，采用这种结构连接的涂胶嘴旋转时，涂胶开关阀和高压胶管均不动，可以有效地保护高压胶管不受绞折，同时该单元还装有气动高度调节机构，它可以消除涂胶物料制造误差引起的定位偏差。

任务 2　坐标系的输入

坐标系的输入

任务导读

在前面任务中我们学习了工具坐标系以及工件坐标系的设定，对于同一件工具，工具坐标系和工件坐标系只需建立一次，将坐标系的数据保存下来，下次应用就可直接输入。本任务将学习坐标系输入的方法，为后续编程示教提供便利。

相关知识

任何程序在示教时都离不开相应的坐标系，所以这里需要先对坐标系进行补充学习。接下来具体说明坐标系或其他数据储存位置的问题。

ABB 机器人中数据的储存位置即为其对应的模块，在程序编辑过程中，经常会出现将储存了有用数据的模块误删，导致浪费时间的情况。所以，对每个模块所需要的数据进行分类管理非常重要，这里以坐标系的储存位置为例，介绍 ABB 机器人的储存模块。

如图 5-6 所示，每当要新建一个坐标系时，系统都会给出以下选项，其中的“模块”即为坐标系的储存位置。模块可分为两类，一类是用户自己创建的模块；另一类是系统创建的模块。当选择的是用户自己创建的模块时，坐标系的数据将会伴随该模块存在，删除该模块后数据将会丢失。

数据类型：wobjdata　　当前任务：T_ROB1

名称：	wobj1 ...
范围：	任务
存储类型：	可变量
任务：	T_ROB1
模块：	MainModule
例行程序：	<无>
维数	<无> ...

图 5-6　新建坐标系时系统给出的选项

存储数据时还可以选择系统创建的模块，所有 ABB 机器人都自带了 USER 模块与 BASE 模块这两个系统模块。根据采用的应用不同，可为机器人配备相应应用的系统模块。删除此模块，其中的数据同样也会丢失，此类模块里还包含了系统自动生成的其他数据，所以建议不要对任何系统创建的模块进行修改。

在机器人的运动中，坐标系起着至关重要的作用，它不仅是机器人运动的依据，也是机器人记录点的空间坐标的基础。之前已经介绍过坐标系的设定方法，但是用坐标系标定位置有其弊端。例如，如果没有能够提供参考的位置，就没法设定坐标系；或者需要针对当前设定好的坐标系在位置上进行某方向、某距离的偏移，如果重新示教，则未免太过麻烦，此时就体现出了直接输入法的优越性。

如图 5-7 所示，当前需要将坐标系原点标定在点 1 正下方的点 2 处，因被夹具阻碍所以只能标定点 1 为坐标系原点，之后再根据加工板材的厚度，利用直接输入法将坐标数据进行变换。

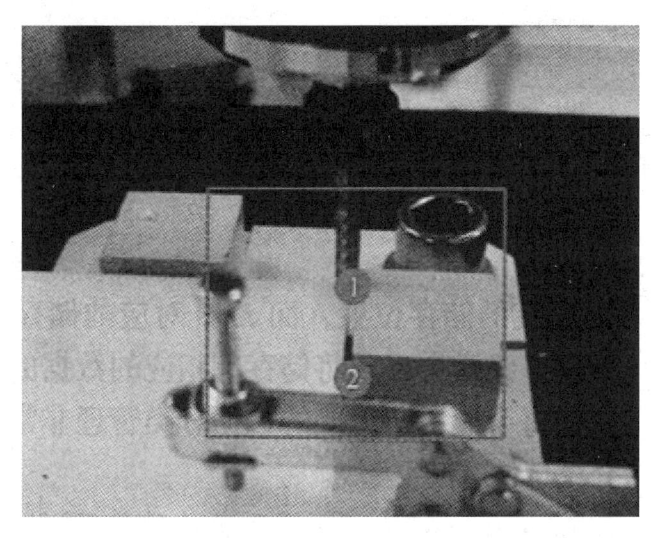

图 5-7　坐标系原点的标定

直接输入法的操作流程如下：

（1）参考之前的坐标系设定方法打开坐标系，如图 5-8 所示，这里以工件坐标系为例。

（2）单击想要修改的坐标系，通过“编辑”选项修改数据设定。

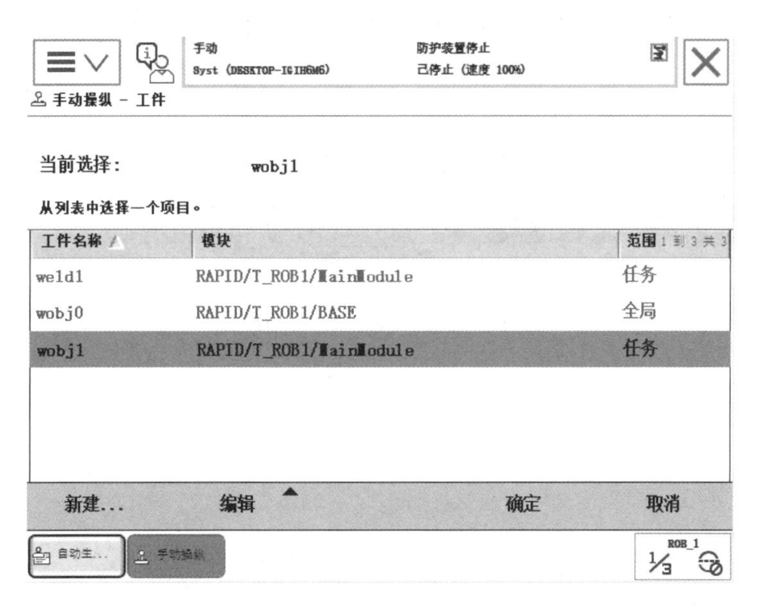

图 5-8　打开之前保存的坐标系

（3）如图 5-9 所示，能看到之前示教的坐标系数据，接下来只需要根据需要进行修改即可。

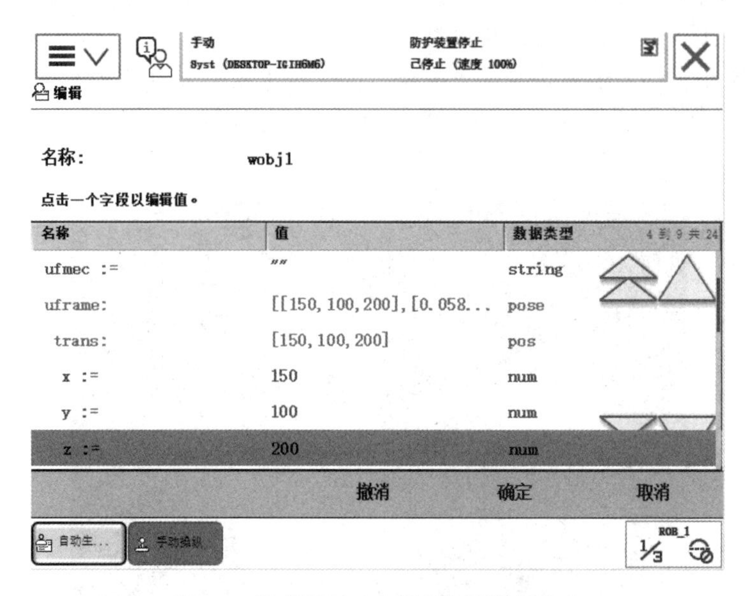

图 5-9　根据需要对坐标系数据进行修改

坐标系数据中能够直接修改的部分为位置数据和方向数据。欲修改位置数据只需要修改如图 5-10 所示的“x”“y”“z”的值即可；欲修改方向数据则可根据四元数对“q1”~“q4”进行修改。

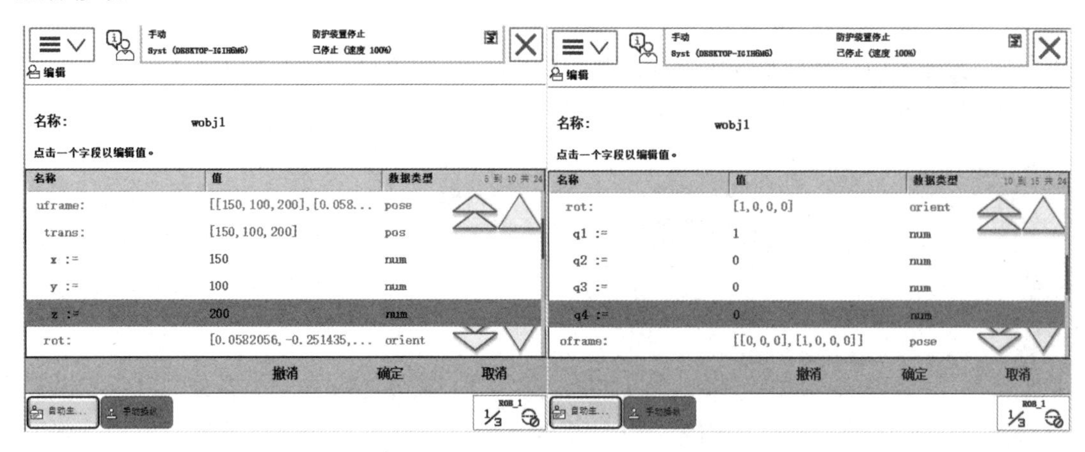

图 5-10　修改位置数据和方向数据

任务 3　涂胶装配示教编程

涂胶装配示教编程

任务导读

本任务将学习调用程序的方法（以便于程序的创建、编辑和修改）；学习建立初始化程序的方法（该程序的建立有助于机器人在运行过程中保持稳定）；完成机器人涂胶编程示教程序的建立。

相关知识

5.3.1　设置初始化程序

初始化程序的设置

1．程序调用指令 ProcCall

初学者一般只建立一个例行程序或者将机器人控制程序直接写入到系统自动命名的主程序 main()中，导致程序很长，不易理解，也不容易查找程序错误。因此，我们需要对程序进行分块或根据功能划分出多个例行程序，需要用到某个功能时，只需要应用“ProcCall”指令调用相应的例行程序即可，这种方式简单高效，便于管理。在 ABB 机器人控制程序中，主程序、子程序（统称为例行程序）可以相互调用，具体操作步骤如下：

（1）找到示教编辑器的模块中的默认主模块“MainModule”，如图 5-11 所示。

（2）单击“MainModule”模块进入编辑界面，可见一个系统默认的例行程序名“main()”，如图 5-12 所示。

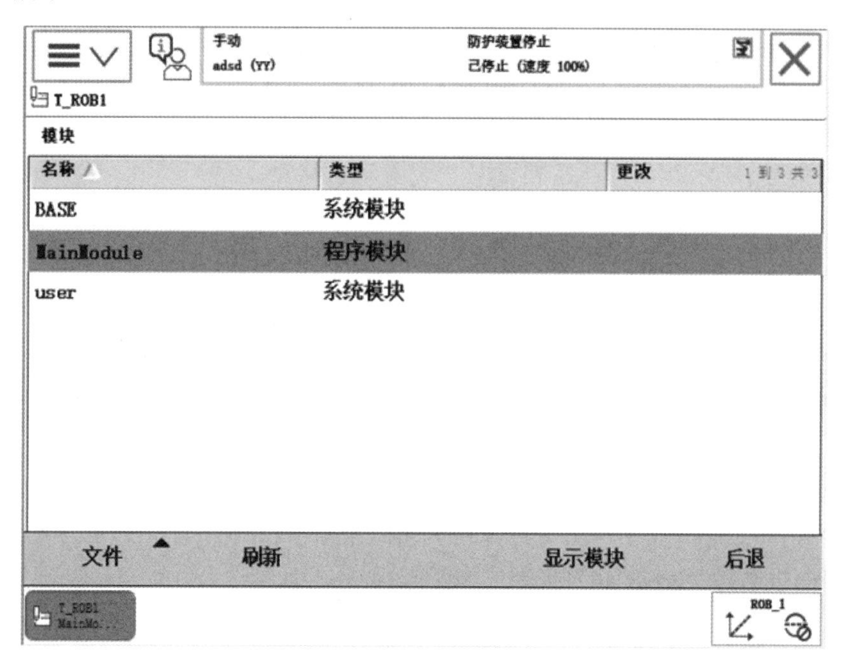

图 5-11　单击“MainModule”模块

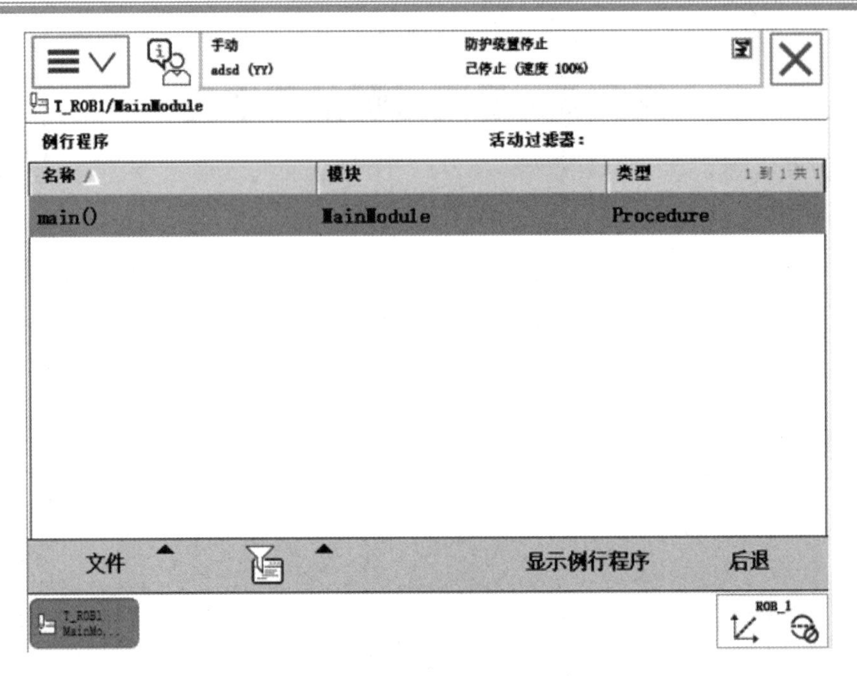

图 5-12 例行程序名“main()”

（3）在此处我们可以新建一个新的例行程序名“Routine1()”，如图 5-13 所示。

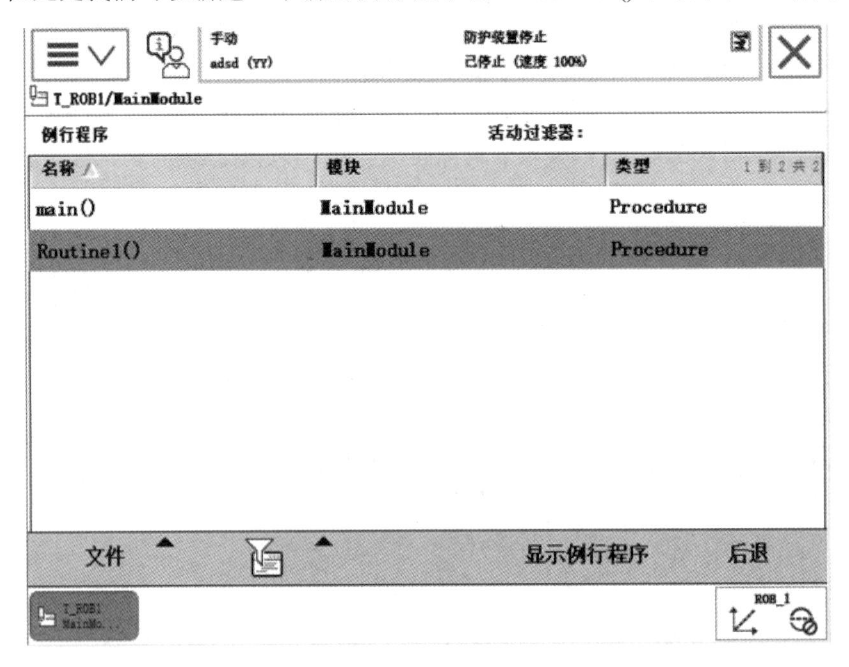

图 5-13 新建例行程序名

（4）双击“main()”进入例行程序编辑界面，如图 5-14（a）所示。选择“添加指令”，在弹出的界面中选择“ProcCall”指令，如图 5-14（b）所示。

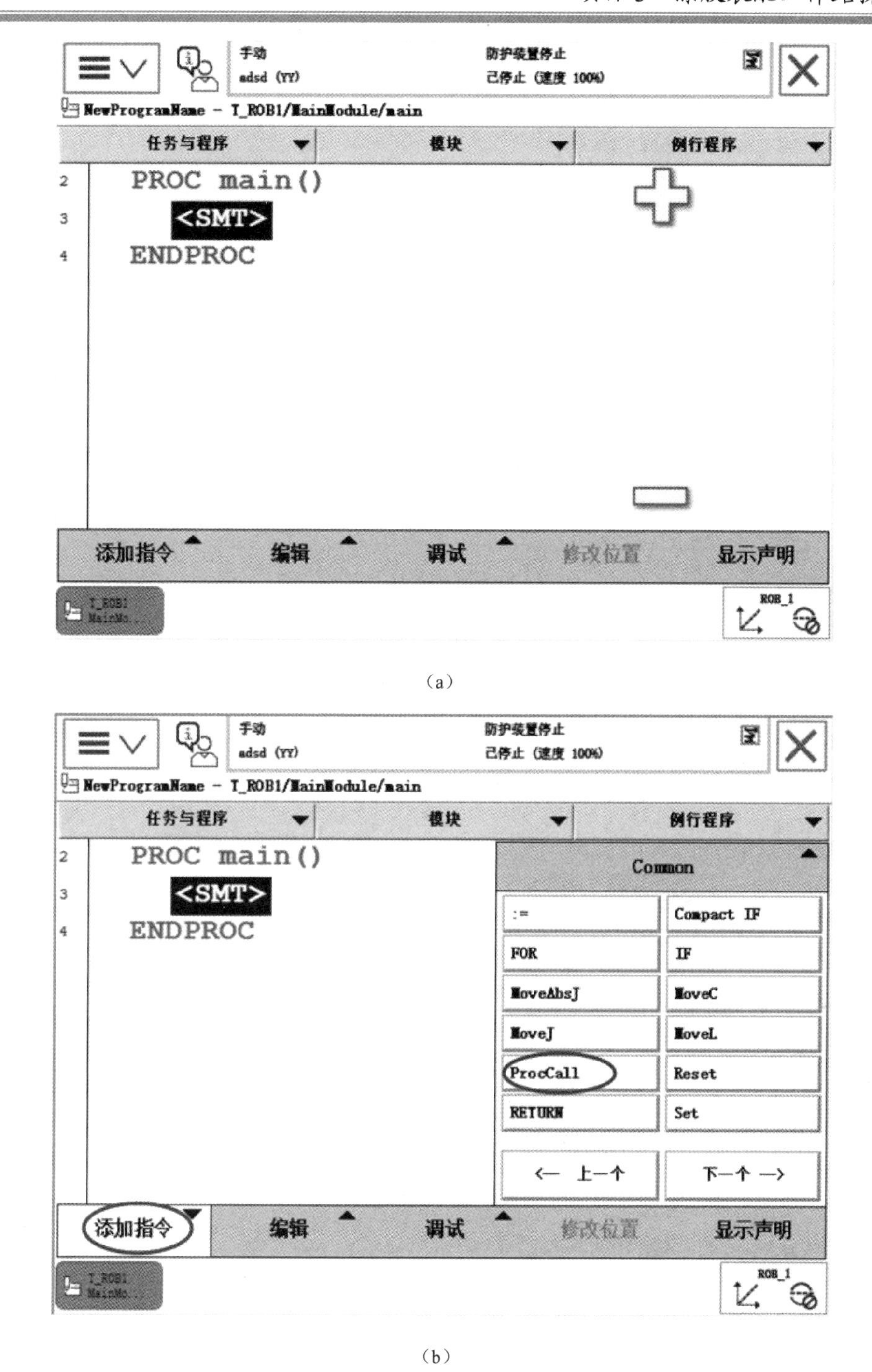

（a）

（b）

图 5-14　ProcCall 指令的应用

（5）在选中“ProcCall”指令后，示教器将弹出一个新的界面，在此界面可以显示所有已经建立的例行程序名，如图 5-15 所示。选择“Routine1”，完成程序的调用。此时在“main()”程序中将出现“Routine1”，如图 5-16 所示。

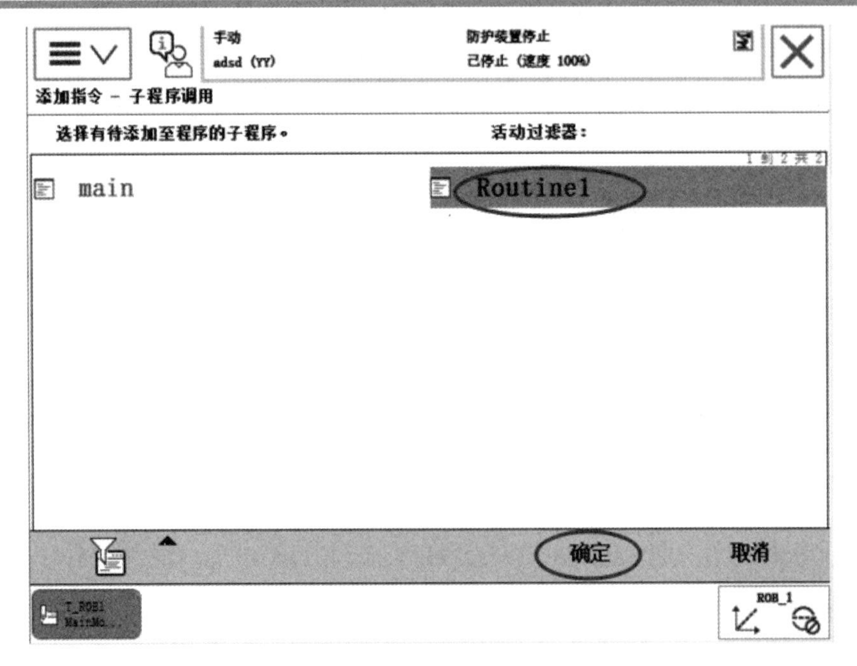

图 5-15　选择要调用的例行程序

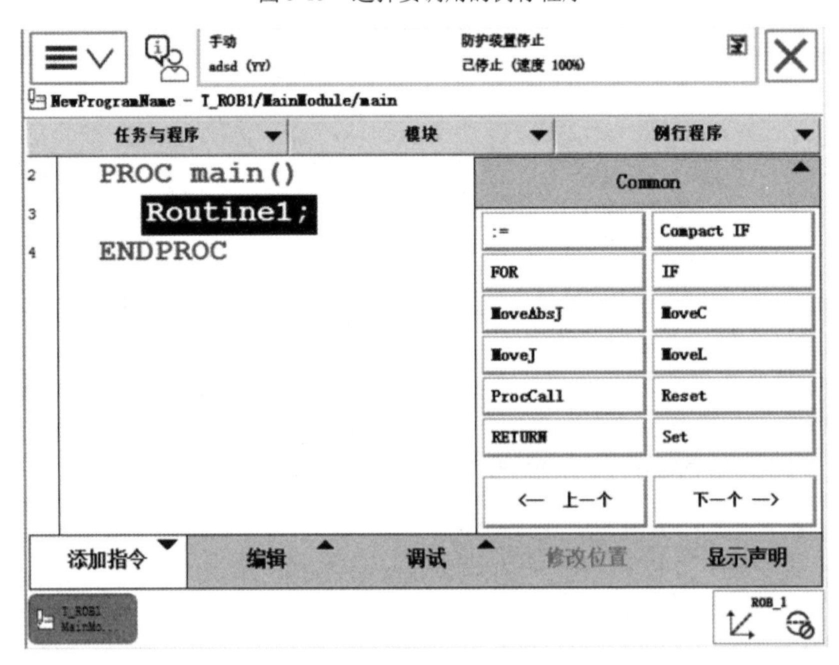

图 5-16　完成例行程序的调用

2．速度设定指令 VelSet

速度设定指令用于设定最大的速度和倍率，该指令仅可用于主任务 T_ROB1，但在 MultiMove 系统中，也可用于运动任务。

示例：

```
MODULE Module1
PROC Routine1()
```

```
VelSet 50, 400;
MoveL p10, v1000, z50, tool0:
MoveL p20, v1000, z50, tool0
MoveL p30, v1000, z50, tool0
ENDPROC
ENDMODULE
```

上述程序中，VelSet 指令的作用是将所有的编程速率降至指令中值的 50%，但不允许 TCP 速率超过 400mm/s，即点 p10、p20 和 p30 的速度是 400mm/s。

3. 加速度设定指令 AccSet

加速度设定指令可定义机器人的加速度，处理脆弱负载时，允许增加或降低加速度，使机器人移动更加顺畅。该指令仅可用于主任务 TROB1，但在 MultiMove 系统中，也可用于运动任务。

示例 1：

```
AccSet 50, 100;
```

该指令的作用是将加速度限制到正常值的 50%。

示例 2：

```
AccSet 100, 50;
```

该指令的作用是将加速度直线的斜率限制到正常值的 50%。

4. 建立初始化程序

在图 5-11 所示界面中新建一个例行程序，读者可以自行定义其名称，在此处我们将其命名为“rInitALL”，如图 5-17 所示。

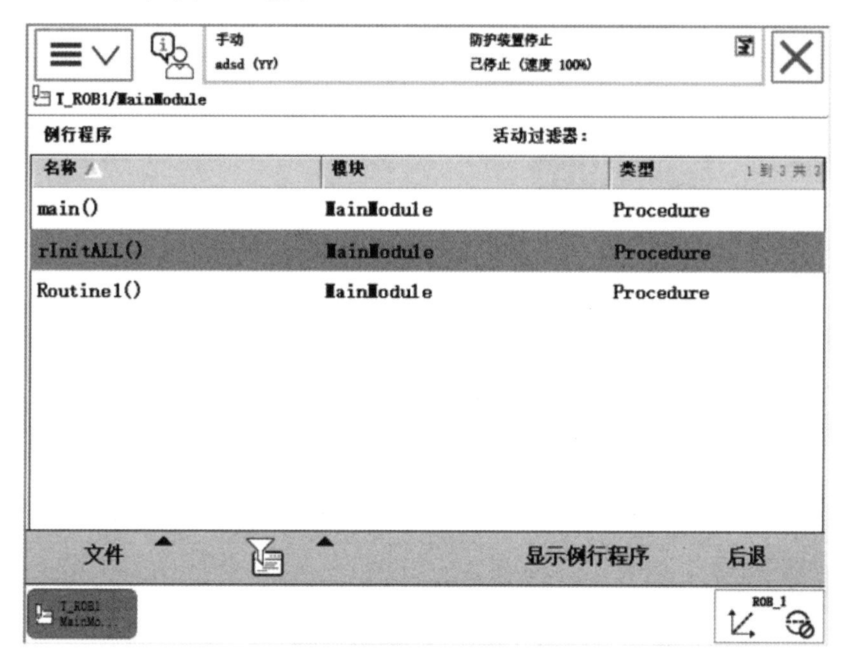

图 5-17　建立初始化程序

进入“rInitALL”程序编辑界面，我们可以在初始化例行程序中设定机器人的最大运行速度、加速度和程序中用到的数字量输出口的复位功能，如图 5-18 所示。

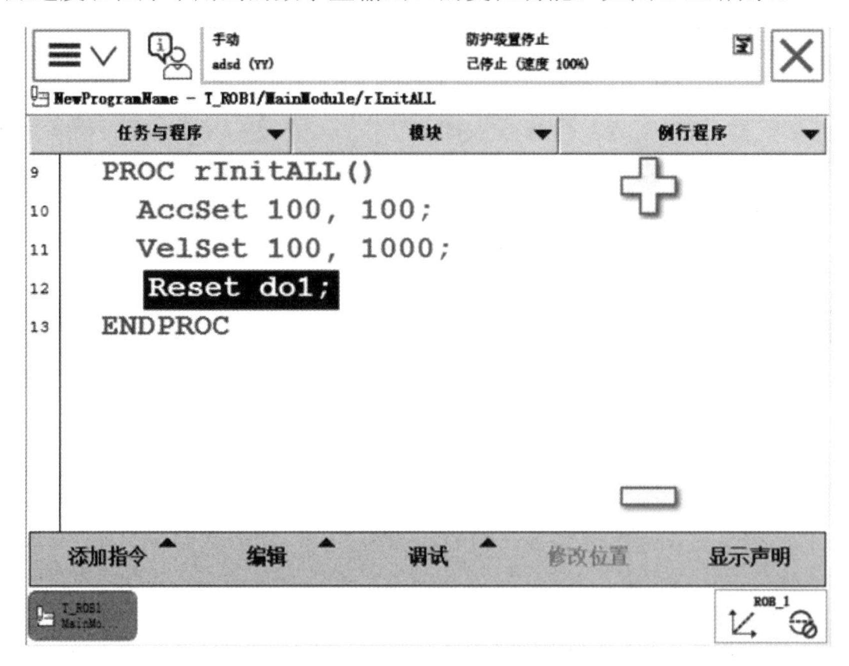

图 5-18 编辑初始化程序

完成初始化程序的编辑后，再使用“ProcCall”指令完成对初始化程序的调用，如图 5-19 所示。

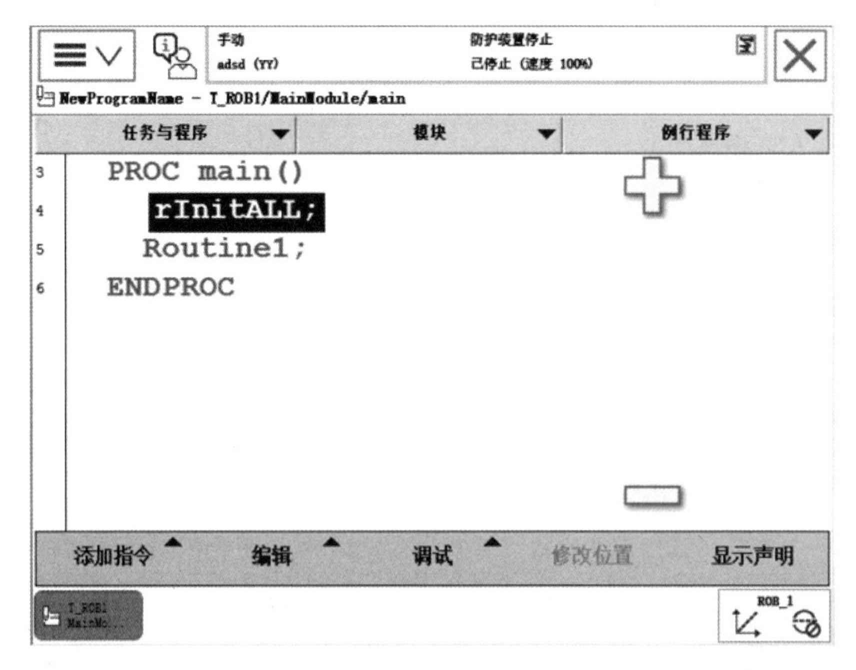

图 5-19 调用初始化程序

小结：采用程序调用的方式编程，可以使程序结构更加合理，按任务要求可以将各功能分块编辑，然后统一由一个或多个程序调用，编程简单、高效，同时也易于查找程序错误，因此在后续的程序编辑中，我们都将采用此方法。初始化程序的建立有助于机器人在运行过程中的平稳控制，同时也大大减少现场示教过程中机械碰撞的发生。

5.3.2　涂胶装配程序的建立

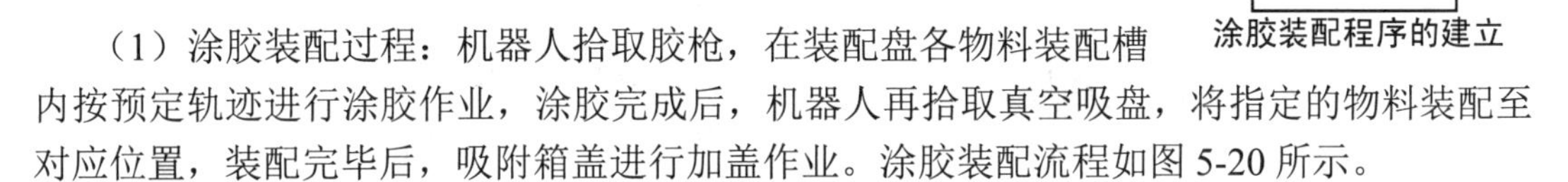

涂胶装配程序的建立

1. 涂胶装配任务分析

（1）涂胶装配过程：机器人拾取胶枪，在装配盘各物料装配槽内按预定轨迹进行涂胶作业，涂胶完成后，机器人再拾取真空吸盘，将指定的物料装配至对应位置，装配完毕后，吸附箱盖进行加盖作业。涂胶装配流程如图 5-20 所示。

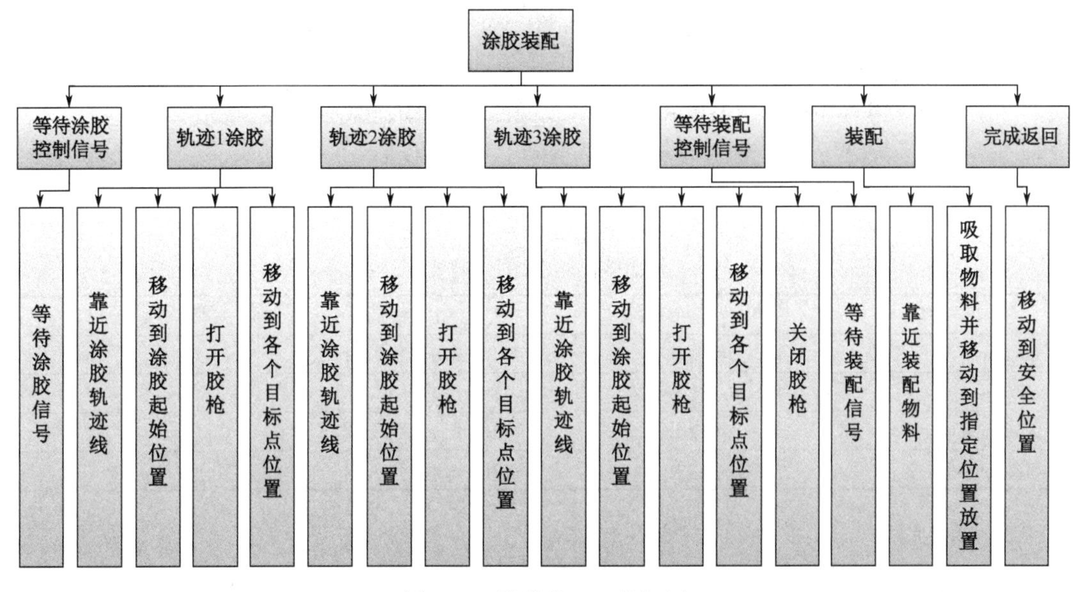

图 5-20　涂胶装配工作规划

（2）模拟装配任务：机器人接收到涂胶控制信号时，运动到涂胶起始位置点，打开胶枪，沿着图 5-21 所示的轨迹 1（点 1→点 2→点 3→点 4→点 5）涂胶，然后依次完成轨迹 2、轨迹 3 的涂胶任务，最后回到机械原点。机器人接收到装配控制信号时，运动到装配起始位置点，末端吸盘开启，分别把图 5-21 所示的物料放置到对应的槽内，再把黑色的箱盖装配到箱体上。装配完成后机器人回到机械原点，完成涂胶装配任务。

2. 工作站 I/O 配置

此工作站中，机器人系统需要配置以下信号：

数字输出信号 dotujiao，用于控制胶枪动作。

数字输入信号 ditujiao，作为涂胶启动信号。

数字输出信号 dozhuangpei，用于控制装配吸盘动作。

数字输入信号 dizhuangpei，作为装配启动信号。

根据表 5-1 的参数配置 I/O 信号。

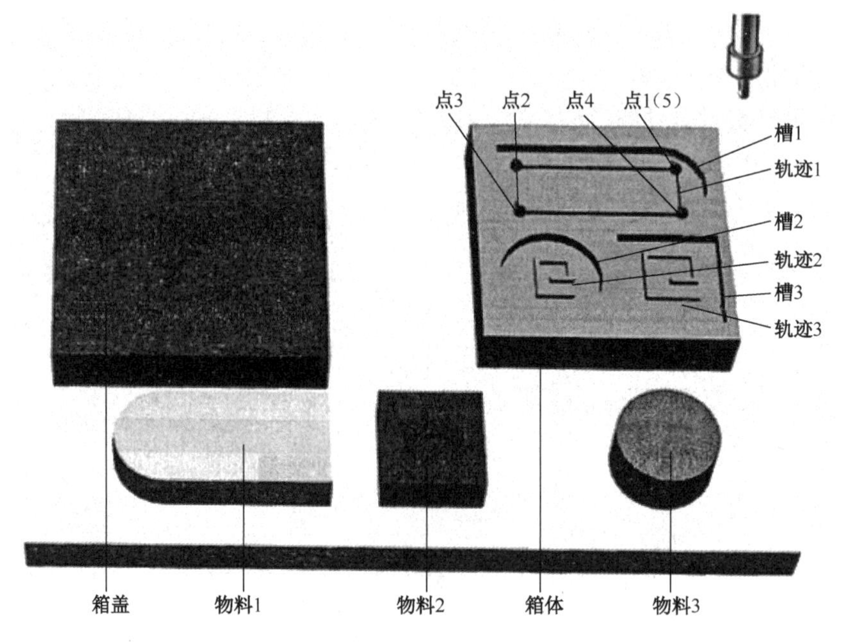

图 5-21　工作过程

表 5-1　I/O 信号参数

名称	I/O 信号	I/O 板名称	分配地址
dotujiao	数字输出	Board10	0
ditujiao	数字输入	Board10	0
dozhuangpei	数字输出	Board10	1
dizhuangpei	数字输入	Board10	1

3. 建立程序

（1）首先建立一个主程序，然后单击“确定”，如图 5-22 所示。

手动
bj (YY)
防护装置停止
已停止 (速度 100%)
新例行程序 - NewProgramName - T_ROB1/Module1
例行程序声明
名称：main　ABC...
类型：程序
参数：无　...
数据类型：num　...
模块：Module1
本地声明：　撤消处理程序：
错误处理程序：　向后处理程序：
结果...　确定　取消
T_ROB1 Module1　ROB_1 1/3

图 5-22　建立主程序

（2）建立如图 5-23 所示的相关例行程序，例行程序的功能如表 5-2 所示。

手动 bj (YY)　防护装置停止 已停止 (速度 100%)

T_ROB1/Module1

例行程序　活动过滤器：

名称	模块	类型
main()	Module1	Procedure
rHome()	Module1	Procedure
rInitALL()	Module1	Procedure
rTujiao()	Module1	Procedure
rZhangpei()	Module1	Procedure

文件　显示例行程序　后退

图 5-23　建立相关例行程序

表 5-2　程序功能说明

程序名	具体说明
Main()	主程序
rInitALL()	初始化例行程序
rHome()	机器人回机械原点例行程序
rTujiao()	涂胶例行程序
rZhuangpei()	装配例行程序

（3）在“手动操纵”菜单内，选择要使用的“工具坐标”与“工件坐标”，如图 5-24 所示。

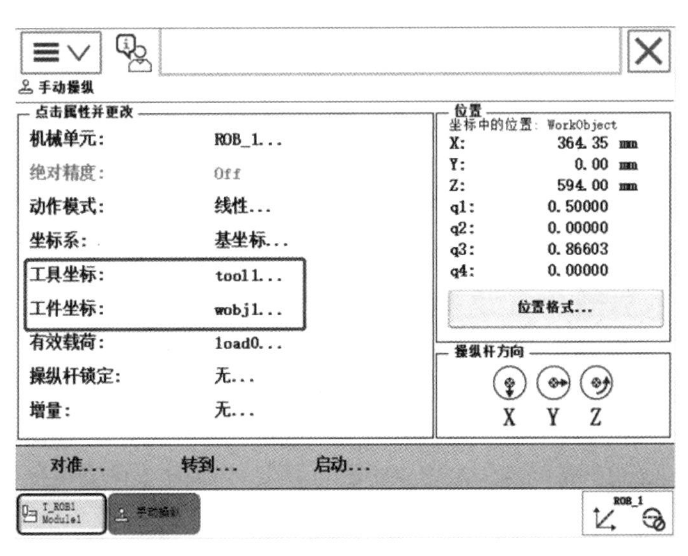

图 5-24　选择“工具坐标”和“工件坐标”

（4）回到程序编辑器菜单，进入“rHome()”例行程序，选择“<SMT>”为插入指令的位置，如图 5-25 所示。

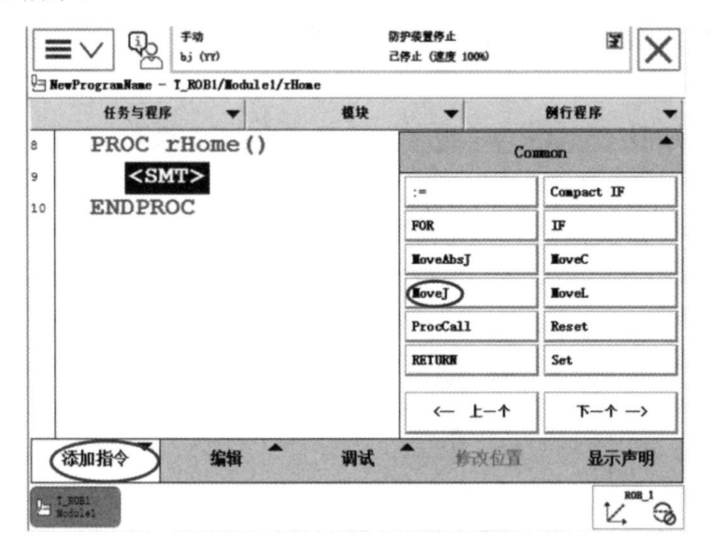

图 5-25　选择“<SMT>”为插入指令的位置

（5）单击“添加指令”，添加“MoveJ”指令，并双击“*”，如图 5-26 所示。

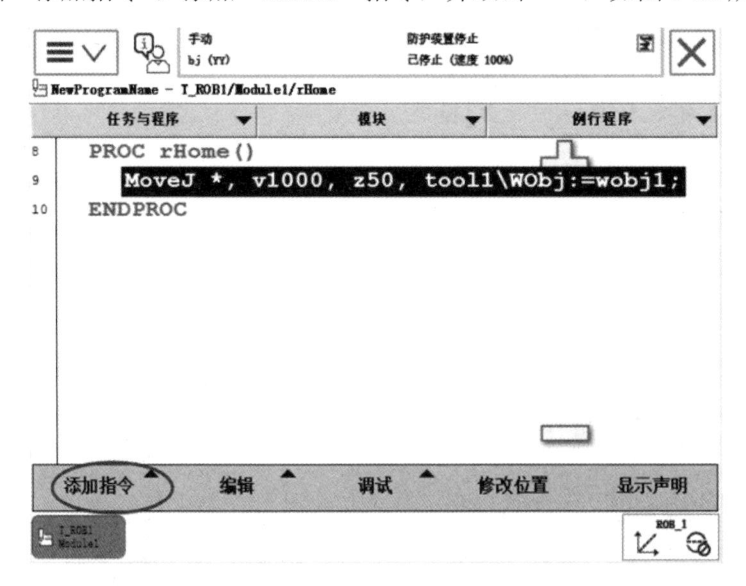

图 5-26　添加“MoveJ”指令

（6）进入指令参数修改界面（选择相应示教点），如图 5-27 所示。

（7）通过新建或选择对应的参数数据，将参数设定为图 5-28 所示值。

（8）将机器人的机械原点作为机器人的空闲等待点（pHome），如图 5-29 所示。

（9）选择“pHome”目标点，单击“修改位置”，将机器人的当前位置数据记录下来，如图 5-30 所示。

（10）单击“修改”按钮更改位置，如图 5-31 所示。

（11）单击“例行程序”，如图 5-32 所示。

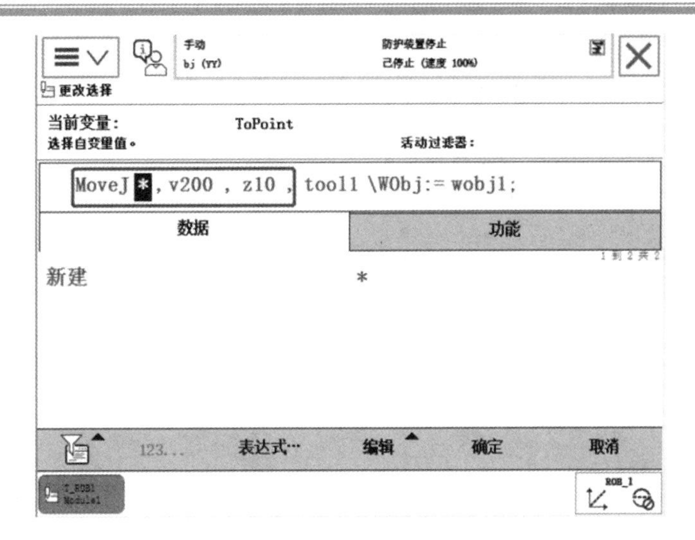

图 5-27　修改指令参数

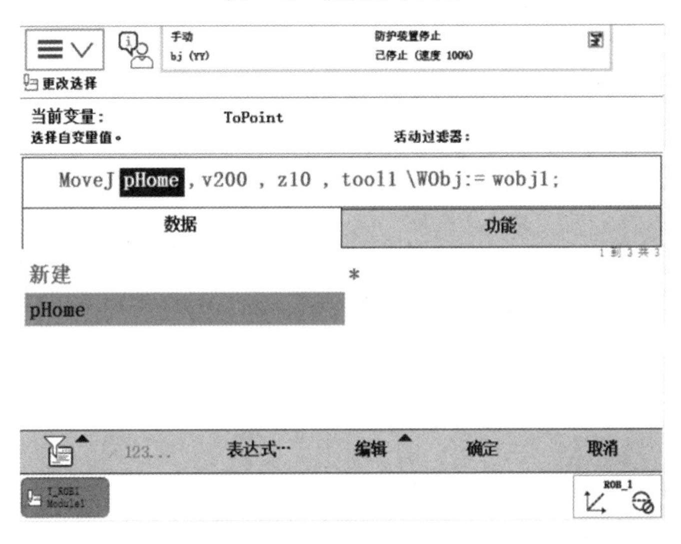

图 5-28 设定好的参数

图 5-29　设定空闲等待点

图 5-30　单击“修改位置”

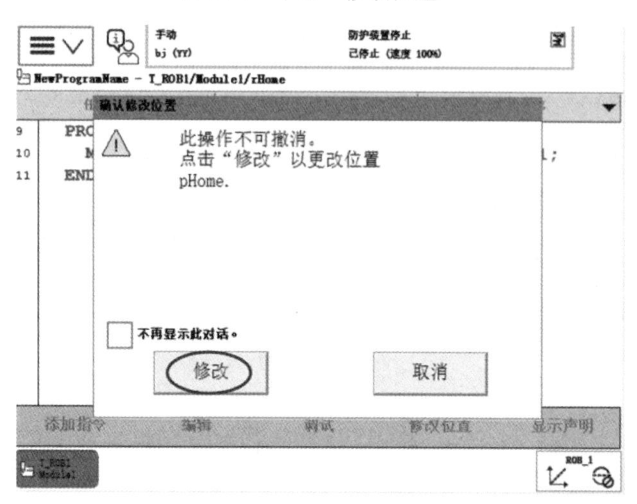

图 5-31　单击“修改”

图 5-32　单击“例行程序”

（12）选择“rInitALL()”例行程序，然后单击“显示例行程序”，如图 5-33 所示。

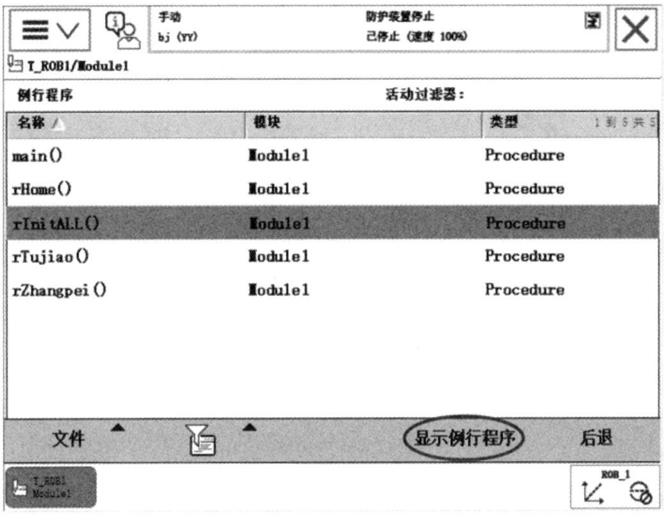

图 5-33　选择“rInitALL()”例行程序

（13）在此例行程序中添加程序正式运行前的初始化内容，如速度限定、夹具复位等，具体应根据实际需要添加，如图 5-34 所示。

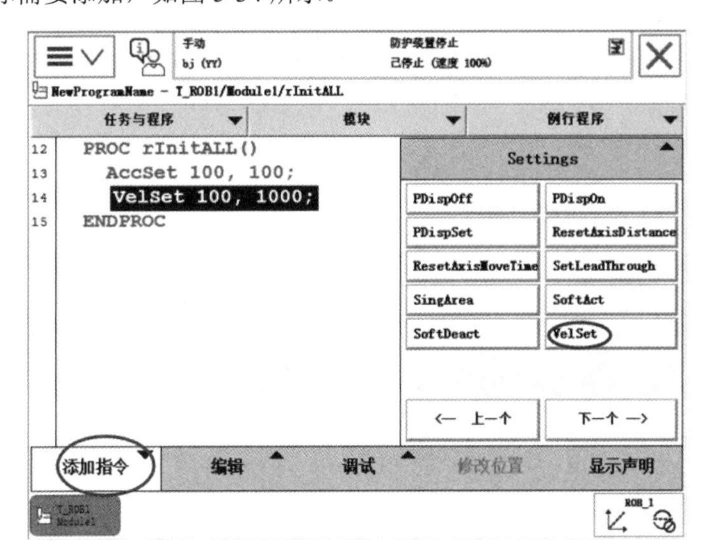

图 5-34　添加初始化程序

（14）调用回等待位的例行程序“rHome()”，再单击“例行程序”，如图 5-35 所示。

（15）选择“rTujiao()”例行程序，然后单击“显示例行程序”，如图 5-36 所示。

（16）添加“MoveJ”指令，并将参数设定为图 5-37 所示值。

（17）选择合适的动作模式，使机器人 TCP 移动至图 5-38 所示涂胶起始处附近的位置，作为 p10 点。

（18）选择“p10”，单击“修改位置”，将机器人的当前位置记录为 p10，如图 5-39 所示。

（19）添加“MoveL”指令，并将参数设定为图 5-40 所示值。

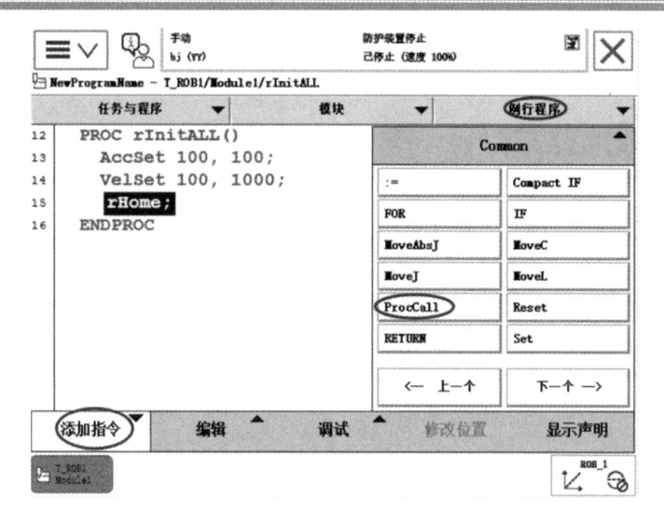

图 5-35　调用例行程序“rHome()”

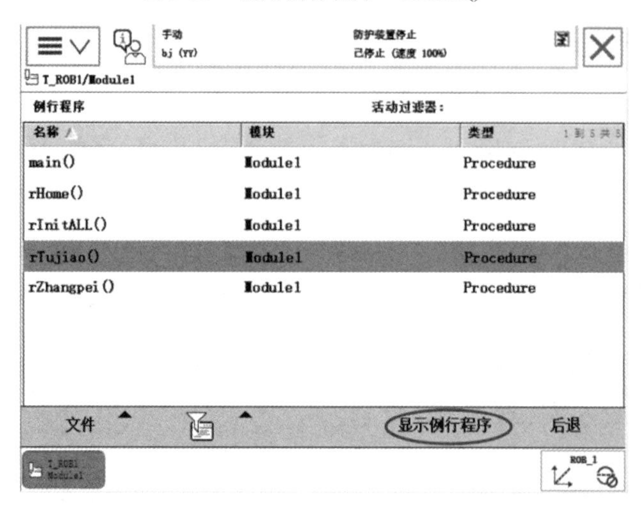

图 5-36　选择“rTujiao()”例行程序

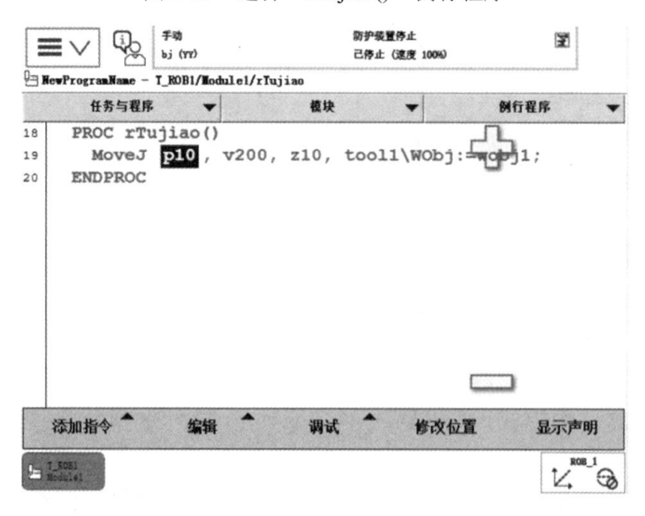

图 5-37　添加“MoveJ”指令

图 5-38　涂胶起始处附近位置

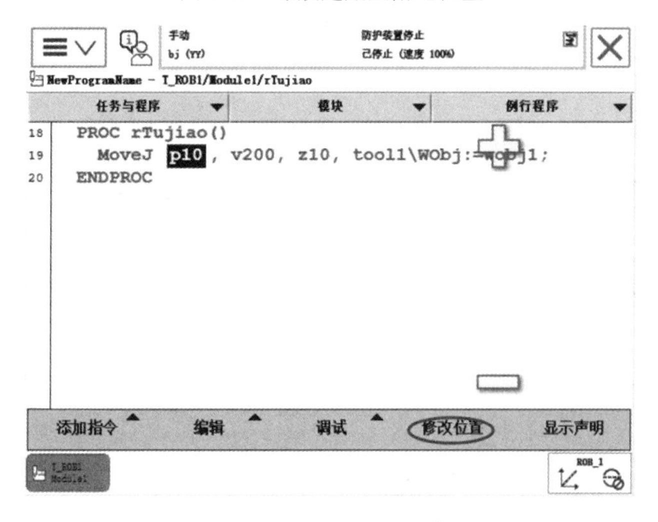

图 5-39　记录 p10 位置

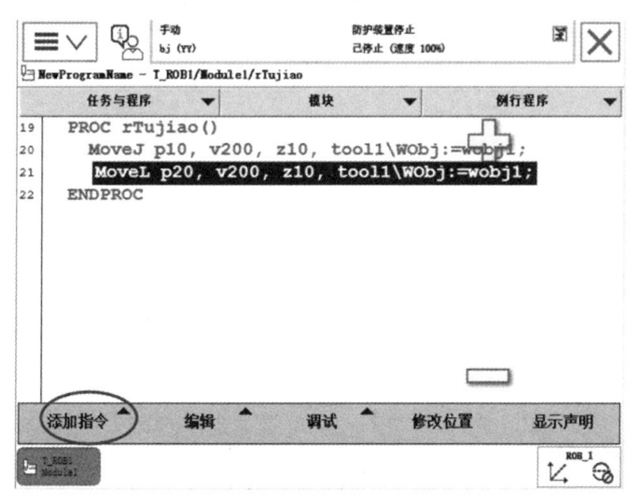

图 5-40　添加“MoveL”指令（1）

（20）选择合适的动作模式，使用操纵杆将机器人 TCP 移动到图 5-41 所示涂胶起始位置，作为机器人的 p20 点。

图 5-41　将机器人 TCP 移动到 p20 点

（21）选择“p20”，单击“修改位置”，将机器人的当前位置记录为 p20，如图 5-42 所示。

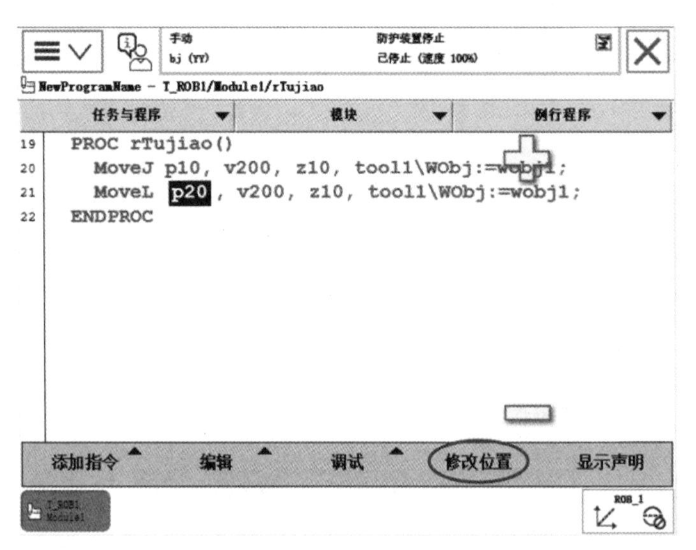

图 5-42　记录 p20 位置

（22）添加“Set”指令，将涂胶控制信号“dotujiao”置位，程序执行至此时机器人开始涂胶，如图 5-43 所示。

（23）添加“MoveL”指令，按图 5-44 所示设置相应参数。

（24）选择合适的动作模式，使用操纵杆将机器人 TCP 移动到图 5-45 所示涂胶轨迹的 p30 点。选择“p30”，单击“修改位置”，将机器人的当前位置记录为 p30，如图 5-46 所示。

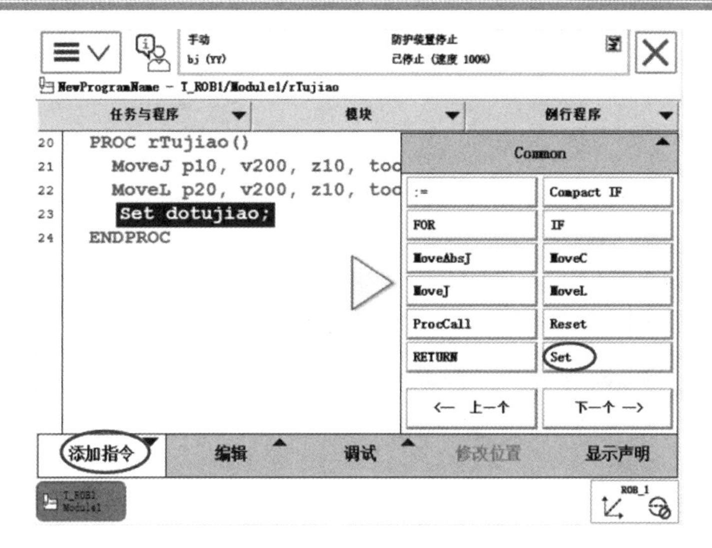

图 5-43　添加“Set”指令

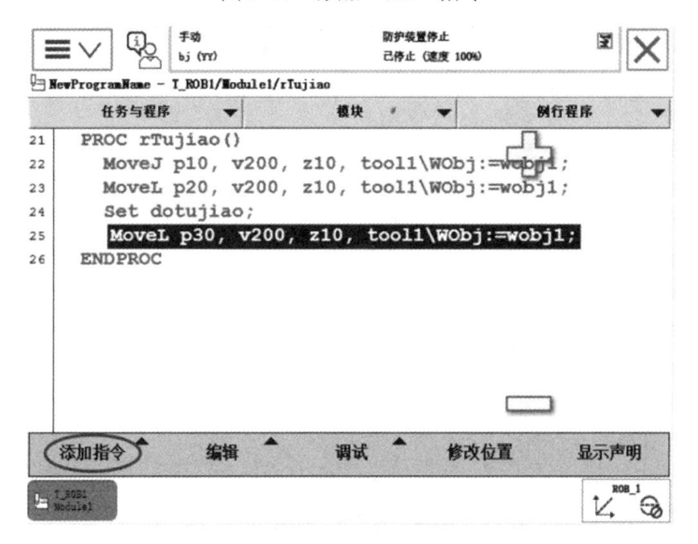

图 5-44　添加“MoveL”指令（2）

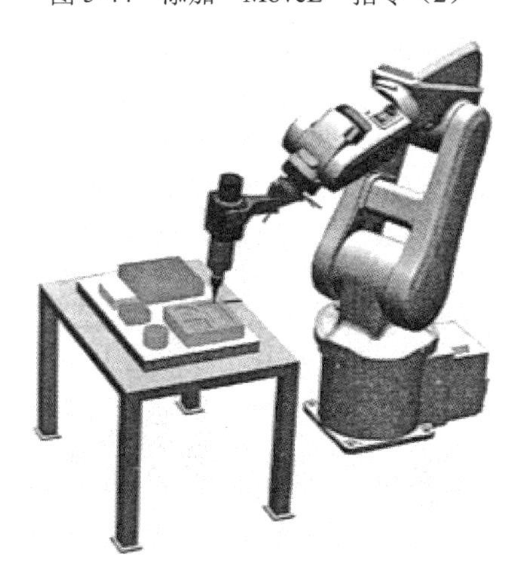

图 5-45　移动机器人 TCP 到 p30

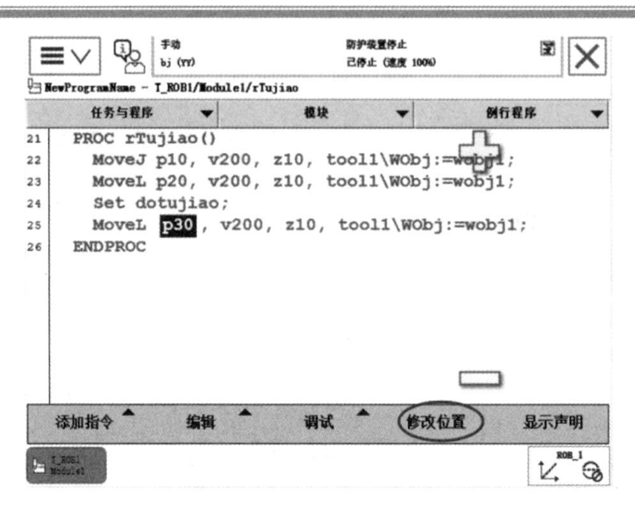

图 5-46　记录 p30 位置

（25）添加“MoveL”指令，并按图 5-47 所示设置参数。

（26）选择合适的动作模式使机器人 TCP 移动到图 5-48 所示涂胶轨迹的 p40 点。选择“p40”，单击“修改位置”，将机器人 TCP 的当前位置记录为 p40，如图 5-49 所示。

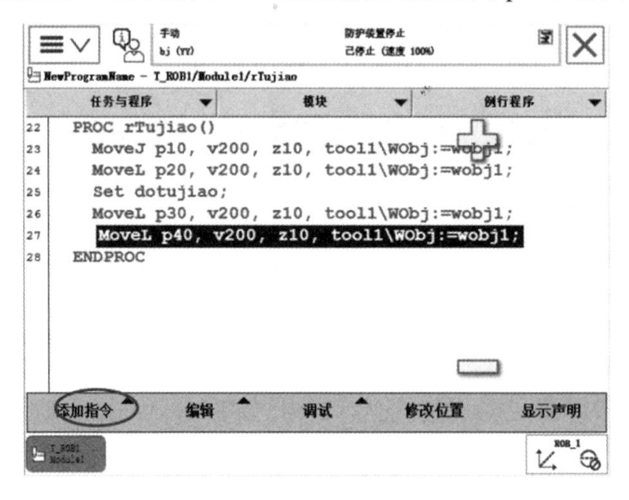

图 5-47　添加“MoveL”指令（3）

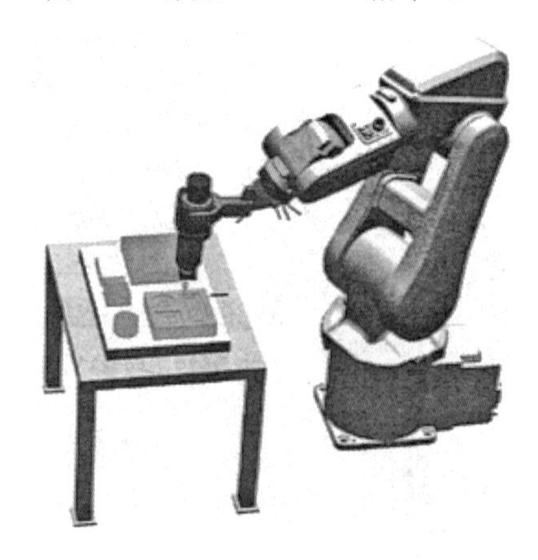

图 5-48　记录 p40 位置

（27）添加“MoveL”指令，并将参数设置为图 5-50 所示值。

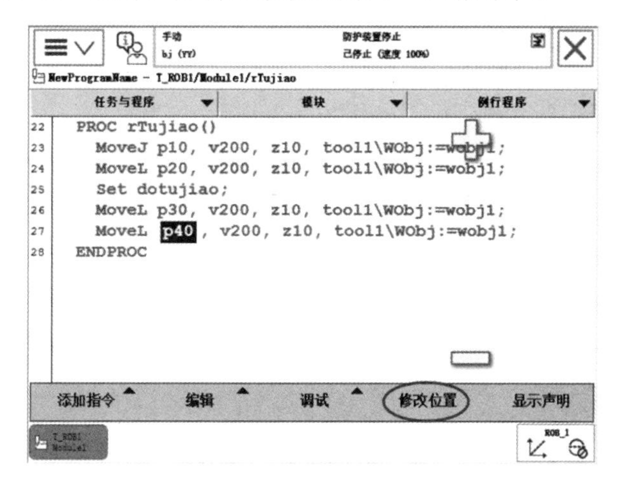

图 5-49　修改位置

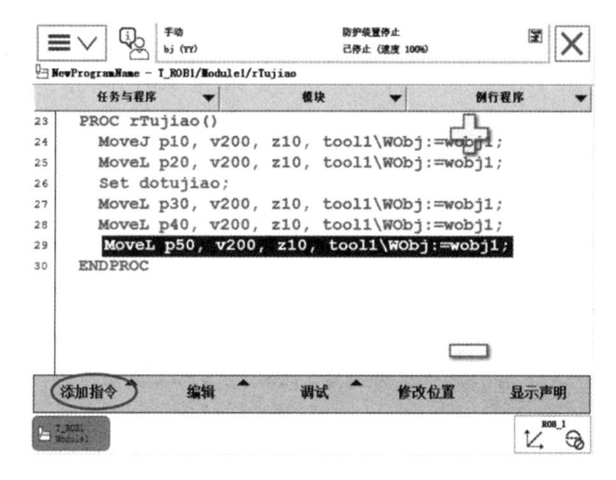

图 5-50　添加“MoveL”指令（4）

（28）选择合适的动作模式使机器人 TCP 运动到图 5-51 所示涂胶轨迹的 p50 点。选择“p50”，单击“修改位置”，将机器人的当前位置记录为 p50，如图 5-52 所示。

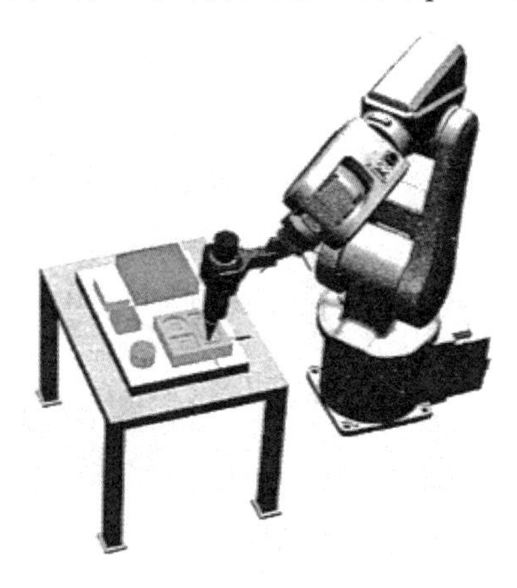

图 5-51　移动机器人 TCP 到 p50 点

图 5-52　记录 p50 位置

（29）添加“MoveL”指令，并按图 5-53 所示设置参数。

（30）选择合适的动作模式使机器人 TCP 运动到图 5-54 所示涂胶轨迹的 p60 点。选择“p60”，单击“修改位置”，将机器人的当前位置记录为 p60，如图 5-55 所示。

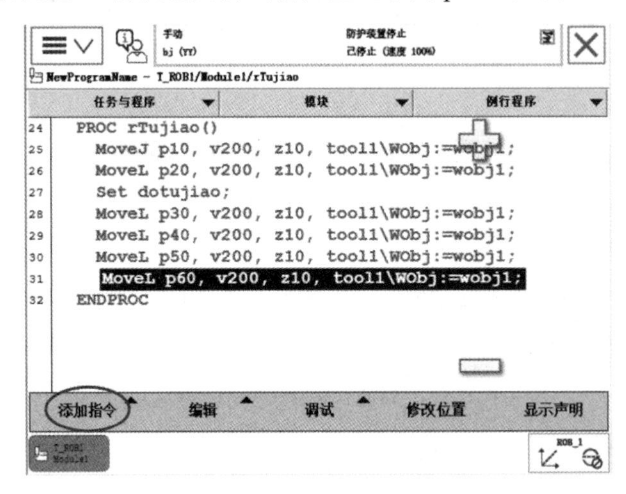

图 5-53　添加“MoveL”指令（5）

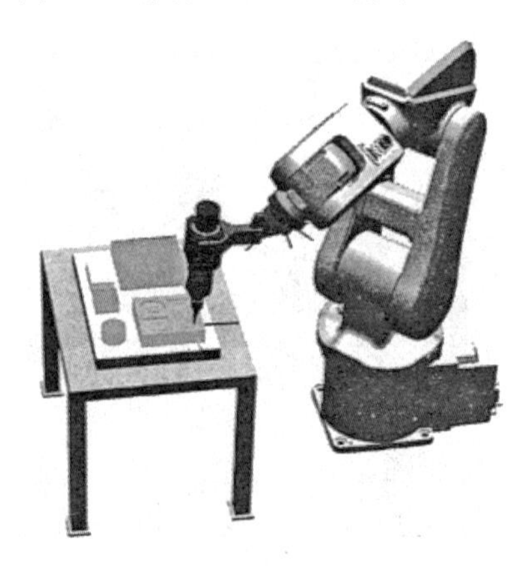

图 5-54　移动机器人 TCP 到 p60 点

（31）添加“Reset”指令，将“dotujiao”信号复位，停止涂胶，如图 5-56 所示。

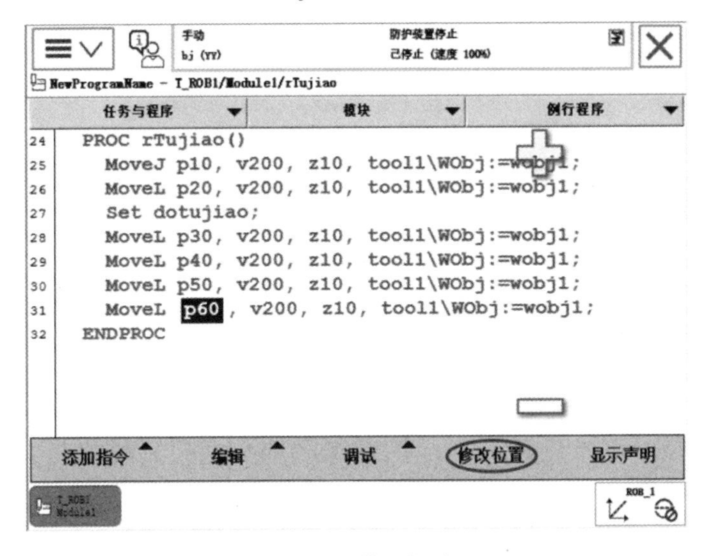

图 5-55　修改位置

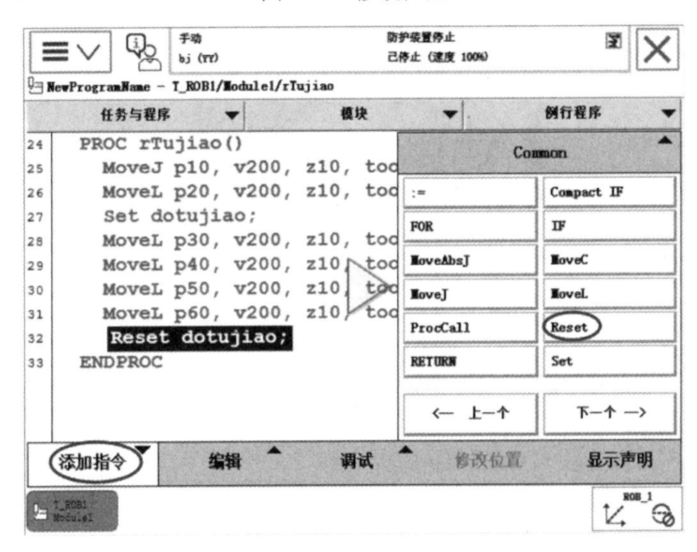

图 5-56　添加“Reset”指令

（32）添加“MoveL”指令，并按图 5-57 所示设置参数。

（33）选择合适的动作模式使机器人 TCP 运动到图 5-58 所示涂胶轨迹的 p70 点。涂胶结束，机器人 TCP 离开物料，移动至涂胶终点的上方。

（34）选择“p70”，单击“修改位置”，将机器人的当前位置记录为 p70，如图 5-59 所示。

（35）添加“ProcCall”指令，调用“rHome()”程序，机器人 TCP 移动到原位，如图 5-60 所示。

至此初步完成涂胶轨迹 1 的编程操作，涂胶轨迹 2、3 按照涂胶轨迹 1 的步骤进行编程操作，这里不再赘述。涂胶工作完成以后，ABB 机器人将接收到装配控制信号，并进行装配工作。

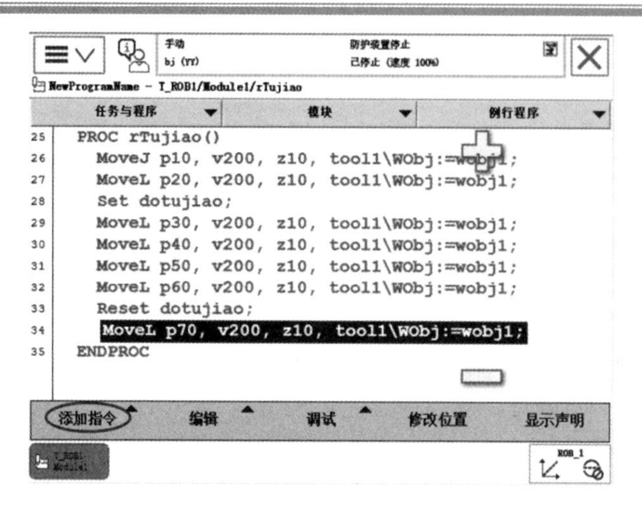

图 5-57　添加“MoveL”指令（6）

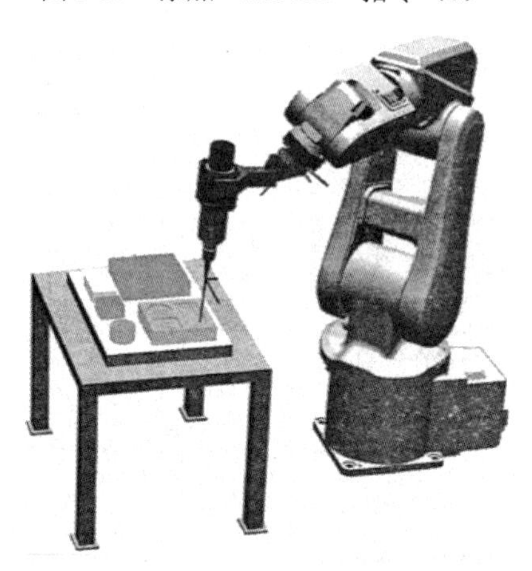

图 5-58　移动机器人 TCP 到 p70 点

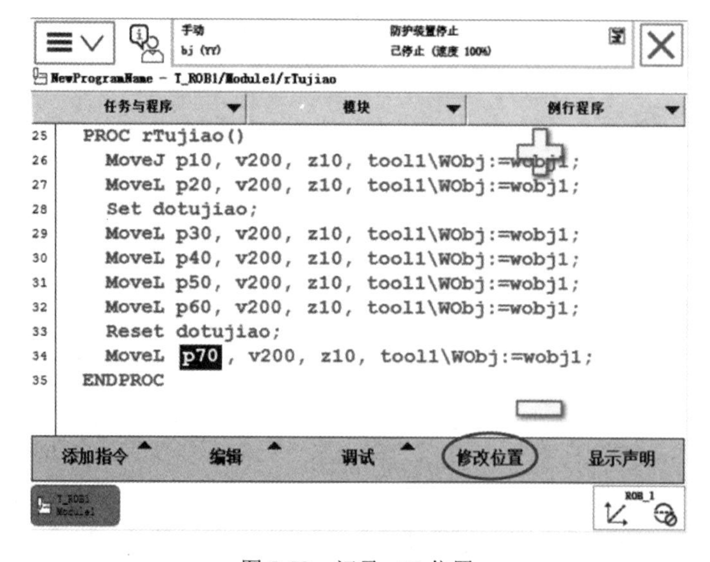

图 5-59　记录 p70 位置

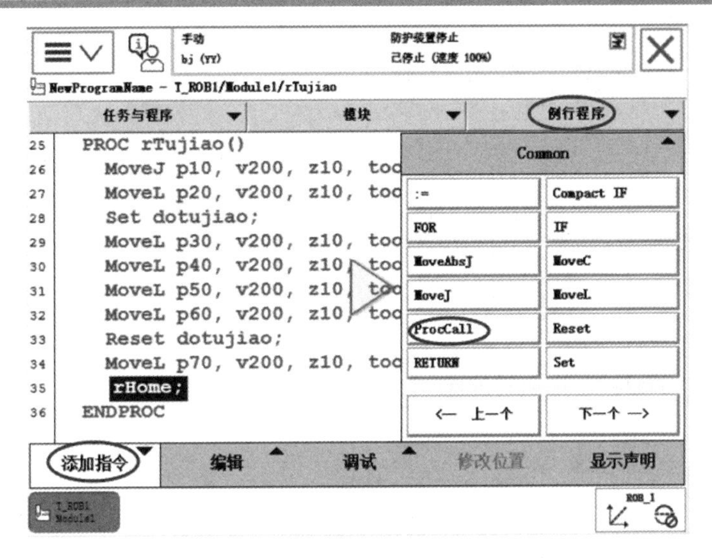

图 5-60　添加“ProcCall”指令

（36）单击图 5-60 中的“例行程序”，再选择图 5-61 中“rZhuangpei()”例行程序，然后单击“显示例行程序”进入程序编辑界面。与上述步骤一致，通过机器人示教器示教各个目标点，通过“Set dozhuangpei”和“Reset dozhuangpei”指令控制机器人抓取并放置物料，再盖好箱盖即可，编辑好的程序如图 5-62 所示，装配好的效果如图 5-63 所示。

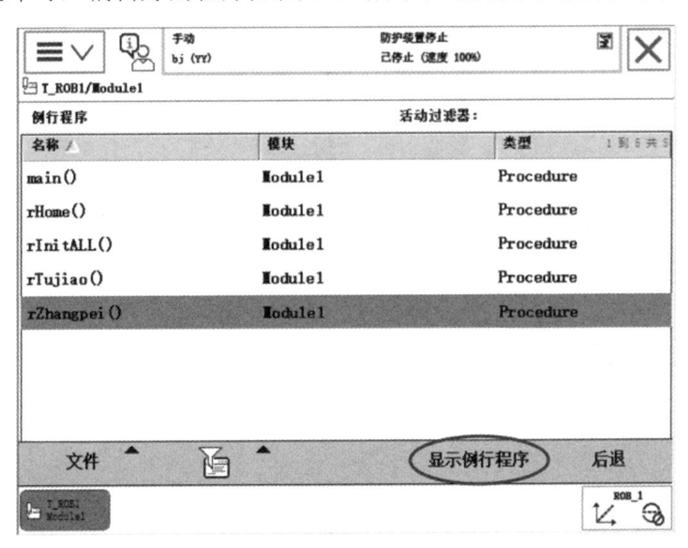

图 5-61　选择“rZhuangpei()”例行程序

（37）建立了涂胶装配例行程序后，单击图 5-62 所示界面中的“例行程序”，再选择图 5-64 中的“main()”，进行主程序的编辑。

（38）添加“ProcCall”指令，调用初始化例行程序“rInitALL”，如图 5-65 所示。

（39）添加“WHILE”指令，并将条件设定为“TRUE”，如图 5-66 所示。

（40）添加“WaitDI”指令，等待涂胶控制信号“ditujiao”变为 1，如图 5-67 所示。

（41）添加“ProcCall”指令，调用涂胶例行程序“rTujiao()”，如图 5-68 所示。

（42）添加“WaitDI”指令，等待装配控制信号“dizhuangpei”变为 1，如图 5-69 所示。

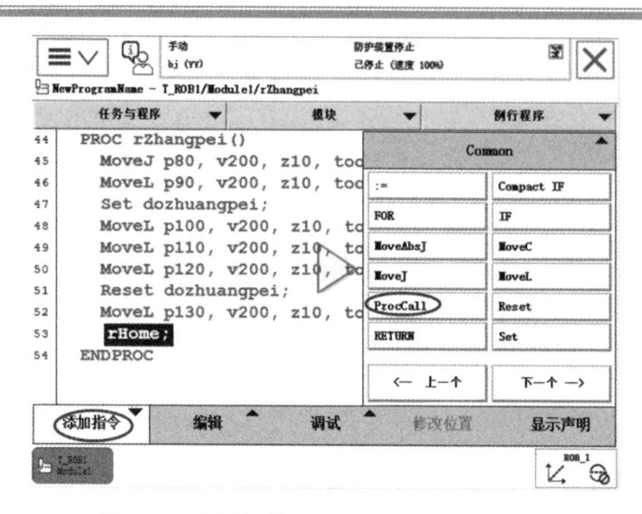

图 5-62　编写好的“rZhuangpei()”例行程序

图 5-63　装配完成

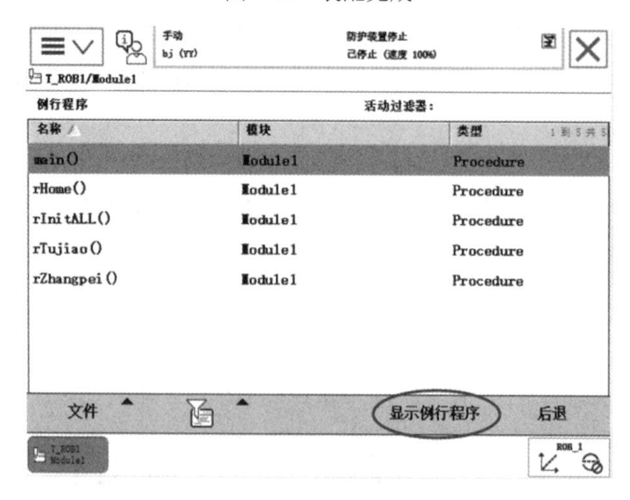

图 5-64　选择主程序

（43）添加“ProcCall”指令，调用装配例行程序“rZhuangpei()”，如图 5-70 所示。

（44）在图 5-70 所示界面中，单击“调试”按钮，对编辑的程序进行检查、验证。

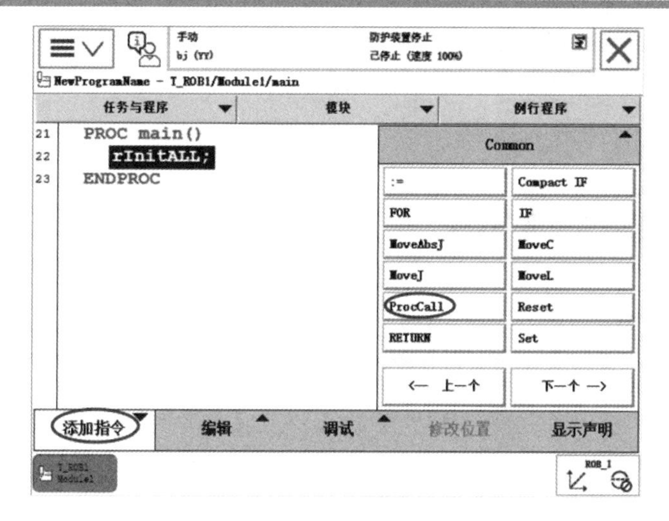

图 5-65　调用初始化程序

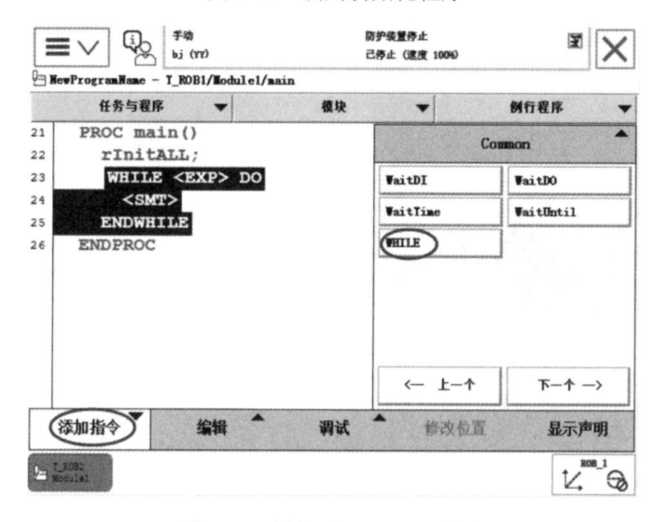

图 5-66　添加“WHILE”指令

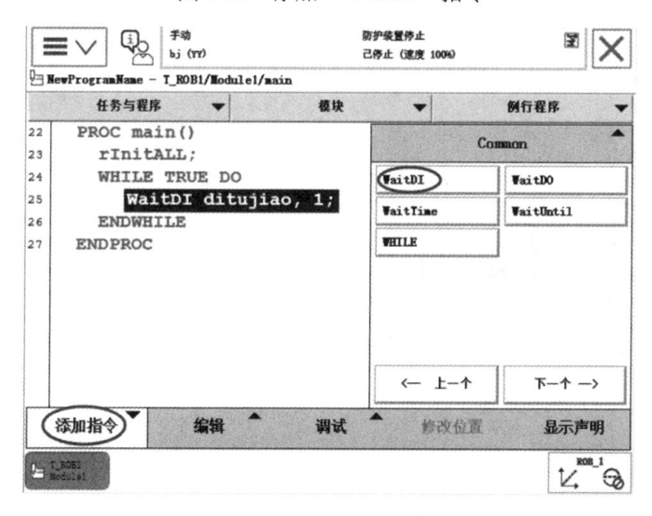

图 5-67　添加“WaitDI”指令

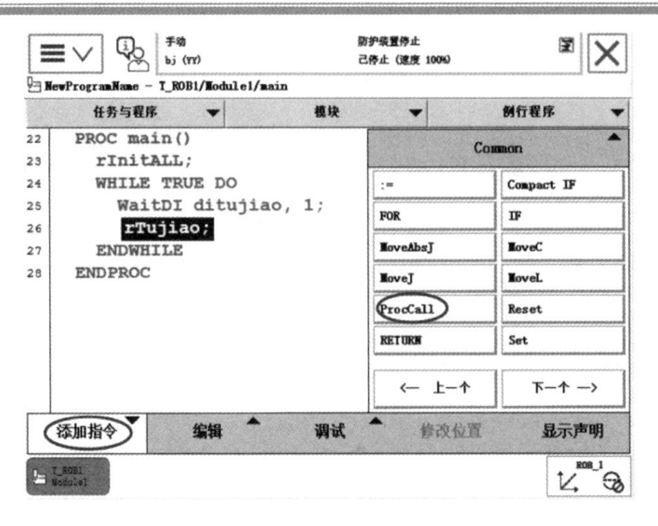

图 5-68　调用“rTujiao()”子程序

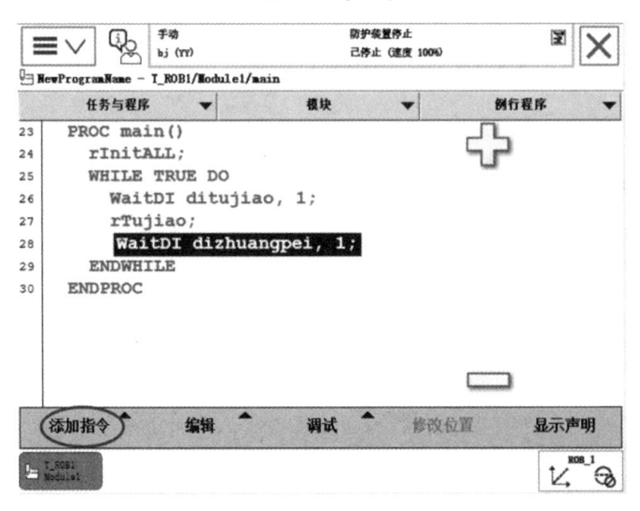

图 5-69　等待装配控制信号

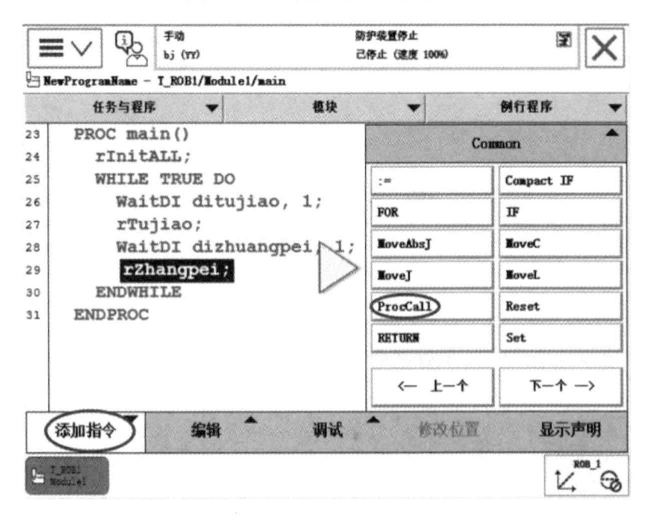

图 5-70　调用装配例行程序“rZhuangpei()”

思考与练习

1．涂胶装配所需要的设备包括________、________、________、________、________、________和________等。

2. I/O 条件等待指令将________与另一个值进行比较并等待，直到满足比较条件为止。

3．选用涂胶装配机器人，应该考虑________、________、________和________等，再确定点涂的工作特征。

4. 指令“AccSet 100，100;”中，第 1 个参数代表________；第 2 个参数代表________。

5．胶体流量控制系统必须满足两个条件：________和________。

6．供胶系统分别采用________、________、________和________对胶体温度进行控制。

7．简述涂胶装配机器人需要达到的技术要求。

8．简述机器人涂胶装配的工作流程。

9．简述与传统的涂胶装配工序相比，机器人涂胶装配有什么优点。

10．简述在汽车行业使用双泵式涂胶机的优点。

11．工件坐标系的空间位置是根据哪个坐标系进行计算的？

12．q1 与 q2 的数值为[0.70711，-0.70711]代表坐标系 X 轴向哪个方向？

项目6　码垛工作站操作编程

项目导读

码垛是指根据物品的性质、形状、重量等因素，结合仓库存储条件，将物品整齐、规则地摆放成货垛的作业。ABB公司拥有全套先进的码垛机器人解决方案，包括全系列的紧凑型4~6轴码垛机器人，如IRB260、IRB460、IRB660和IRB760；同时还研制了符合ABB自研标准的码垛夹具，如夹板夹具、吸盘夹具、夹爪夹具和托盘夹具等，广泛应用于化工、建材、饮料、食品等各行业生产物料、货物的堆放。码垛机器人如图6-1所示。

图6-1　码垛机器人

知识目标

（1）了解码垛工作站的组成。

（2）熟悉偏移数组指令的构成。

（3）了解赋值指令的应用。

（4）了解条件转移类指令的应用。

（5）了解一般偏移指令与偏移数组指令的区别。

（6）了解码垛程序编辑的流程。

能力目标

（1）掌握赋值指令及跳转类指令的应用方法。
（2）掌握一般偏移指令的应用。
（3）掌握偏移数组指令的应用。
（4）能结合条件转移类指令进行码垛编程操作。
（5）能完成码垛工作站的示教编程。

知识技能点

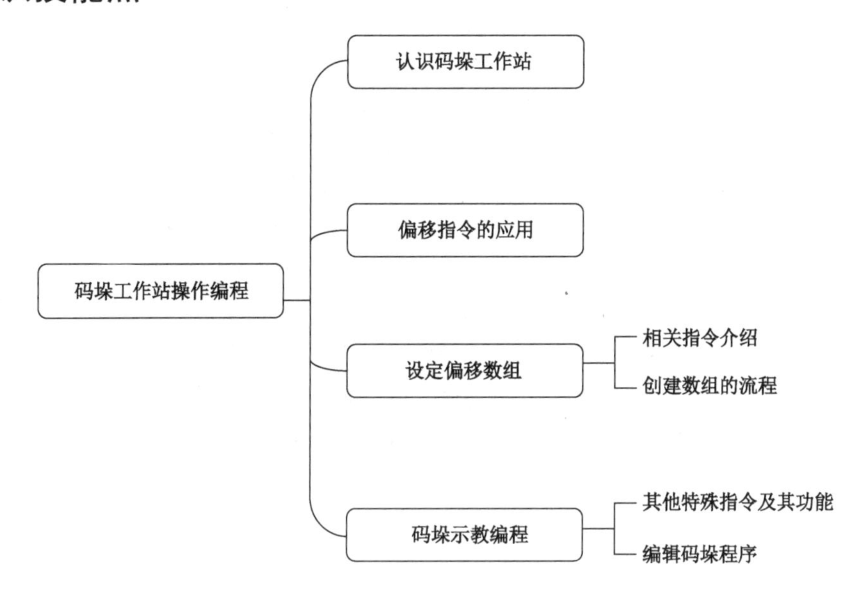

任务 1　认识码垛工作站

认识码垛工作站

任务导读

码垛机器人又称为码垛机，是代替工人进行码垛的机器人，采用码垛机器人能够大大提高工作效率，而且码垛机器人可以长时间地进行码垛，降低了劳动成本。要掌握机器人现场编程，学习码垛工作站的编程是非常必要的，本任务我们将对码垛工作站的基本组成进行学习，为后续码垛工作站编程提供重要依据。

相关知识

码垛，就是把货物按照一定的摆放顺序与层次整齐地堆叠好。物件的搬运和码垛是现实生活中常见的作业形式，这种作业通常劳动强度大且具有一定的危险性。目前在国内外，已逐步地使用机器人替代人工劳动，提高了工作效率，体现了劳动保护和文明生产的先进程度。

一般来说，码垛工作站是由码垛机器人和其他单元组成的高度集成化系统，通常包括机器人、控制器、示教器、机器人夹具、自动拆/叠机、托盘输送及定位设备和码垛模式软件等。有些码垛工作站还配有自动称重、贴标签、检测及通信系统，并与生产控制系统相连，形成一个完整的集成化包装生产线。如图 6-2 所示为一模拟码垛功能的工作站，机器人将双层物料库中的物料按照一定顺序摆放至平面物料库中。

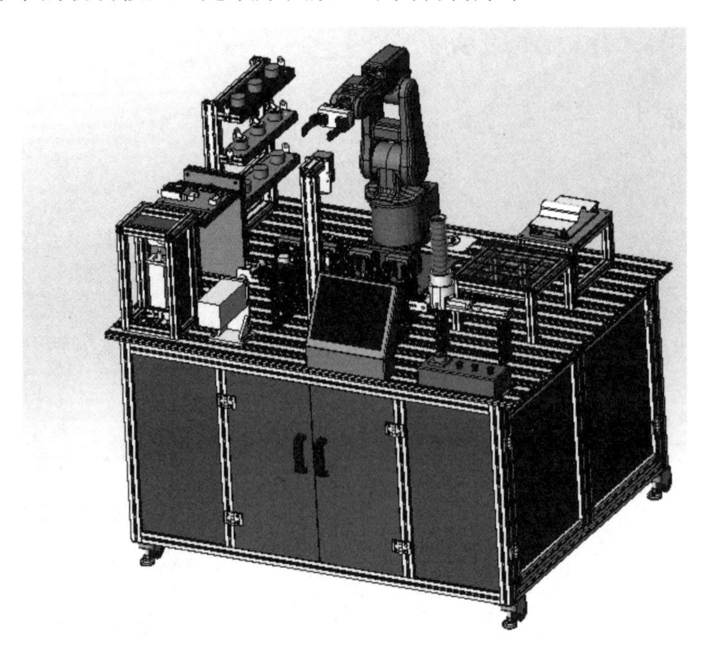

图 6-2　模拟码垛功能的工作站

应用码垛工作站的优势如下：

（1）节约仓库占地面积。

（2）节约人力资源。

（3）提高工作效率。

（4）货物堆放更加整齐。

（5）作业系统适应性强，占地面积小。

接下来采用本工作站模拟机器人搬运码垛，并进行示教编程。整个过程：先是机器人安装夹爪夹具后，搬运物料，使其通过料井及传送带传送至末端后，由吸盘拾取，并按照相应要求摆放到平面物料库中，过程如图 6-3 所示。

要求：物料摆放成两层，如图 6-4 所示，第一层与第二层物料摆放形状不一致。

后续的任务将介绍如何利用示教器现场编程完成上述任务，其中拾取与放置夹具、拾取与放置物料、使物料下落至料井并由传送带传送至末端的动态仿真效果已提前制作完成，重点是完成机器人控制程序的编辑。

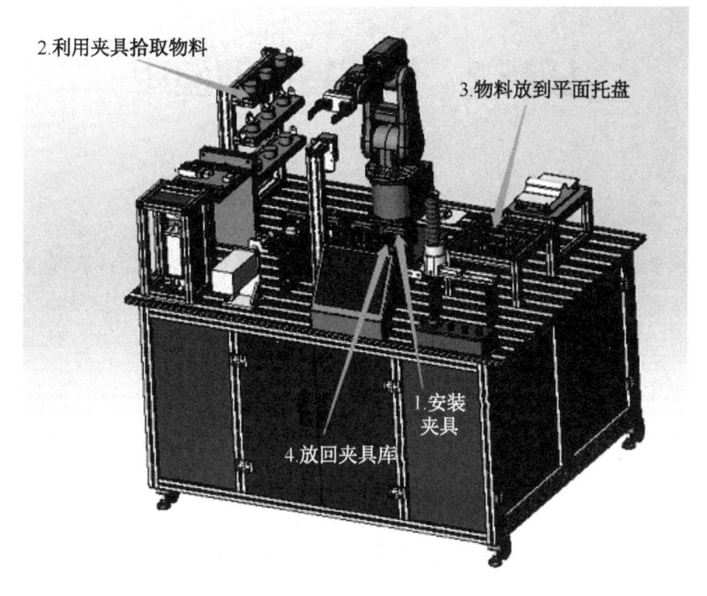

图 6-3　码垛编程过程

图 6-4　物料摆放形状

任务 2　偏移指令的应用

偏移指令的应用

任务导读

机器人在码垛堆叠过程中的动作呈现出一定的规律性——沿着大地坐标系三个坐标轴的方向有序地抓取或者放置物料，因此采用偏移指令并配合赋值指令将大大节省机器人示教编程时间，且编程简单、方便、高效。

相关知识

1. 赋值指令

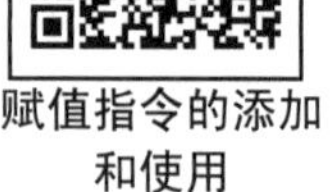

赋值指令的添加和使用

赋值指令“:=”用于对程序数据进行赋值，可以用一个常量或数学表达式进行赋值。常量赋值：

```
reg1:=5;
```

数学表达式赋值：

```
reg2:=reg1+4;
```

1）添加赋值指令

添加赋值指令的具体操作如下：

①在指令列表中选择赋值指令“:=”，系统弹出插入表达式界面，若显示的数据类型不是“num”，则单击“更改数据类型…”，将表达式的数据类型改为“num”，如 6-4（a）所示。

②在数据选项卡中会自动列出一些默认的数据名称，选择“reg1”，如图 6-4（b）所示。

③再选中“<EXP>”，并选择“编辑”按钮下的“仅限选定内容”，利用弹出的软键盘输入数值“5”，然后单击“确定”按钮，如图 6-5 所示。

（a）

图 6-4　添加赋值指令

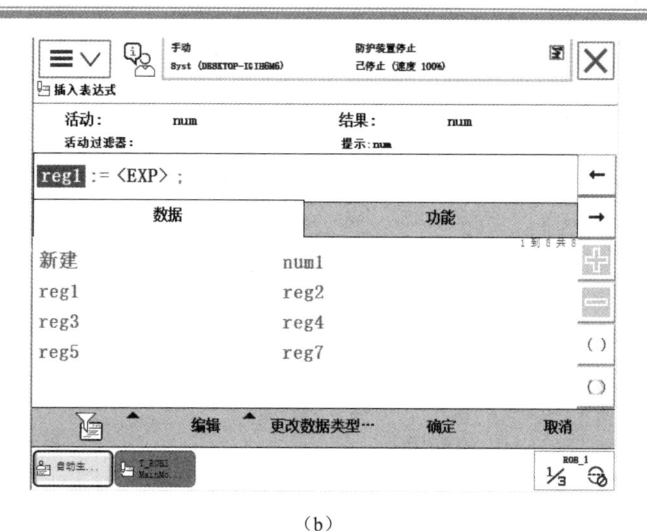

(b)

图 6-4　添加赋值指令（续）

上述步骤完成后，即可在程序编辑界面看见所增加的常量赋值指令。

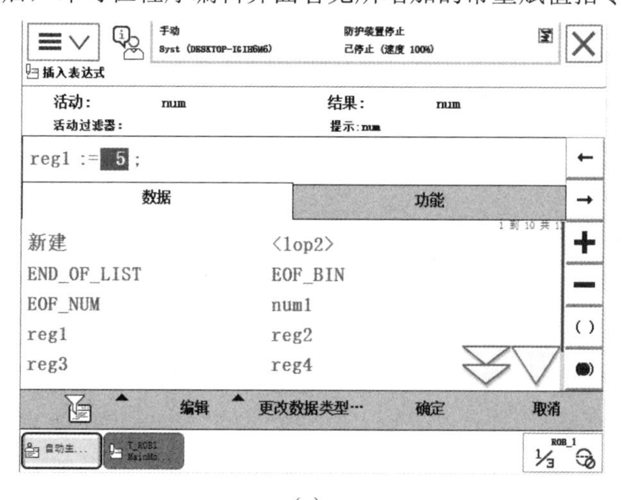

(a)

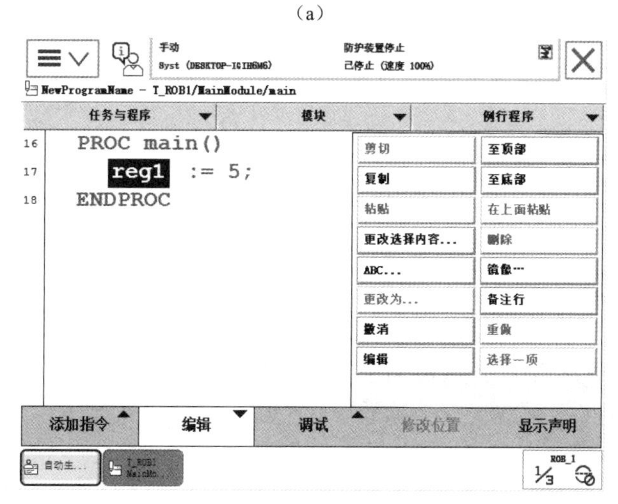

(b)

图 6-5　编辑内容

2）添加带数学表达式的赋值指令

①参照上面的操作方法添加赋值指令“reg2:=<EXP>”，再选中“<EXP>”，选择“reg1”，并单击右侧的“+”按钮，如图 6-6（a）所示。

②选中新出现的“<EXP>”后，单击“编辑”按钮下的“仅限选定内容”，并利用弹出的软键盘，输入数字“4”，然后单击“确定”按钮，在弹出的选择指令添加位置的界面中，选择将指令添加到“下方”，如图 6-6（b）所示，则指令添加完成。

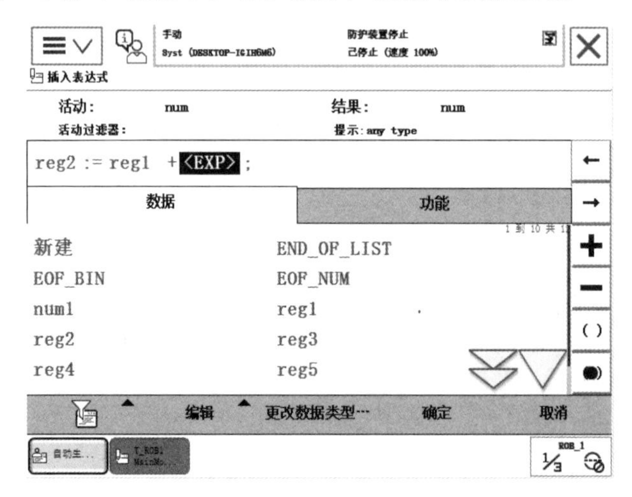

（a）

手动
Syst (DESKTOP-IGIH6M6)
防护装置停止
已停止 (速度 100%)
NewProgramName - T_ROB1/MainModule/main
添加指令
是否需要在当前选定的项目之上或之下插入指令？
上方
下方
取消
添加指令
编辑
调试
修改位置
显示声明

（b）

图 6-6 编辑赋值指令

2. 偏移指令

偏移指令的添加和使用

机器人偏移指令为 Offs，一般应用于有规律且有序地抓取与放置，其一般配合大地坐标系或工件坐标系一起使用，具体操作如下：

（1）在示教器中新建一个点。

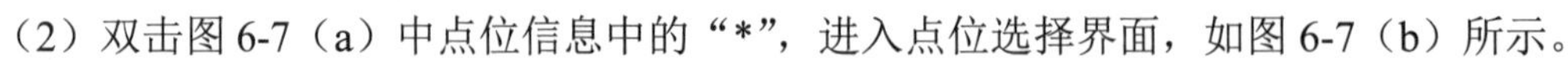

（2）双击图 6-7（a）中点位信息中的“*”，进入点位选择界面，如图 6-7（b）所示。

（3）单击图 6-7 中的“新建”，建立目标点位 p10，如图 6-8 所示。

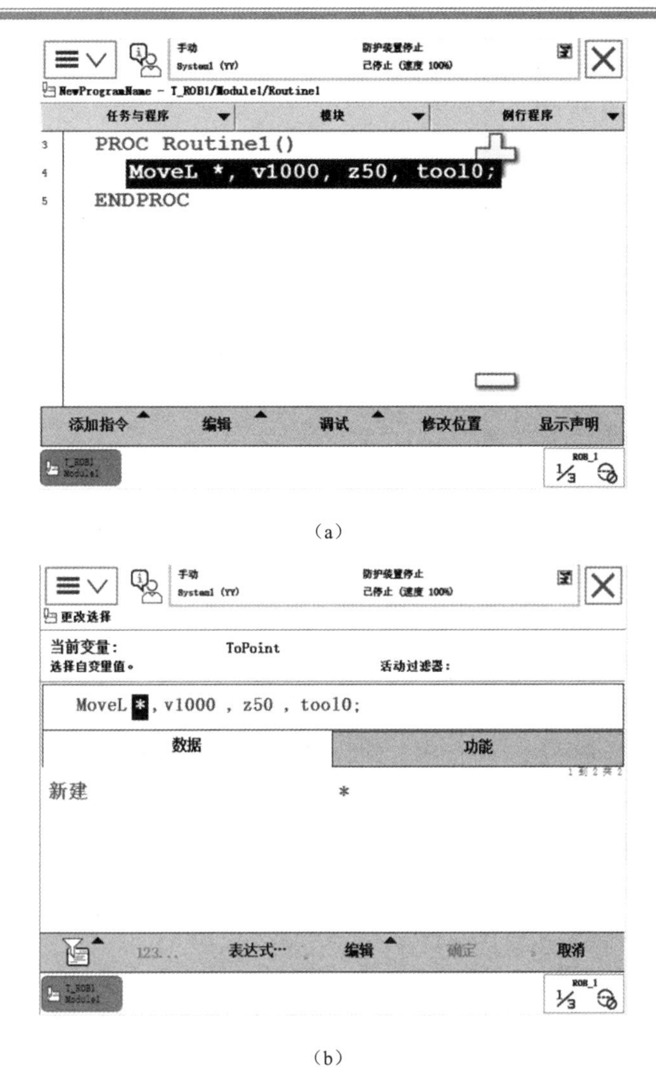

图 6-7　编辑点位

图 6-8　建立目标点位

（4）双击图 6-8 中的 p10 点位信息，进入如图 6-9 所示界面中，单击功能按钮，选择 Offs 指令，进入如图 6-10 所示界面中。

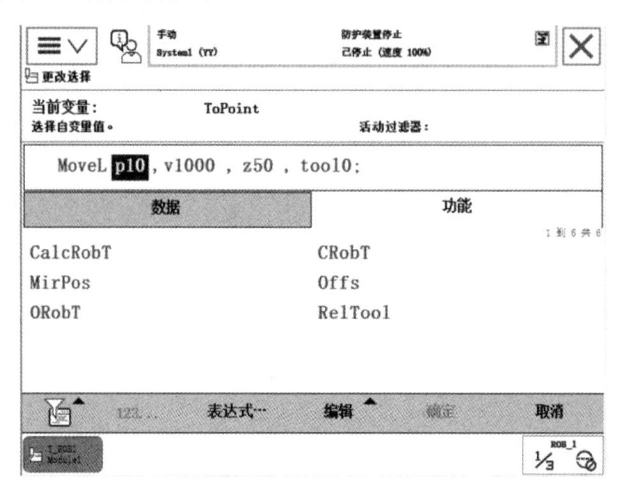

图 6-9　选择 Offs 指令

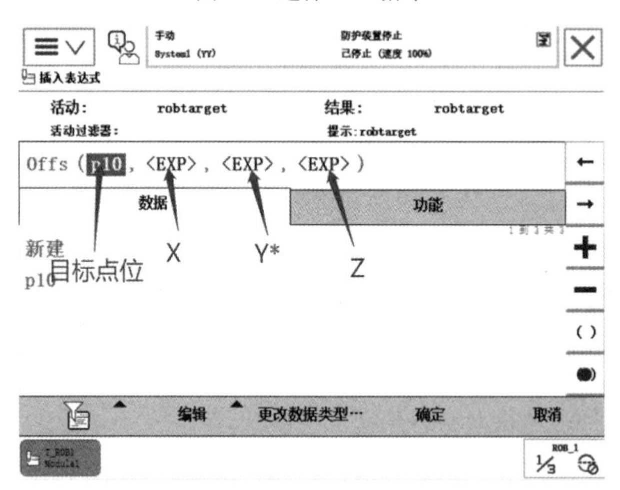

图 6-10　Offs 指令参数设置界面

如图 6-10 所示，偏移指令 Offs 包含 4 个可修改的参数，各参数的功能如表 6-1 所示。

表 6-1　Offs 指令各参数的功能介绍

参数序号	功能简介
1	在大地坐标系中，以第 1 个参数代表的点位为基准点
2	在大地坐标系中相对于基准点在 X 轴方向上的偏移，此参数可以是直接输入的数值（单位为 mm），也可以是变量
3	在大地坐标系中相对于基准点在 Y 轴方向上的偏移，此参数可以是直接输入的数值（单位为 mm），也可以是变量
4	在大地坐标系中相对于基准点在 Z 轴方向上的偏移，此参数可以是直接输入的数值（单位为 mm），也可以是变量

3. 偏移指令应用案例

偏移指令使用案例

案例如图 6-11 所示，将第 1 列中 3 个物料放入第 2 列中。这里我们只需要使用偏移指令并配合循环指令就能完成基本的编程操作，具体步骤如下。

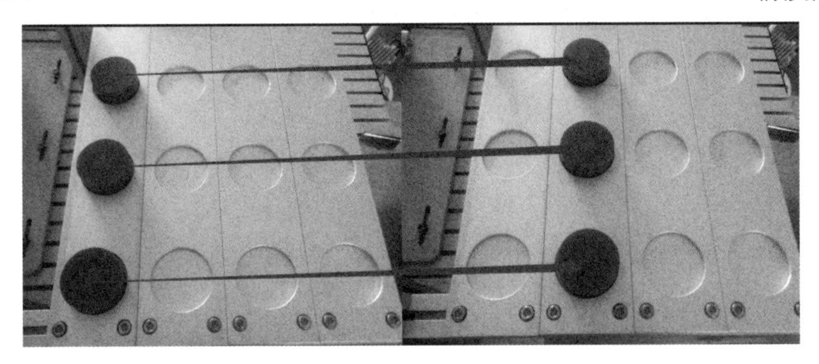

图 6-11　偏移指令应用案例

（1）在示教器模块中新建以“mafang”为名的模块，如图 6-12 所示。

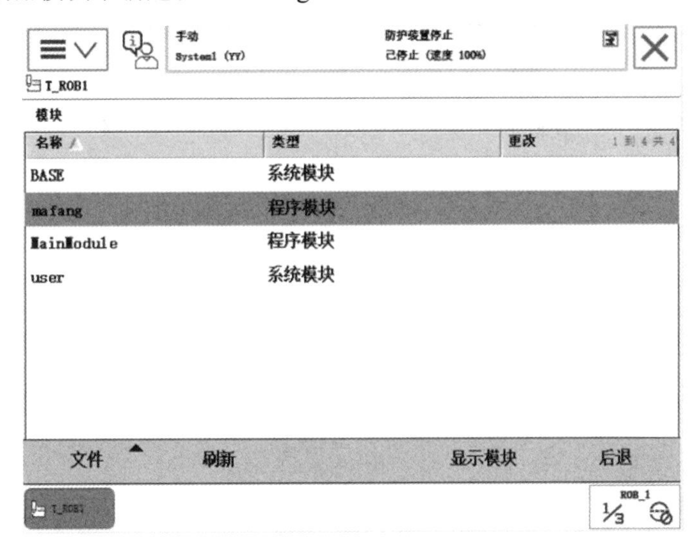

图 6-12　新建模块

（2）双击模块名“mafang”，进入模块编辑界面，建立名为“zhu()”“rpick()”“rplace()”的三个例行程序，如图 6-13 所示。

（3）双击例行程序“rpick()”，进入其编辑界面，使用 Offs 指令编写物料抓取程序，如图 6-14 所示。

（4）双击例行程序“rplace()”，进入其编辑界面，同样使用 Offs 指令编写物料放置程序，如图 6-15 所示。不难发现，在 3 个物料的偏移放置过程中，沿 Z 轴偏移与沿 Y 轴偏移的偏移值固定，只设定变量 x 即可。

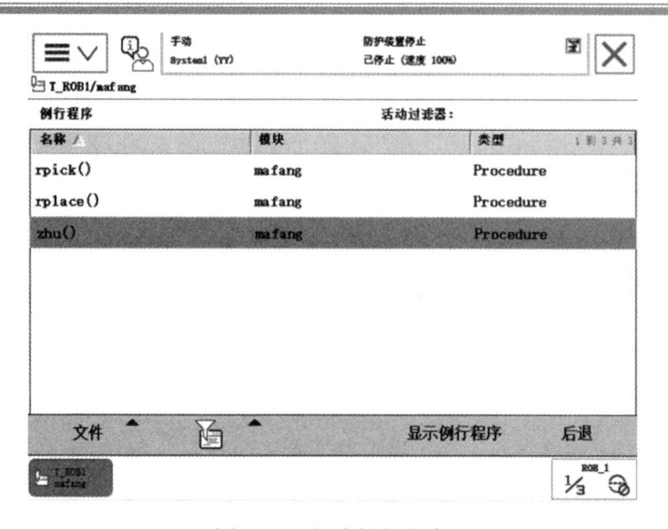

图 6-13 新建例行程序

图 6-14 抓取程序

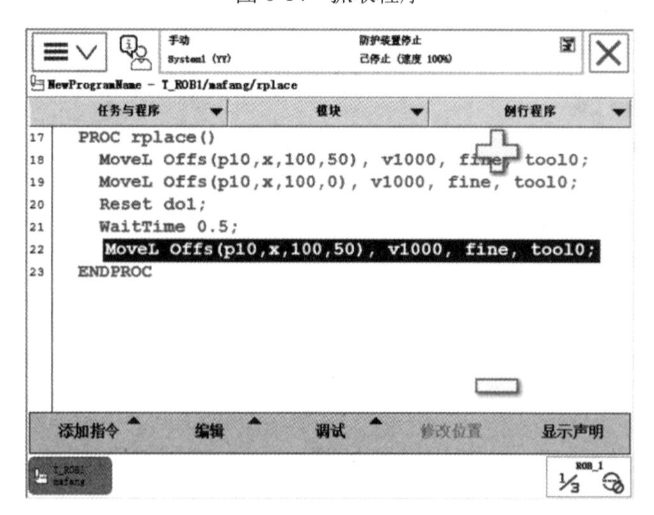

图 6-15 物料放置程序

（5）双击并进入主程序，配合赋值指令及循环控制指令 for 即可完成主程序的编程，如图 6-16 所示。

（6）从以“zhu”命名的主程序开始调试程序。

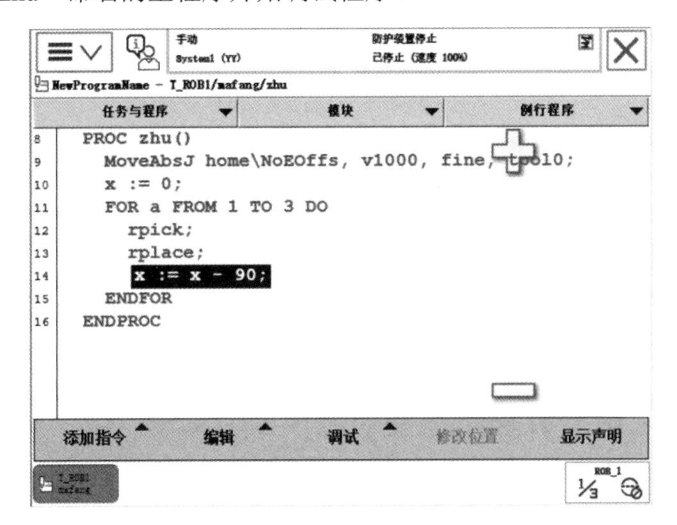

图 6-16　主程序

任务 3 设定偏移数组

设定偏移数组

任务导读

在机器人自动化生产实践中，某些场合的搬运及码垛过程所遵循的规律并不像前面所述的这么简单，只靠简单的偏移及循环控制指令无法完成其控制程序的编写，为了应对更复杂的搬运及码垛过程，有必要学习偏移数组的应用，这种方式既可以实现有序的摆放，也可以实现各种随机的摆放。

相关知识

6.3.1 相关指令介绍

1. CRobT 指令

CRobT 指令用于读取当前机器人目标点的位置数据，或将其位置数据赋值给某个点，例如：

```
PERS obtarget p10;
p10:=CRobT (\:=tool1\Wobj:=wobj1)
```

上述语句的功能是读取当前机器人目标点的位置数据，指定的工具数据为 tool1，工件坐标系数据为 wobj1（如果不指定，则默认的工具数据为 tool0，默认工件坐标系数据为 wobj0，之后将读取的目标点数据赋值给 p10）。

2. 数组

数组是一种特殊类型的变量，普通的变量包含一个数据值，而数组可以包含许多数据值。可以将数组描述为一份一维或多维表格，在编程或控制机器人时，使用的数据（如数值、字符串或变量）都可保存在这样的表格中。

在 ABB 机器人编程中，可通过 RAPID 程序定义一维数组、二维数组及三维数组。

1）一维数组

一维数组示例如图 6-17 所示，数组包含一个维度（a 维），在此维度上有三个元素，分别是 1、2、3，如果将数组的名称设为“Array”，则此数组可表示为 Array{a}。

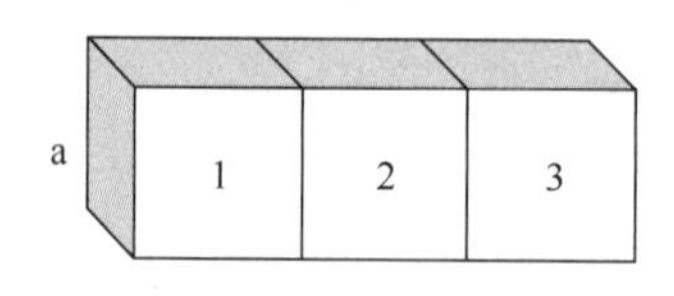

图 6-17 一维数组示例

程序举例：

```
VAR num reg1{3}:=[1, 2, 3]
reg2:=reg1{3}
```

执行上述语句后，reg2 为 3。

理解数组的维度时，可以将其与空间的三个维度联系起来，一维数组的元素就像在一条线上截取的若干点，上例中，一维数组 regl 含有三个元素，分别为 1、2、3，当我们把数组 reg1 的第三位赋值给 reg2 时，便是将上述三个元素中的“3”赋值给了 reg2。

2）二维数组

二维数组示例如图 6-18 所示，以 a、b 二维定义的数组，a 维含有 3 个部分，b 维含有 4 个部分，如果将数组的名称设为“Array”，则此数组可表示为 Array{a，b}。

程序举例：

```
VAR num reg1{3, 4}:=[[1, 2, 3, 4], [5, 6, 7, 8], [9, 10, 11, 12]]
reg2:=reg1{3, 1}
```

执行上述语句后，reg2 为 9。

同样，可以将二维数组与空间中的平面联系起来，上例中我们将二维数组 reg1 中第一维的第三个部分“[9，10，11，12]”，第二维中的第一个部分“1，5，9”对应的元素“9”赋给 reg2。

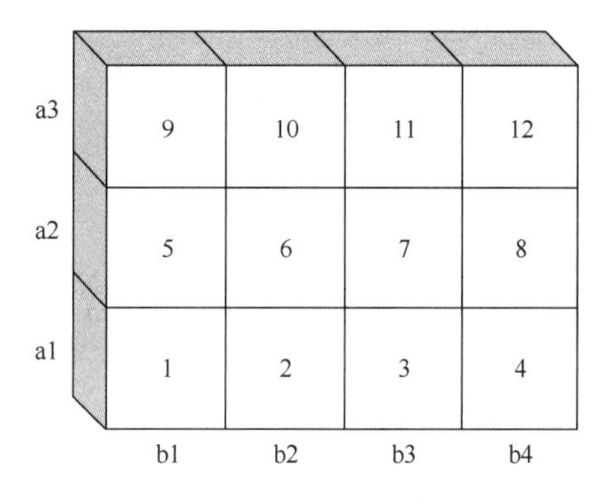

图 6-18 二维数组示例

3）三维数组

三维数组示例如图 6-19 所示，以 a、b、c 三维定义的数组，a 维含有 2 个部分，b 维含有 2 个部分，c 维含有 2 个部分，如果将数组的名称设为“Array”，则此数组可表示为 Array{a，b，c}。

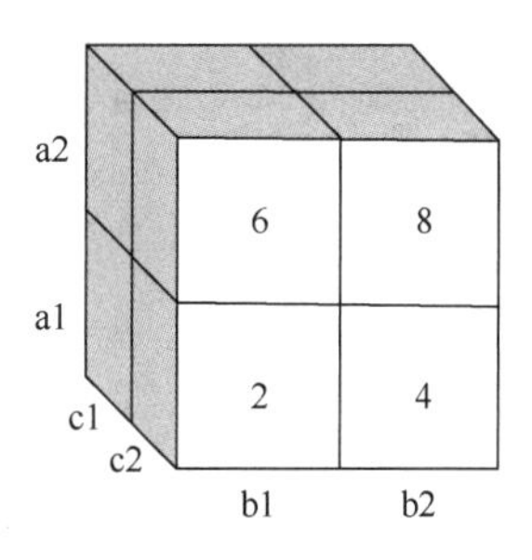

图 6-19 三维数组示例

程序举例：

```
VAR num reg1{2, 2, 2}:=[[[1, 2], [3, 4]], [[5, 6], [7, 8]]]
reg2:=reg1{2, 1, 2}
```

执行上述语句后，reg2 为 6。

6.3.2　创建数组的流程

数组创建流程

（1）打开程序数据，如图 6-20 所示，选择数据类型“num”。

图 6-20　创建数组

（2）在如图 6-21（a）所示的界面中单击“新建”，此时系统会弹出新数据声明界面，如图 6-21（b）所示。

（3）新数据声明完成后，单击右侧“…”按钮，系统进入数组维数设置界面，如图 6-22 所示。

（4）数组创建完成后，选择所创建的数组，然后在“编辑”中选择“更改值”选项，如图 6-23 所示。

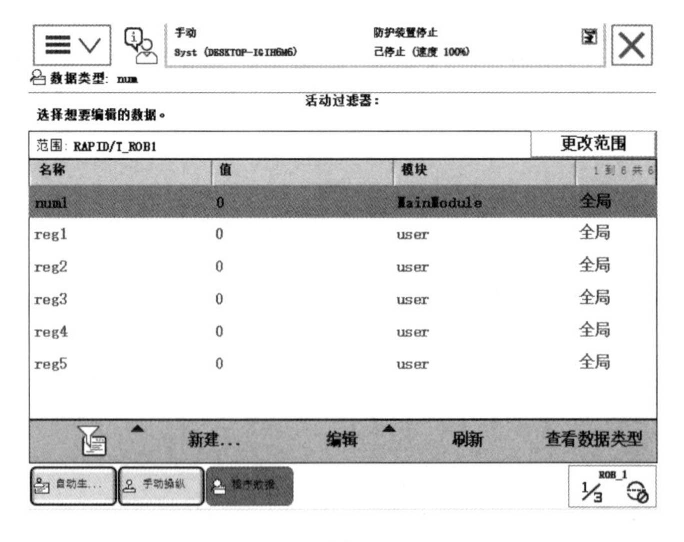

（a）

图 6-21　声明新数据

（b）

图 6-21　声明新数据（续）

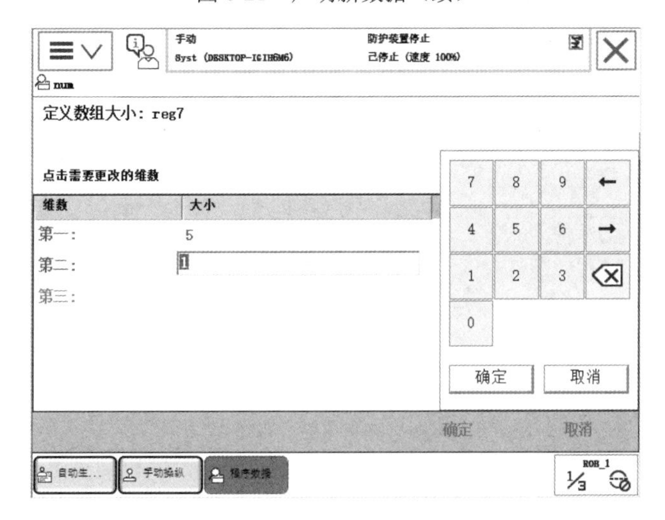

图 6-22　数组维数的设置

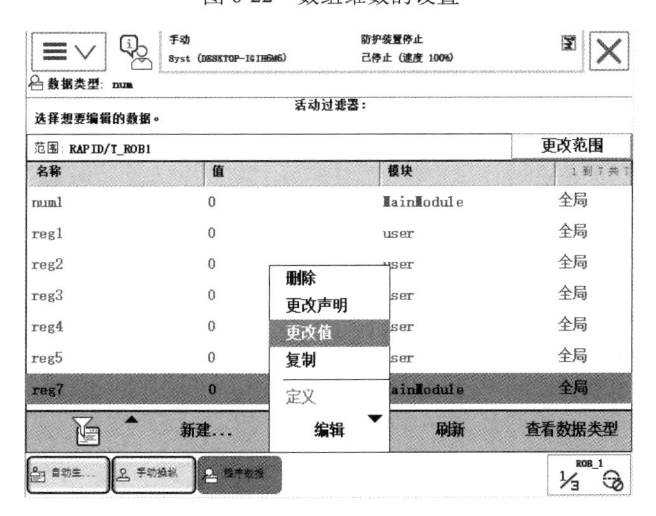

图 6-23　数组数值的更改

（5）如图 6-24 所示，进入更改值界面，单击各个存储位置进行数组值的设置。

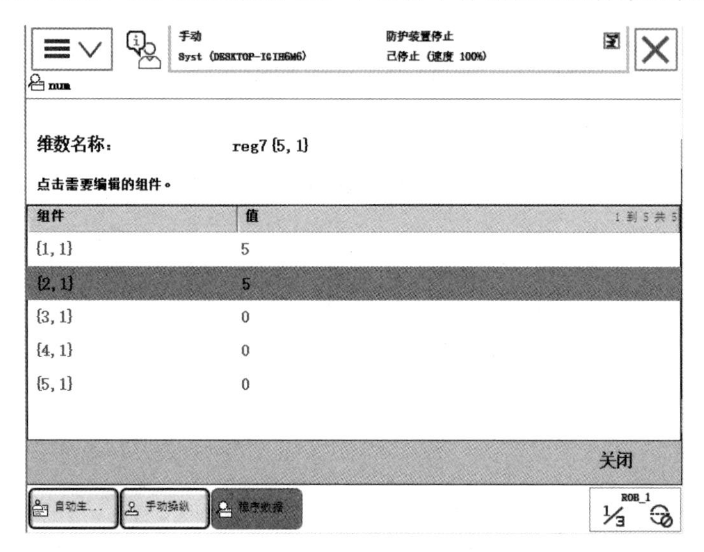

图 6-24　设置数组值

任务 4　码垛示教编程

任务导读

学习了偏移指令的使用方法及偏移数组的设定方法后，本任务将讲解如何结合上述功能及其他功能指令，根据任务要求完成码垛示教编程操作。

相关知识

6.4.1　其他功能指令及其功能

GOTO 指令的使用

1．GOTO 指令

GOTO 指令用于跳转到例行程序内特定的位置，配合 Label（跳转标签）使用。在下面的程序中，当判断条件 di1=1 满足时，程序会跳转到跳转标签“ff”所在的位置继续执行，即执行 Routine2。

```
MODULE Module1
PROC Routine1()
ff     ————————————跳转标签的位置
Routine2;
IF di1=1  THEN
GOTO ff;
ENDIF
ENDPROC
PROC Routine2()
MoveJ p10, v1000.z50, tool0;
ENDPROC
ENDMODULE
```

注意：GOTO 指令只允许用于在一个例行程序中跳转至相关的标签处，不允许用于两个或多个程序之间的跳转，多程序调用只能通过 ProcCall 指令进行。前面介绍的 IF 指令不能用于循环判断，可以用其配合 GOTO 指令完成循环判断的功能，相当于采用了 WHILE 或 FOR 指令。

2．案例应用

在前面的任务中，我们学习了码放 3 个物料的示教编程，那么用 IF 指令配合 GOTO 指令能否完成相同的任务呢？答案是肯定的。在保证其他子程序不变的情况下，只需要修改如图 6-16 所示的主程序即可，修改后的主程序如图 6-25 所示。

手动 vghyy (YY) 防护装置停止 已停止（速度 100%）

NewProgramName - T_ROB1/Module1/zhu

任务与程序 模块 例行程序

```
60  PROC zhu()
61    MoveAbsJ home\NoEOffs, v1000, fine, tool0;
62    a := 0;
63    x := 0;
64    ff:
65    IF a <= 2 THEN
66      rpick;
67      rplace;
68      x := x - 90;
69      Incr a;
70    ENDIF
71    GOTO ff;
72  ENDPROC
```

添加指令 编辑 调试 修改位置 显示声明

图 6-25　IF 和 GOTO 指令的应用

6.4.2　编辑码垛程序

案例一

1. 案例一

根据如图 6-26 所示的工作流程进行编程时，我们发现第三排物料的三角形方向不一致，抓取位置的中心点不在同一直线上，单独靠偏移指令 Offs 不能完成所有物料的摆放，必须使用偏移数组才能解决此问题。对此任务的编程过程进行分析，假设已经完成摆放第一块物料的编程，工具坐标系使用的是 tool0，机器人从左侧物料库中抓取第一块物料，然后放置到成品托盘上的第一块物料对应位置，然后从物料库中抓取第二块物料，再摆放到成品托盘上的第二块物料对应位置上，依此类推完成九块物料的摆放，利用偏移数组来存放各个抓取位置数据和摆放位置数据。

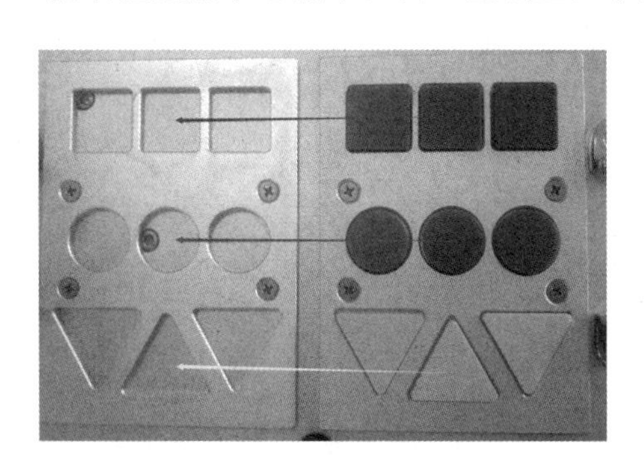

图 6-26　物料摆放位置

建立存放抓取位置数据的数组，通过分析可以建立一个二维数组，具体如下：

```
Reg1{9, 3}:=[
[0, 0, 0], [30, 0, 0], [60, 0, 0]
[0, 50, 0], [30, 50, 0], [60, 50, 0]
[0, 90, 0], [30, 100, 0], [60, 90, 0]
]
```

该数组中共有 9 组数据，分别对应 9 个抓取位置，每组数据中有 3 项数值，分别代表在三个坐标轴方向上的偏移值。

建立存放摆放位置数据的数组，同样是一个二维数组，具体如下：

```
Reg3{9, 3}:=[
[0, 0, 0], [30, 0, 0], [60, 0, 0]
```

```
    [0, 50, 0], [30, 50, 0], [60, 50, 0]
    [0, 90, 0], [30, 100, 0], [60, 90, 0]
    ]
```

该数组中共有 9 组数据，分别对应 9 个摆放位置，每组数据中有 3 项数值，分别代表在三个坐标轴方向上的偏移值。

具体的编程过程如下：

（1）完成各个程序的建立，如图 6-27 所示，以“zhu11”命名主程序，以“rzxp”命名抓取吸盘手爪的程序，以“zhuafang”命名抓取和放置物料程序，以“rfxp”命名放回吸盘手爪的程序。

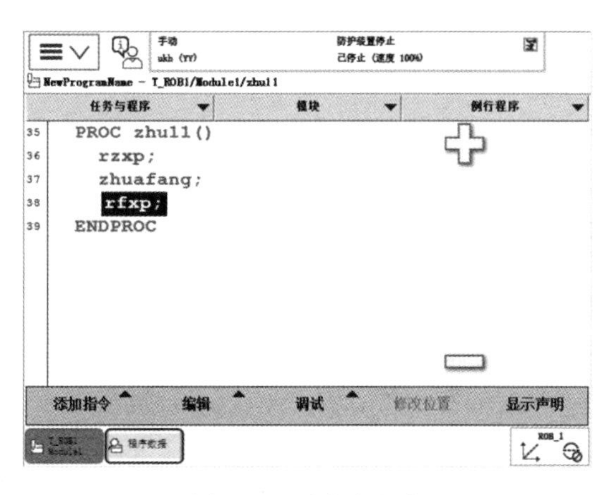

图 6-27　建立各程序

（2）双击并进入抓取吸盘手爪的程序，完成程序的编辑，编辑好的程序如图 6-28 所示。

图 6-28　抓取吸盘手爪的程序

（3）双击并进入抓取和放置物料程序，可以使用 Offs 指令加偏移数组的形式，也可以使用 RelTool 指令加偏移数组的形式进行编程，如图 6-29 和图 6-30 所示。

注意：对于抓取物料没有旋转角度要求时，采用 Offs 指令和 RelTool 指令是没有区别的，但是对于有旋转角度要求的，只能使用 RelTool 指令，具体可参见下面的案例二。

（4）双击并进入放回吸盘手爪的程序，编写好的程序如图 6-31 所示。

图 6-29　Offs 指令加偏移数组的形式

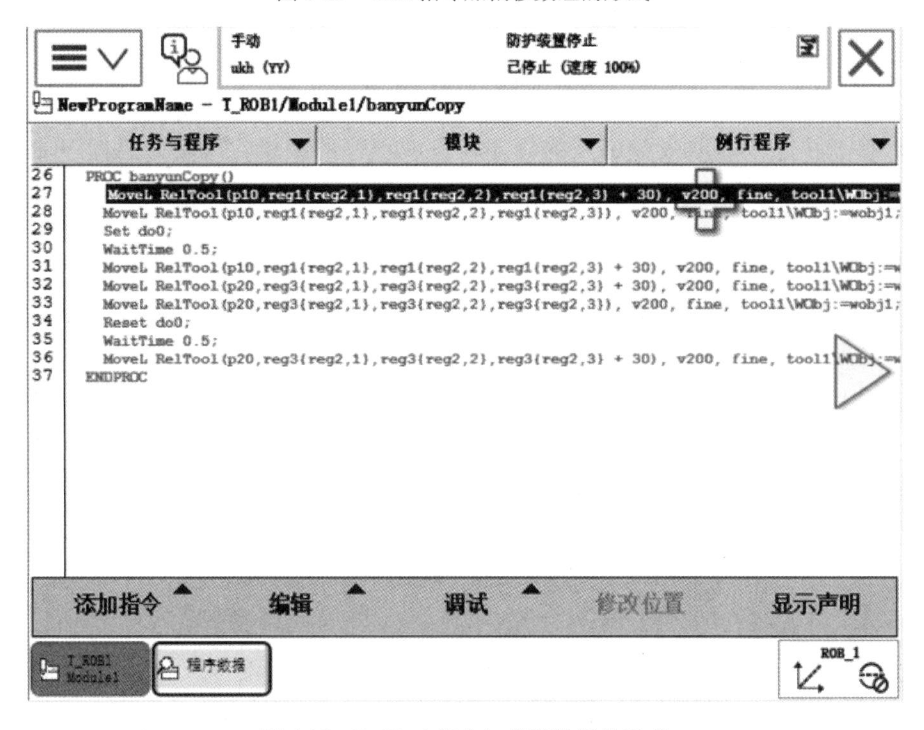

图 6-30　RelTool 指令加偏移数组的形式

（5）最后进行主程序的编写，在此处我们可以看下 WHILE 指令和 IF 指令的用法，如图 6-32 和图 6-33 所示，程序将循环执行 9 次，对应抓取任务中的 9 个物料。

图 6-31　放回吸盘手爪的程序

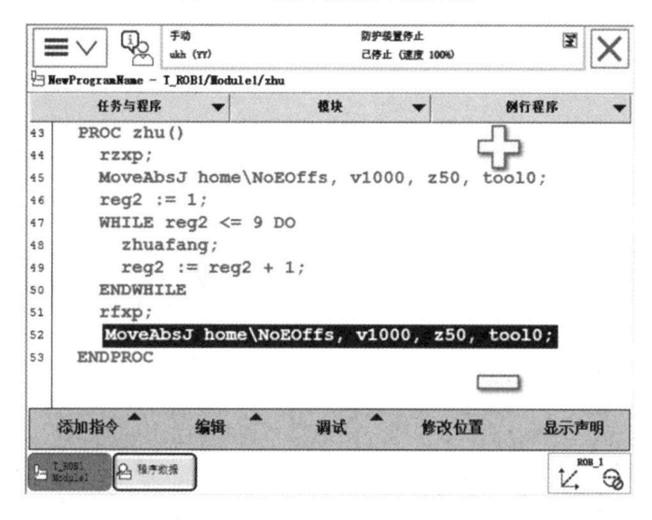

图 6-32　采用 WHILE 进行循环的主程序

图 6-33　采用 IF 进行循环的主程序

2. 案例二

如图 6-34 所示，完成 7 块七巧板的码垛搬运的工作。假设完成摆放第 1 块正方形物料的程序，工具坐标系使用的是 tool0，机器人在摆放三角板与长方形时均须旋转 90°，因此只能使用 RelTool 指令结合偏移数组进行编程操作。

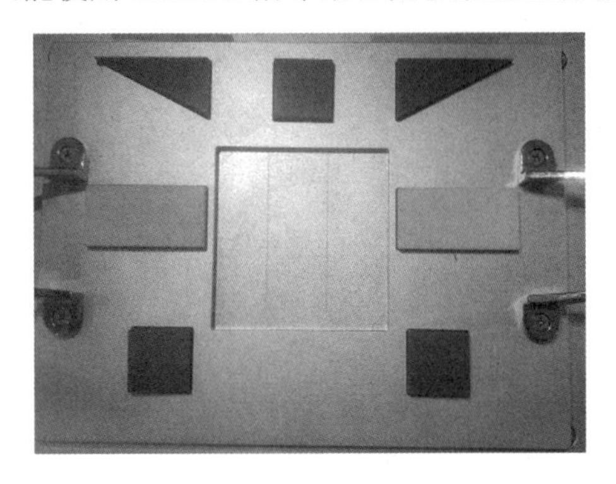

（a）摆放前

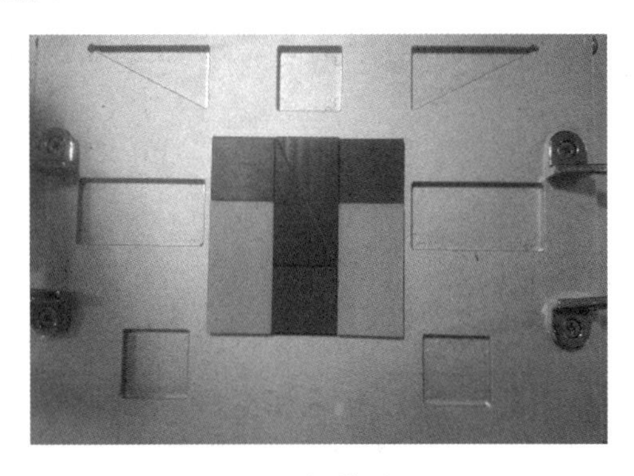

（b）摆放后

图 6-34

物料的摆放次序如图 6-35 所示。

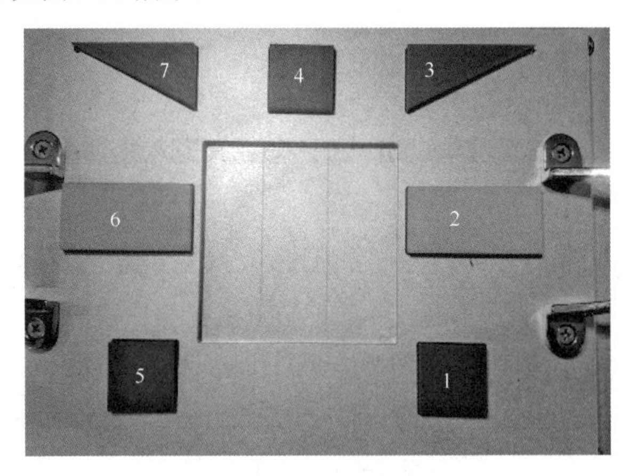

图 6-35　物料摆放次序

建立机器人抓取物料数据的偏移数组，通过分析可知应建立一个二维数组，具体如下：

```
Reg1{7, 3}:=[
[0, 0, 0], [-10, -70, 0], [10, -140, 0][70, 70, 0]
[140, 0, 0], [150, -70, 0], [130, -140, 0]
]
```

该数组中共有 7 组数据，分别对应 7 个抓取位置，每组数据中有 3 项数值，分别代表沿三个坐标轴方向的偏移值。

建立机器人放置物料数据的数组，同样建立一个二维数组，如下：

```
Reg3{7, 4}:=[
[0, 0, 0, 0], [0, 45, 0, 90], [30, -10, 0, 90][30, 60, 0, 0]
[60, 0, 0, 0], [60, 40, 0, 90], [30, 40, 0, 90]
```

```
]
```

该数组中共有 7 组数据，分别对应 7 个摆放位置，每组数据中有 4 项数值，分别代表沿三个坐标轴方向的偏移值和以 Z 轴为旋转轴的旋转角度。

具体的编程方法同案例一，修改如图 6-30 所示的程序数据，如图 6-36 所示。并修改主程序中循环次数，将 9 次改为 7 次，如图 6-37 所示。

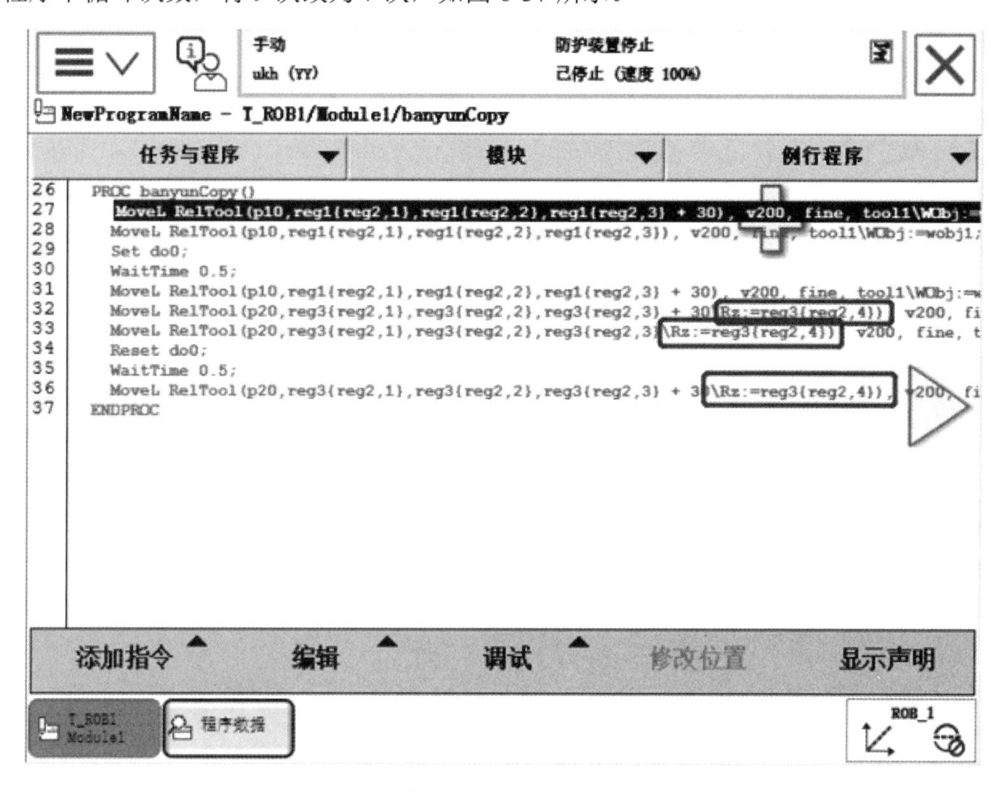

图 6-36　修改后的抓取和放置物料程序

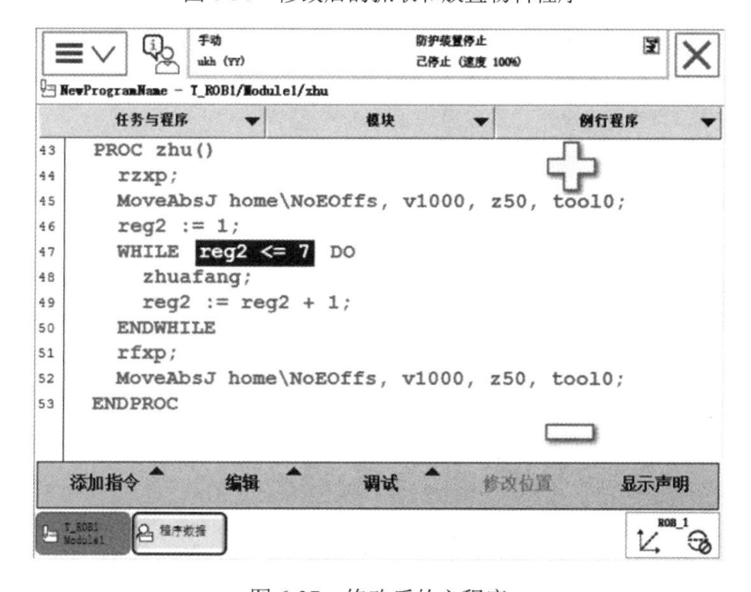

图 6-37　修改后的主程序

思考与练习

1．采用偏移数组的方法适合使用在何种情况下？

2．简述赋值指令的应用方法。

3．能用二维数组完成的工作，一维数组就完成不了，对吗？如果不对的话，为什么？

4．数据储存类型中常量、变量与可变量有哪些区别？

5．前述任务中运用了两个数组实现了码垛，如何运用数组 reg8{6，4}来修改相关程序完成此码垛过程？

6．简述“Offs”指令和“RelTool”指令的区别。

7．简述“IF”和“GOTO”指令的应用方式。

项目 7 带变位机的焊接工作站操作编程

项目导读

在自动化集成系统中，机器人从来不是单独存在的应用对象，往往要结合许多控制单元使用，如 PLC、单片机、人机交互界面等。目前工业生产中，PLC 技术与机器人技术结合最广泛，很多机器人自动化系统都通过一种或者多种 PLC 实现自动过程控制。本项目以典型的旋转变位机配合机器人为载体，介绍目前焊接过程中的一些典型应用。通过本项目的学习，读者应能掌握 PLC 和机器人的编程技巧。

知识目标

（1）了解变位机的典型应用。
（2）了解西门子 S7-1200 PLC 基本编程方法。
（3）了解西门子 S7-1200 PLC 运动控制方法。
（4）了解 PLC 技术的基本作用。
（5）了解 PLC 与机器人传输信号的方式。
（6）认识工作站的编程操作。

能力目标

（1）掌握西门子 S7-1200 PLC 运动控制的设置过程。
（2）掌握西门子 S7-1200 PLC 的程序编辑方法。
（3）掌握机器人的编程方式。

知识技能点

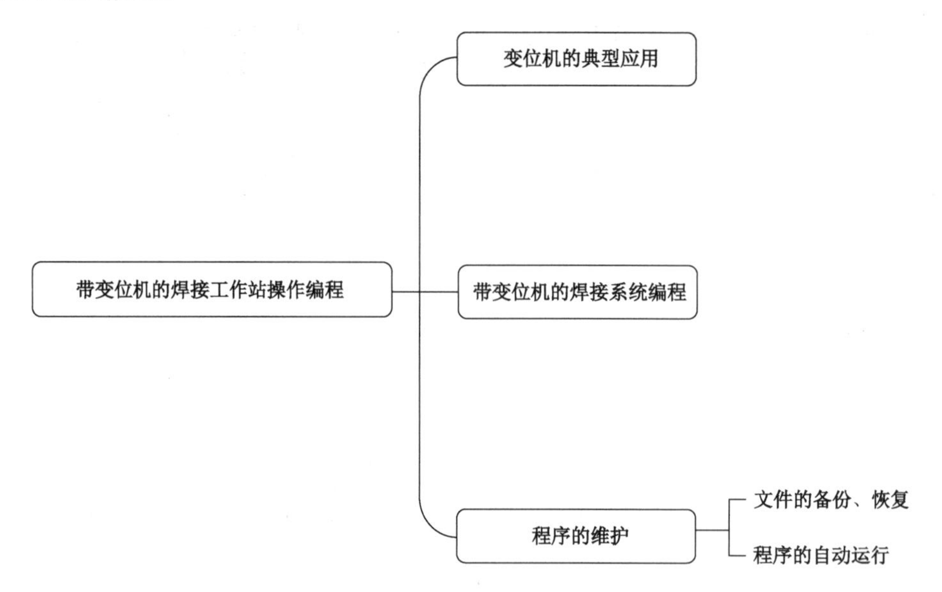

任务 1　变位机的典型应用

变位机的典型应用

任务导读

在实际生产过程中，对于某些复杂的工作环境，以机器人的旋转角度无法到达，此时就需要借助外部一些特定机构来完成工作任务，本任务将介绍焊接领域常用的以变位机配合机器人工作的方式。

相关知识

1. 变位机概述

在焊接、搬运货物和零件加工等复杂的工作环境下，总会有超出机器人工作范围或者出现机器人难以到达的角度的情况，此时就需要添加能够通过控制完成角度或者位置变化的变位机来解决问题。机器人与变位机组成的工作站在焊接、搬运、码垛、喷涂等领域应用广泛，尤其是焊接领域，变位机的应用不仅提高了机器人焊接的效率，而且对于复杂焊接工艺和施焊操作的实现起到了决定性的作用。

2. 变位机的作用

变位机是专用的焊接辅助设备，适用于回转焊接的变位，其包含若干个变位机轴。变位机在焊接过程中使物料发生平移、旋转、翻转等位置变动，与机器人进行同步运动或者非同步运动，从而得到理想的加工位置和焊接速度。在复杂的焊接场景中，变位机还可与机器人实现协调运动。

变位机按照自由度的不同可分为单回转式变位机和双回转式变位机，同种类型的变位机会根据不同的加工需求产生外形的差异，单回转式变位机如图 7-1 所示。

双回转式变位机比单回转式变位机多了一个自由度，如图 7-2 所示。使得物料可以在不同的姿态下做回转运动。翻转和回转分别由两根轴驱动，夹持物料的工作台除能绕自身轴线回转外，还能沿另一根轴倾斜或绕其翻转。双回转式变位机可以将物料上各种位置的焊缝调整到水平或易焊的位置施焊。

3. 变位机的主要分类

（1）双立柱单回转式变位机：此种变位机的特点是为适应不同规格，将两侧立柱设置为升降式，缺点是变位机只能顺着圆周方向旋转。

（2）U 形双座头尾双回转式变位机：此种变位机的特点是焊接空间大，物料可被旋转到需要的位置，设计先进。

（3）L 形双回转式变位机：此种变位机有两个方向的回转自由度，且两个方向都可±360°任意回转。与其他变位机相比，此种变位机敞开性好，容易操作。

（4）C 形双回转式变位机：此种变位机的回转形式与 L 形双回转式变位机相同，只是为了方便夹具的设计，根据结构件的外形，变位机的工作装置稍有变动。

图 7-1　单回转式变位机

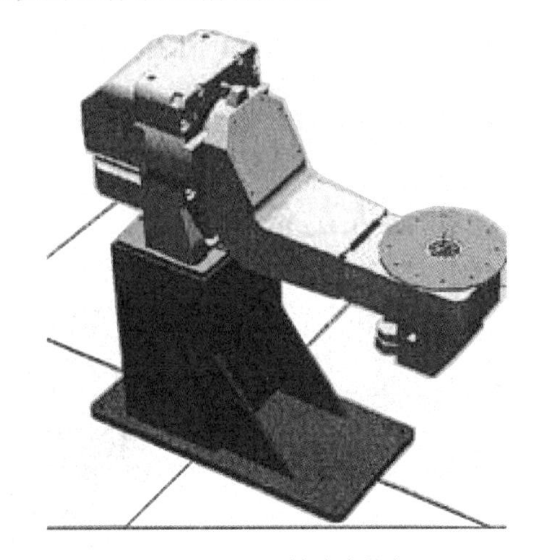

图 7-2　双回转式变位机

（5）座式焊接变位机：座式焊接变位机的工作台有一个可整体翻转的自由度，可以将工作台翻转至理想的焊接位置进行焊接。

4. 变位机的典型参数

如图 7-3 所示，IRBPL 型变位机属于 U 形双座头尾双回转式变位机，具体参数如表 7-1 所示。该变位机适用于物料须绕单轴旋转的单工位或双工位焊接应用场合。该变位机既可配合尾架一起使用，也可独立使用。配备支撑梁后，该变位机可处理长度达 4000mm 或直径达 1600mm 的物料。

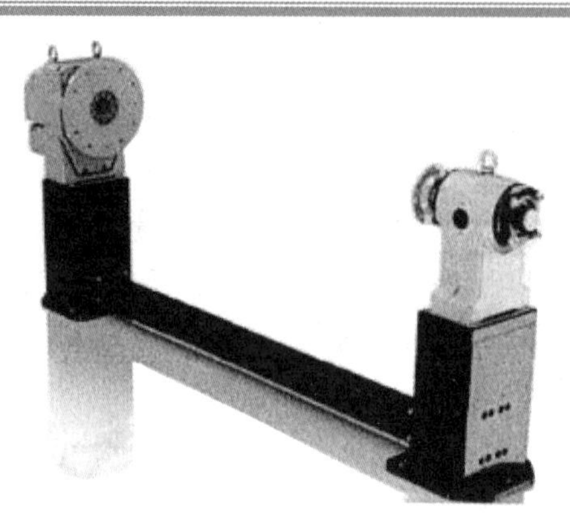

图 7-3　IRBPL 型变位机

表 7-1　IRBPL 型变位机的参数

规格	250A	500A	750A
最大承重能力/kg	250	500	750
最大连续力矩/（N·m）	350	650	900
最大扭矩/（N·m）	600	3300	5000
最大工作范围/mm	1000	1450	1450

如图 7-4 所示，IRBPA 型变位机属于 L 形双回转式变位机，具体参数如表 7-2 所示。该变位机适用于焊接过程中，物料须绕两根轴旋转的焊接应用场合。物料绕两根轴旋转时与焊接机器人的动作完全协调一致，使所有焊点都能够在最佳位置进行焊接，从而确保了焊接质量。该变位机对单工位和双工位焊接应用均适合。

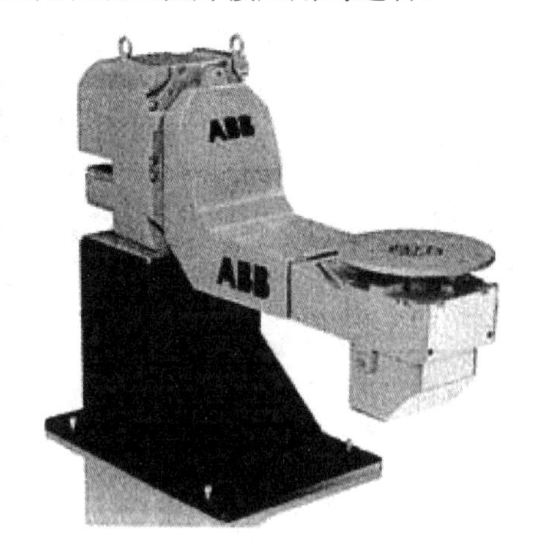

图 7-4　IRBPA 型变位机

表 7-2　IRBPA 型变位机的参数

规格	L-300	L-600	L-1000	L-2000	L-5000
最大承载能力/kg	300	600	1000	2000	5000
重复精度/mm（r=500）	±0.05	±0.05	±0.05	±0.05	±0.05

任务 2　带变位机的焊接系统编程

带变位机的焊接系统的编程

任务导读

在本任务中，采用西门子 S7-1200 PLC 作为变位机的控制系统。通过本任务的学习，我们将完成 PLC 和机器人的编程操作。

相关知识

1. 任务描述

如图 7-5 所示，需要将模拟焊接区物料通过机器人搬运至工作区，完成典型物料的焊接作业任务，具体工作过程如下：

（1）机器人在物料储存处抓取物料。

（2）机器人抓取物料后通过与 PLC 的硬件通信控制变位机的运转。

（3）变位机在到达初始位置后给予机器人到达信号，机器人在指定位置放下物料，给 PLC 汽缸夹紧信号。

（4）等汽缸夹紧后，PLC 按照流程将变位机转至工作位置，PLC 输出信号告诉机器人物料信息并指示其到达指定位置。

（5）机器人在物料到达工作位置后，进行焊接加工。

图 7-5　焊接工作任务

通过任务分析，明确了相关任务目标。接下来我们将完成 PLC 程序的编写及机器人控制程序的编写，通过典型 I/O 连接，实现 PLC 与机器人的通信。

2. PLC 程序编辑

PLC 编程

变位机采用步进电机控制，因此在西门子 S7-1200 PLC 中要对电机轴进行设置，具体设置过程如下：

（1）首先在 PLC 的组态界面中添加脉冲发生器并且更改脉冲的信号类型，如图 7-6 所示。

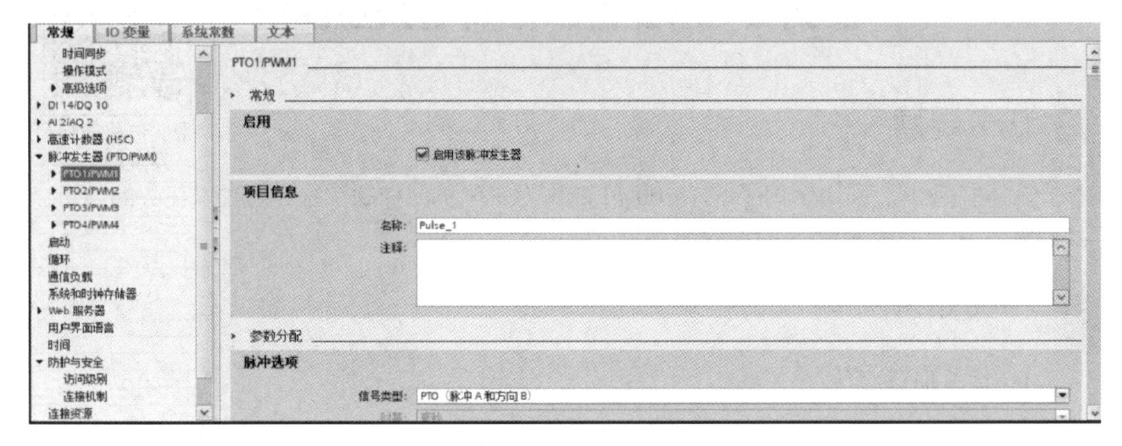

图 7-6　添加脉冲发生器

（2）新增对象并且设置其版本，如图 7-7 所示。

图 7-7　新增对象并且设置其版本

（3）在新增的对象“轴_1”中首先添加脉冲发生器（即之前在 PLC 组态界面中添加的脉冲发生器），此时 PLC 的 I/O 输出中的 Q0.0、Q0.1 会自动变为轴控制的脉冲输出以及脉冲的方向输出，然后确定位置单位，如图 7-8 所示。

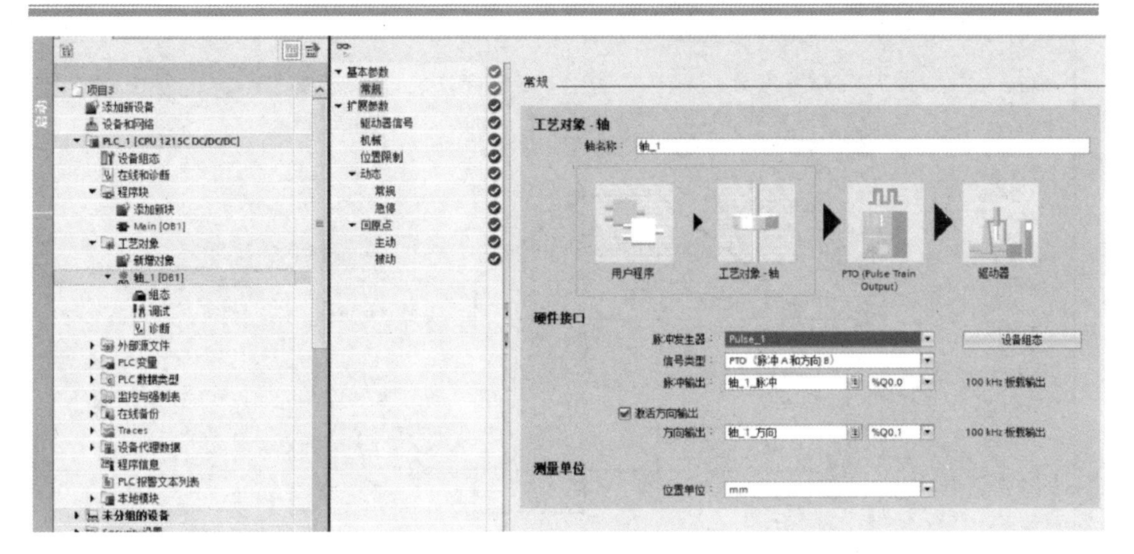

图 7-8　对象的参数设置

（4）在轴扩展参数中首先要更改的是电机的每转的脉冲数和电机每转的负载位移。这两个参数是电机的硬件参数，需要对照说明书或硬件更改，如有错误会导致偏移位置错误等问题，如图 7-9 所示。

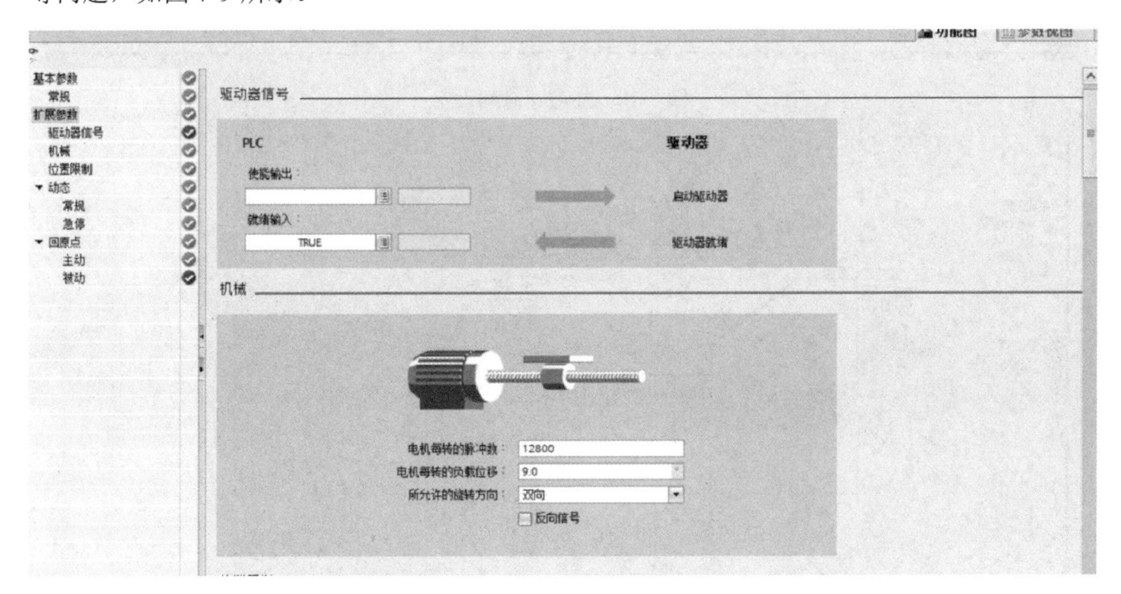

图 7-9　脉冲数和负载位移参数设置

（5）其次要更改的是加减速时间及急停减速时间，加减速时间会影响变位机的加减速度（减速度即反向加速度），如图 7-10 所示。急停减速时间的改变会影响急停的准确性，如图 7-11 所示。

（6）最后，在动态栏中输入原点开关、逼近速度、回原点速度、起始位置偏移量等参数，如图 7-12 所示。

输入原点开关：输入原点开关是“轴回原点”运动中硬件上的开关，运行“轴回原点”程序时接触到输入原点开关表示变位机已经回到原点位置。

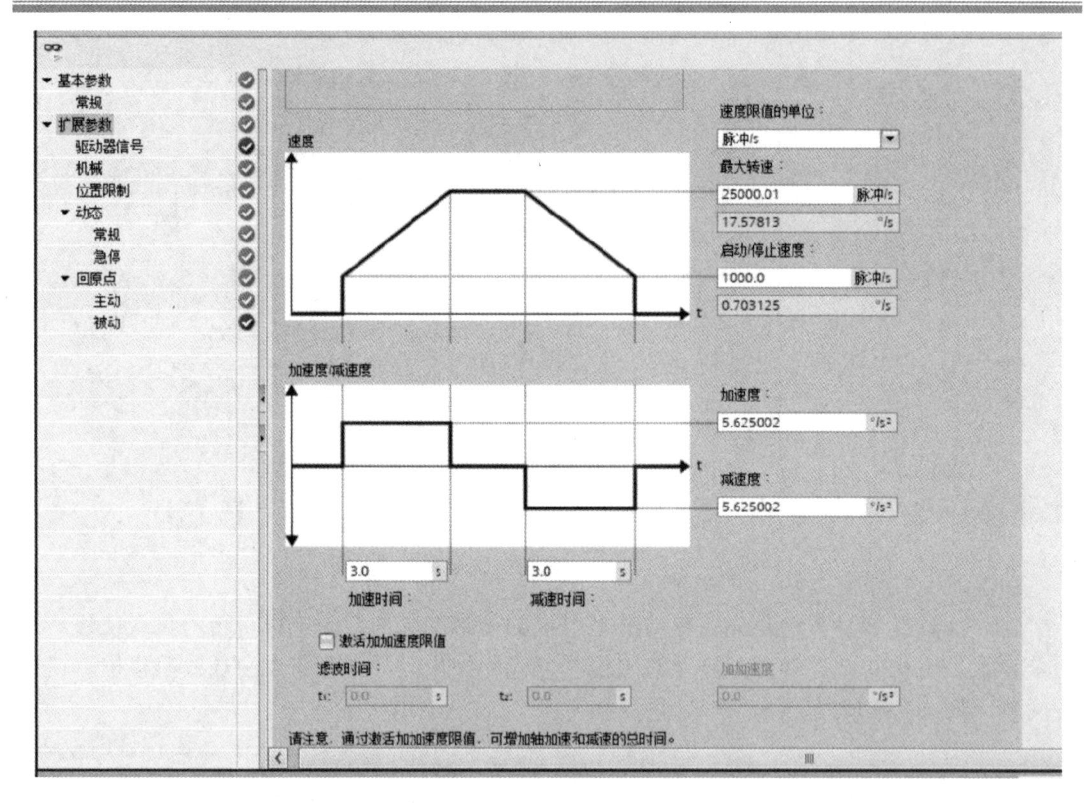

图 7-10　加减速时间设定

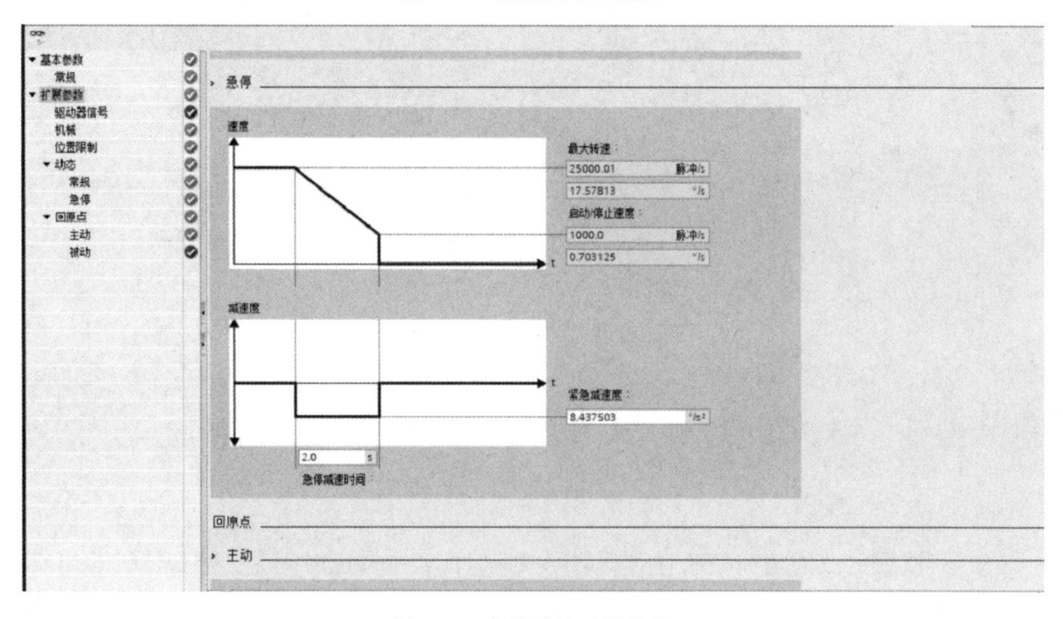

图 7-11　急停减速时间设定

回原点速度：回原点速度指“轴回原点”运动过程中采用的速度。

逼近速度：逼近速度指在“轴回原点”运动过程中，寻原点时的速度。

起始位置偏移量：起始位置偏移量指在“轴回原点”运动结束后位置的直接偏移，不需要通过程序来控制。

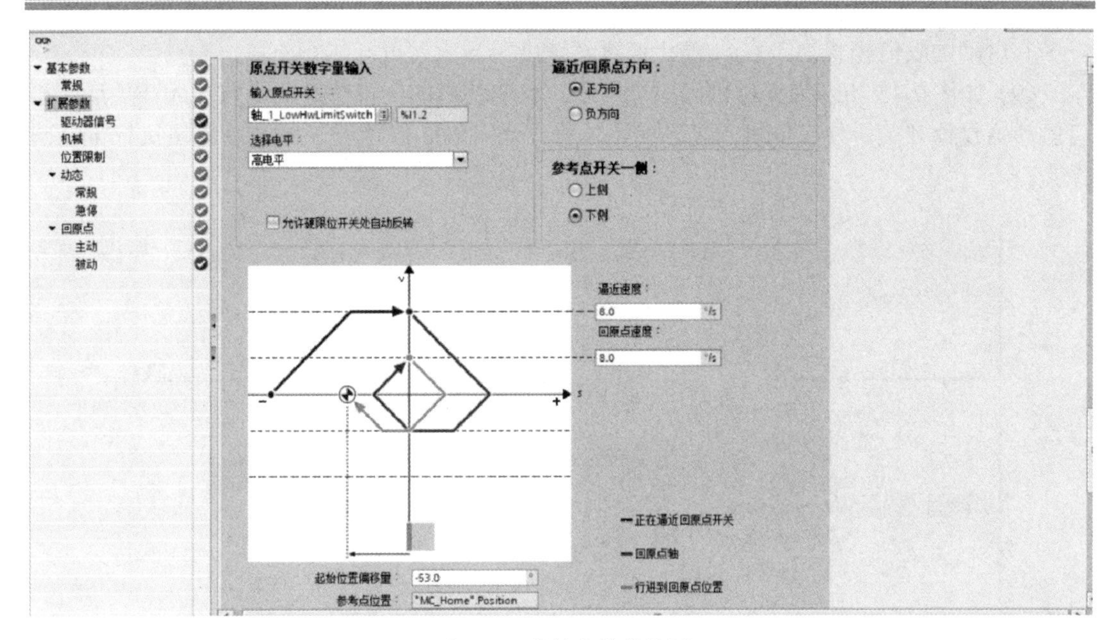

图 7-12　其他参数的设置

（7）完成各对象的参数设置后，接下来进行 PLC 程序的编辑。通过查看硬件接线说明书可知，变位机中电机的上电开关与 PLC 输出口 Q3.6 连接，因此只需要让 Q3.6 口一直输出信号能源即可使电机上电，相关程序段如图 7-13 所示。

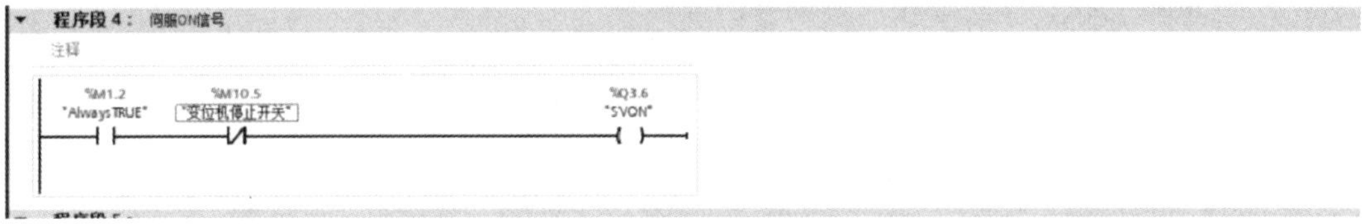

程序段 4：伺服ON信号
注释
%M1.2 "AlwaysTRUE"　%M10.5 "变位机停止开关"　%Q3.6 "SVON"

图 7-13　使电机始终上电

（8）如图 7-14 所示为变位机手动正反转程序。在使用功能块的时候首先要在 Axis 口中输入对应的轴。“JogForward”接口代表的是正转，同样“JogBackward”接口代表的是反转，预设点动模式速度为 100mm/s。

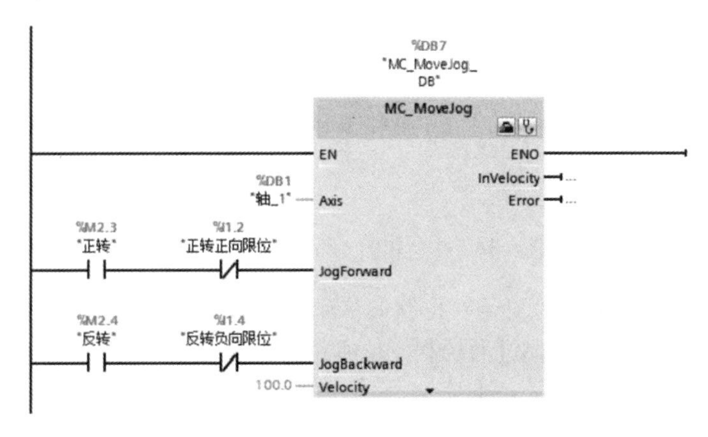

图 7-14　变位机手动正反转程序

其启动的限值模式为：启动/停止速度≤速度≤最大速度。

（9）如图 7-15 所示为变位机回原点程序。当变位机的位置超过回原点输入开关后，即可触动轴复位开关，使变位机回复到初始位置。当 Mode 值等于 3 时该功能块执行主动回原点。

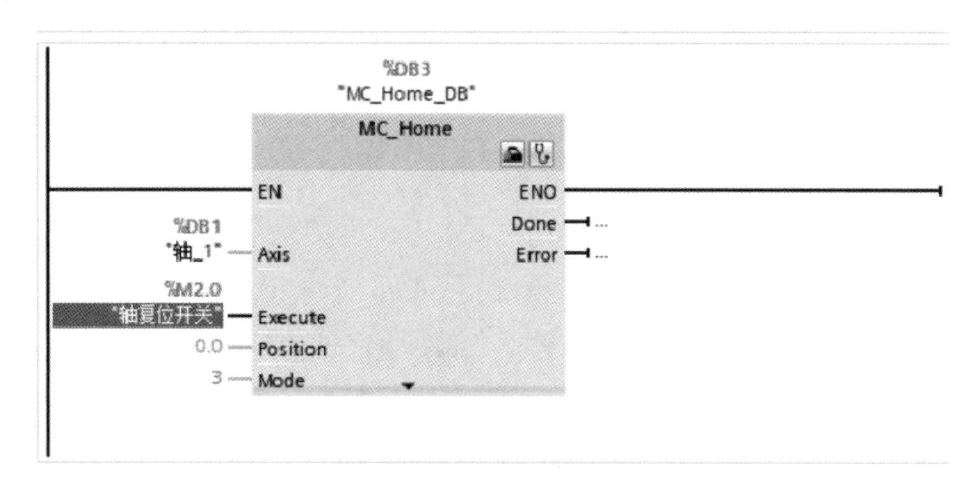

图 7-15　变位机回原点程序

（10）如图 7-16 所示为变位机绝对位置偏移程序。当变位机回到原点后，系统内部将当前位置记录为 0，可以通过绝对位置运动偏移控制位移。“Execute”为调用该功能块的开关，“Position”为执行该功能块时，偏移的位置。

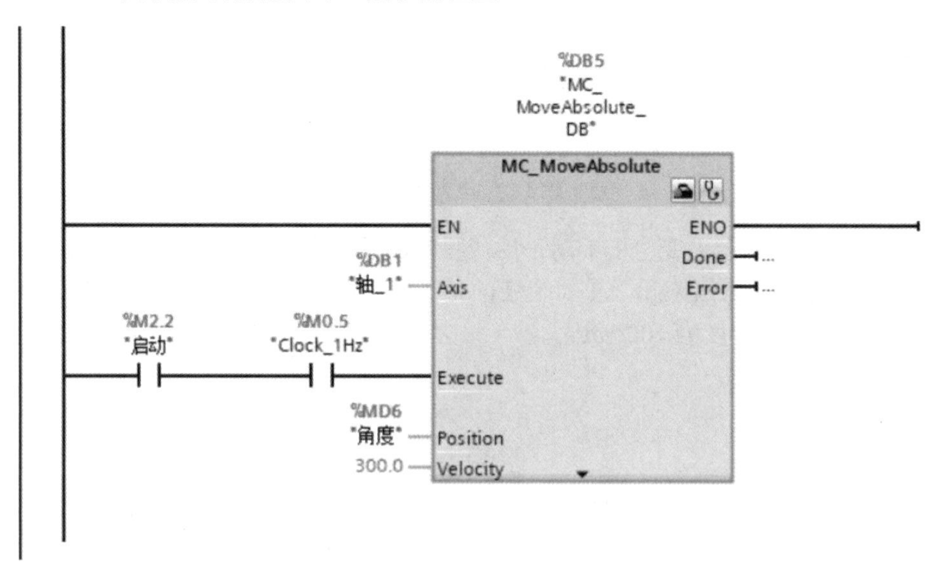

图 7-16　变位机绝对位置偏移程序

（11）如图 7-17 所示为变位机绝对位置偏移配套的示例程序。当完成上述程序编写后，可通过屏幕控制上述三个开关，进而控制变位机位置；也可以由 ABB 机器人通过 PLC 控制变位机。

变位机的初始位置与工作位置如图 7-18 所示。

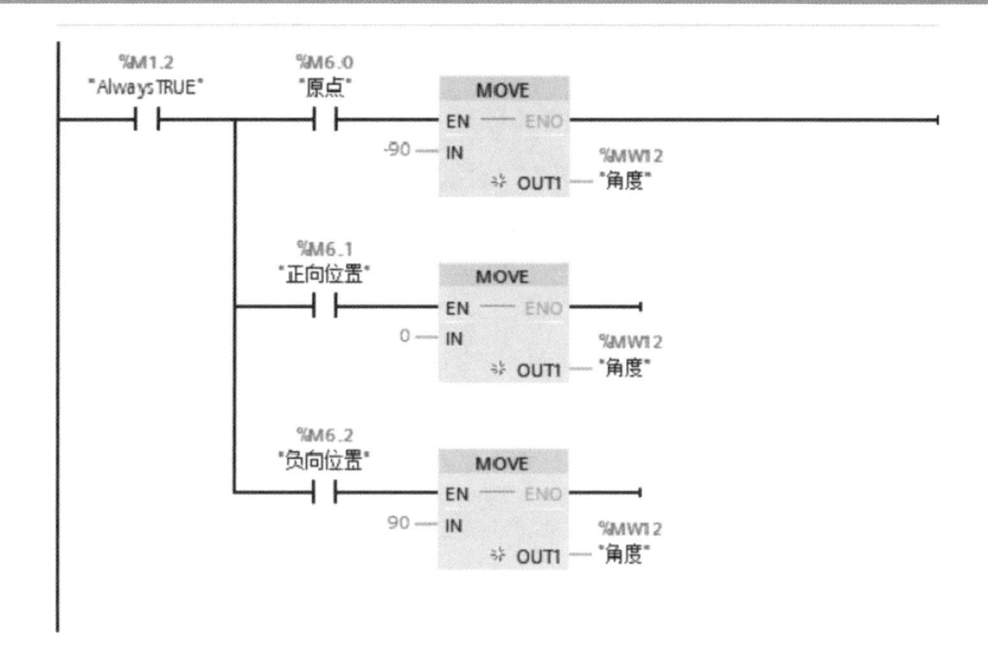

图 7-17 变位机绝对位置偏移配套的示例程序

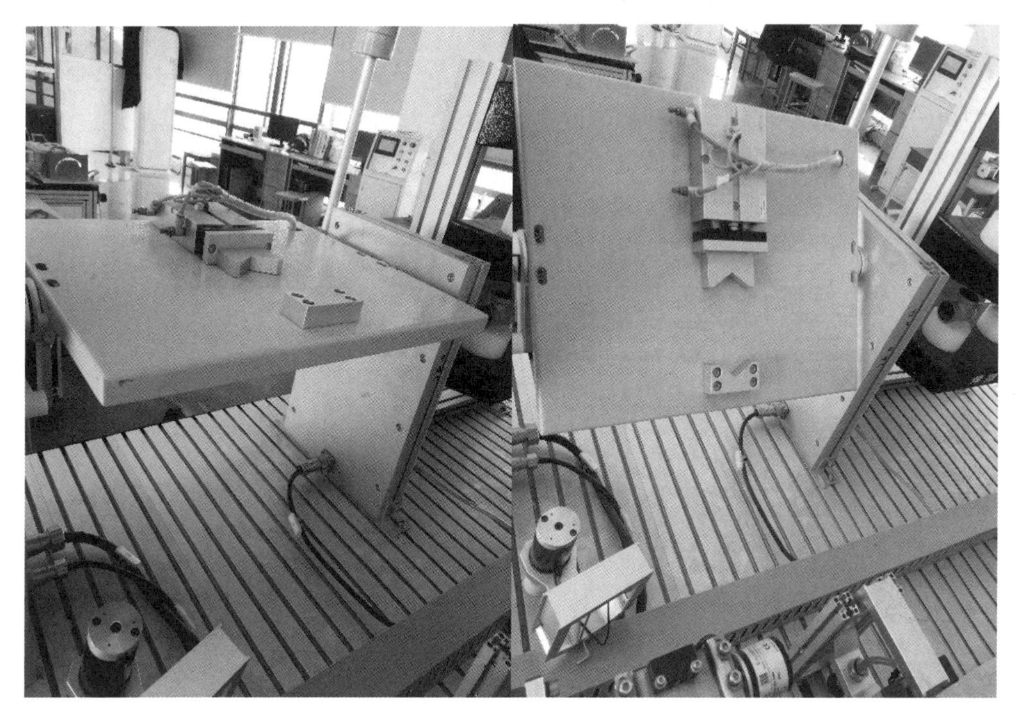

图 7-18　变位机的初始位置与工作位置

3. 机器人控制程序的编辑

机器人编程

（1）首先我们在示教器主界面中单击“输入输出”，再单击右侧的“视图”，如图 7-19 所示，从中选择全部信号。通过 PLC 的调试找到机器人与 PLC 连接的硬件端口。

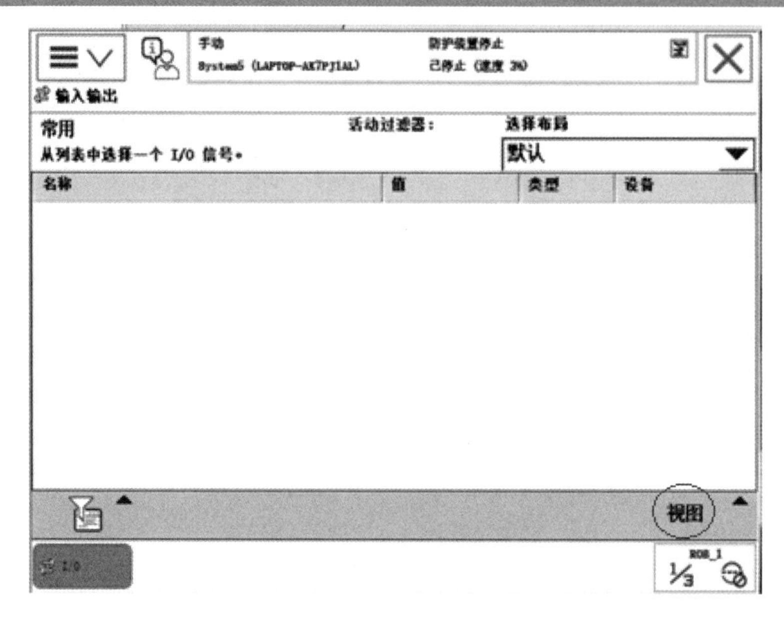

图 7-19　单击“视图”

（2）如图 7-20 所示为 ABB 机器人控制变位机运动程序。首先让机器人到达指定位置，启动抓取物料汽缸（信号 do1）并且等待一秒，当物料抓紧后机器人上升到安全位置，等待 PLC 发出 positioner 指令，positioner 被定义为与 PLC 连接的硬件输出信号，控制变位机恢复到初始位置。当变位机恢复到初始位置后，PLC 发出到位信号 in，机器人通过 IF 语句判断变位机已经到位后，将物料放置于变位机上，并发出“clamp”夹紧信号。同时变位机接收到信号后夹紧物料并且旋转一定角度，之后发信号给机器人，通知 PLC 可以进行下一步的操作。

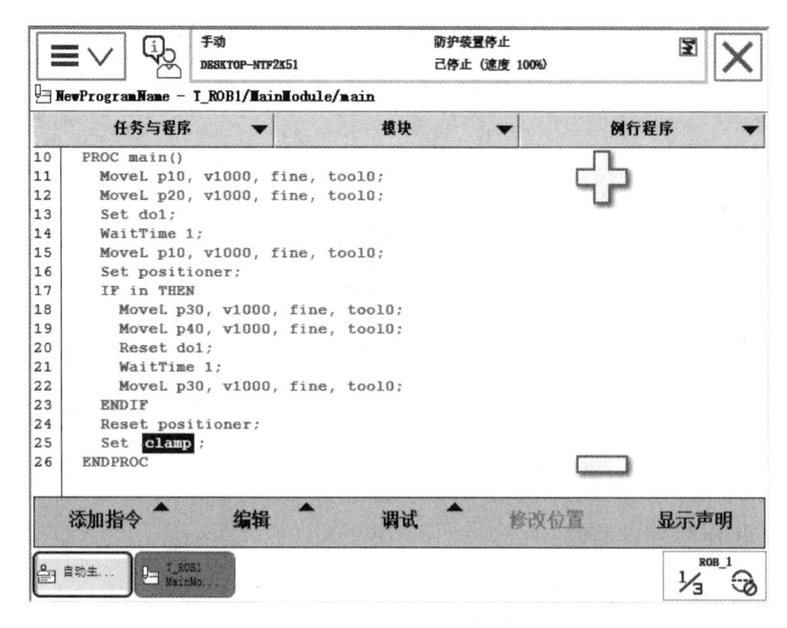

图 7-20　ABB 机器人控制变位机运动程序

任务 3　程序的维护

程序的维护

任务导读

文件是机器人控制系统中数据存储的基本单位。机器人控制系统中的文件相当于个人计算机中的系统文件和程序文件，存储着机器人的各种数据和配置信息，用于控制机器人运行等。本任务介绍程序的备份、恢复，学习完本任务，读者应能较好地维护程序。

相关知识

7.3.1　文件的备份、恢复

为防止操作人员对机器人系统文件的误删，通常在进行机器人操作前，要先进行文件备份，备份的对象是所有正在系统内存运行的 RAPID 程序和系统参数。而当机器人系统无法启动或重新安装新系统时，也可利用已备份的文件进行恢复，备份的文件是具有唯一性的，只能将备份文件恢复到原来的机器人中去，否则会造成系统故障。

1. 系统备份

（1）进入 ABB 主菜单，选择“备份与恢复”选项，如图 7-21 所示。

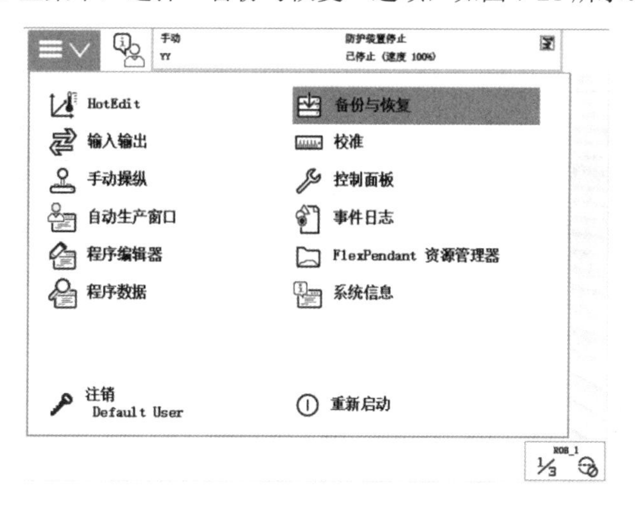

图 7-21　选择“备份与恢复”选项

（2）单击“备份当前系统...”，如图 7-22 所示。

（3）单击“ABC...”可设定存放备份的文件夹名称，单击“...”可设定存放备份的位置（机器人硬盘或 USB 存储设备），设置后即可单击“备份”进行文件的备份，如图 7-23 所示。

（4）如图 7-24 所示为等待备份完成的界面，当此界面消失时，说明备份已完成。

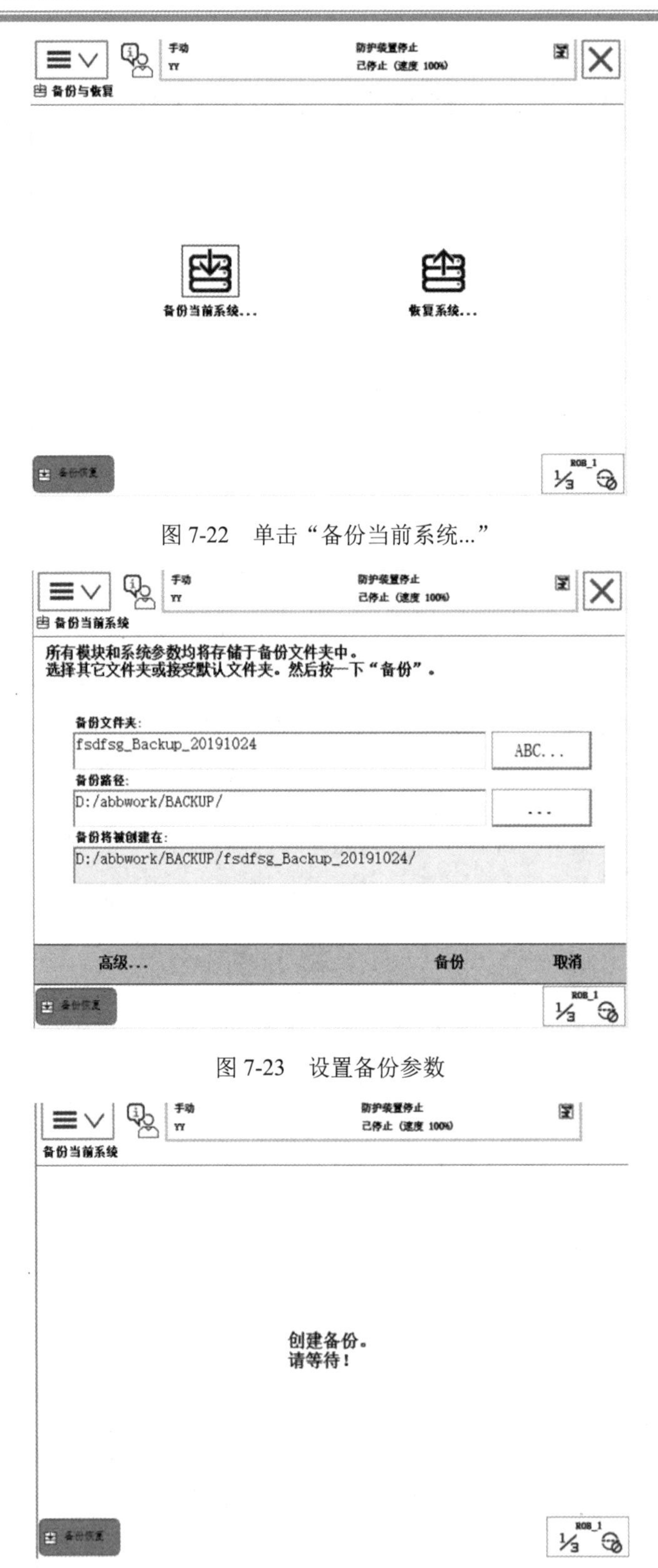

图 7-22　单击“备份当前系统...”

图 7-23　设置备份参数

图 7-24　等待备份完成的界面

2．系统恢复

（1）进入 ABB 主菜单，选择“备份与恢复”选项，如图 7-25 所示。

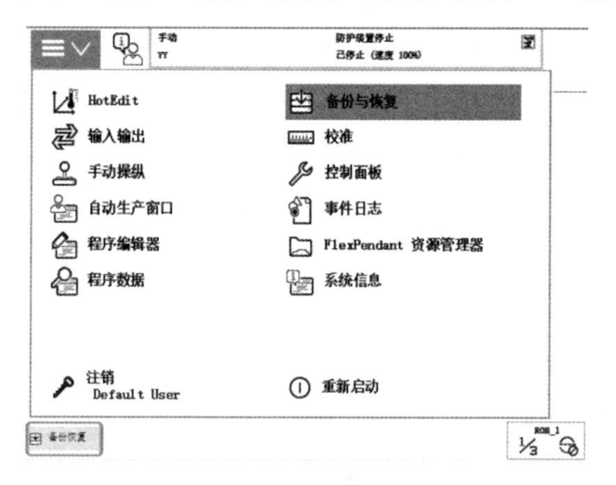

图 7-25　选择“备份与恢复”选项

（2）单击“恢复系统...”，如图 7-26 所示。

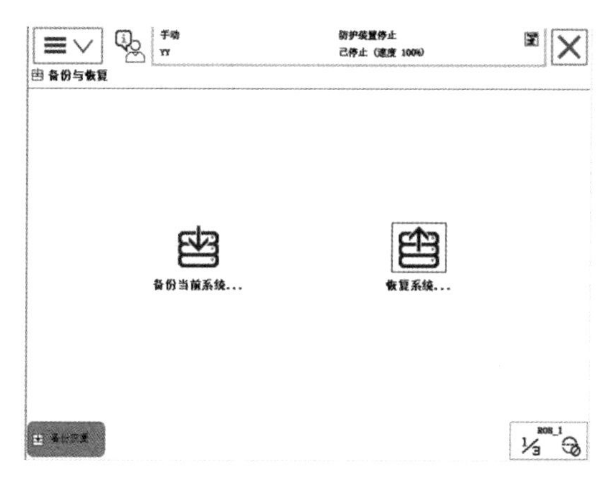

图 7-26　单击“恢复系统”

（3）单击“…”选择保存备份的文件夹，并单击“恢复”，如图 7-27 所示。

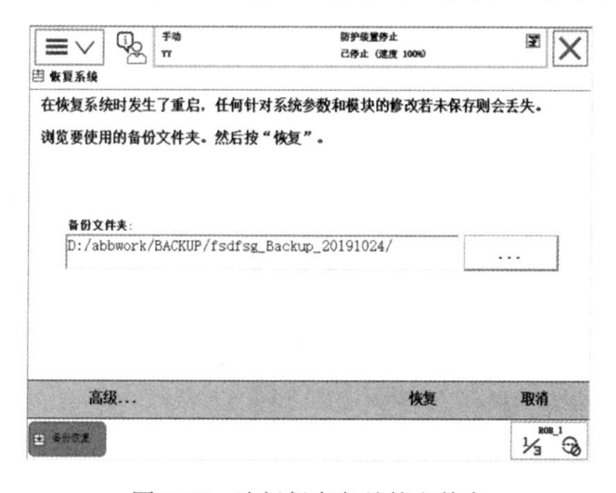

图 7-27　选择保存备份的文件夹

（4）在如图 7-28 所示界面中单击“是”，则系统会恢复到备份时的状态。

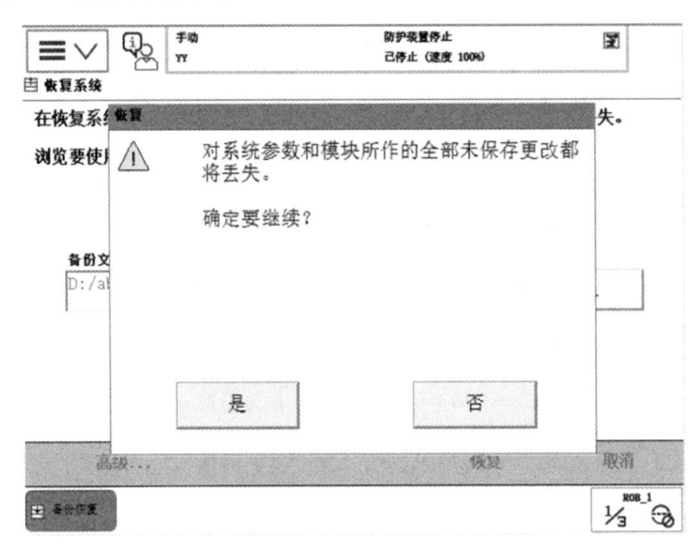

图 7-28　确认恢复

（5）如图 7-29 所示为恢复时的等待界面，此界面消失表示系统恢复完成，此后系统会重新启动。

图 7-29　恢复时的等待界面

7.3.2　程序的自动运行

机器人采用手动运行模式时需要有人控制示教器，这种运行方式适用于程序的试运行与测试过程。在实际的工业生产中，一般采用自动运行模式。使机器人自动运行的操作步骤如下：

（1）在机器人控制程序调试好的前提下，将机器人控制柜上的控制模式切换钥匙拧到自动模式，此时示教器上会弹出切换为自动模式的提示，直接单击“确定”即可，如图 7-30 所示。

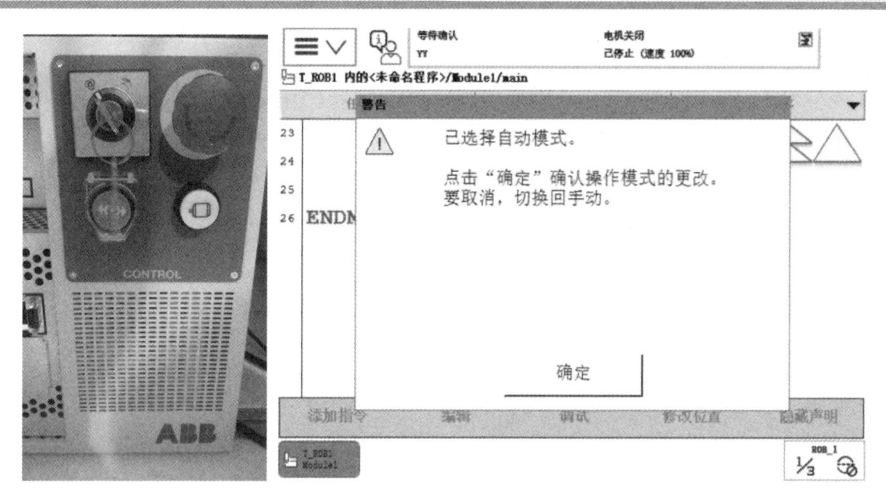

图 7-30　切换至自动模式及此时示教器的显示

（2）按下电机上电按钮，使其处于常亮状态，然后按下运行按钮，机器人开始自动运行，如图 7-31 所示。

图 7-31　依次按下电机上电按钮和运行按钮

思考与练习

1．变位机用于针对什么情况的位置调整？

2．简单分析：变位机与机器人型号的配对有哪些规律可循？

3．“备份、恢复就是对机器人重现安装系统的过程”这句话对吗？

4．“机器人自动运行时，示教器上除了急停按钮，其他按钮一概不起作用”这句话对吗？

5．变位机是否只能进行回转运动而不能进行线性运动？

6．是否双回转式变位机就一定比单回转式变位机好？为什么？

7．简述以西门子 S7-1200 PLC 进行运动控制的设置方法。

8．如何编写通过步进电机控制变位机回原点的程序？

9．如何编写通过步进电机控制变位机工作位置的程序？

项目 8　视觉分拣工作站操作编程

项目导读

在工业不断发展的今天，自动分拣技术也在顺势发展并逐渐成为工业生产的主流应用技术。相对于人工分拣，采用自动分拣技术不仅可以大大减少工作量，提升工作效率，还能极大地降低差错率，实现了分拣作业的智能化与自动化。

本项目将以 BNRT-MI120 机器人加工检测工作站为例来具体讲解视觉分拣功能的应用。

知识目标

（1）了解视觉分拣工作站的组成。
（2）了解视觉系统的应用。
（3）了解 X-SIGHT 视觉传感器系统的软件应用。
（4）了解 PLC 技术在视觉系统中的基本作用。
（5）了解 PLC 与传输信号的方式。
（6）了解视觉分拣工作站的编程操作。

能力目标

（1）掌握典型视觉系统应用。
（2）掌握视觉系统的设置方法。
（3）掌握用西门子 S7-1200 PLC 控制视觉系统的程序编辑方法。
（4）掌握机器人的编程方式。

知识技能点

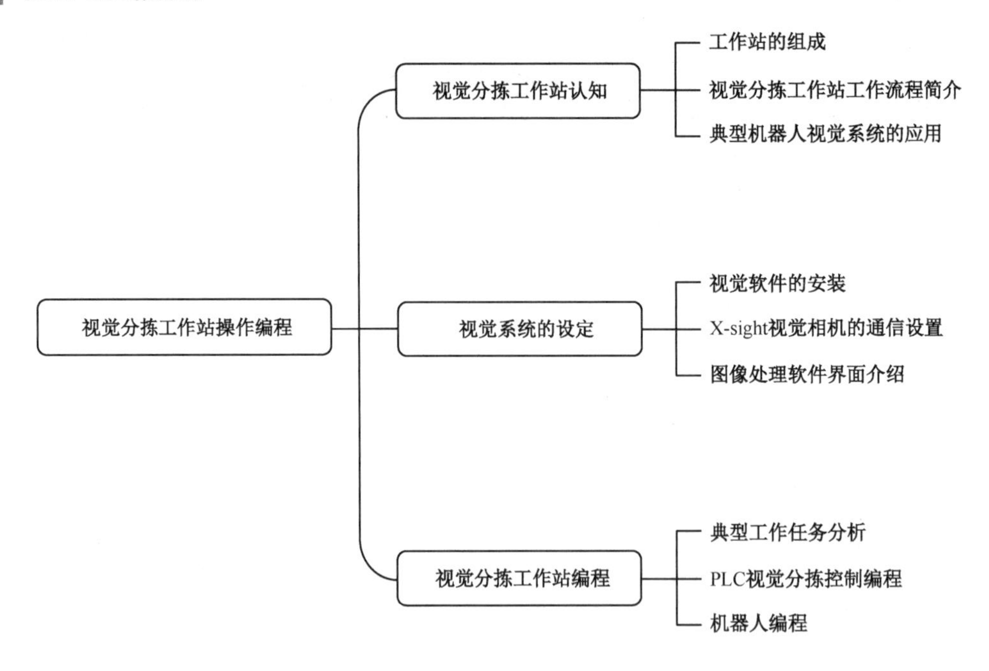

任务 1　视觉分拣工作站认知

视觉分拣工作站认知

任务导读

传统的分拣工作是靠人工来完成的，分拣工人靠肉眼准确识别不同物体间的差异，按照不同的要求进行分拣、归类及残次品的剔除。但是随着工业自动化程度的提高，生产流程中的许多环节（如产品搬运、加工、分装等）被智能机器设备代替，人眼显然不能适应快节奏、连续不断的工业生产。为了解决这一问题，某些机器设备被赋予了人眼的视觉功能，这些智能视觉设备可以控制其他的执行设备实现无人化生产。

相关知识

8.1.1　工作站的组成

分拣工作是将物品按品种、出入库先后顺序分门别类地堆放的作业。而视觉分拣工作则把将物品分类的工作交给视觉系统。视觉分拣的优势在于：

（1）能连续、大批量地分拣物品。

（2）分拣差错率极低。

（3）分拣作业基本实现无人化。

如图 8-1 所示，工作站主要由料井、三层物料库、ABB 机器人、安全指示灯、工具库、视觉摄像头、视觉显示器、传送带和传送电机等部分组成。其中，料井用于转运物料，通过料井下的工作汽缸可将物料推送至传送带；三层物料库用于存放不同颜色的物料，如图 8-2 所示；安全指示灯用于提示当前工作站状态：绿色表示运行状态，黄色表示待机状态，红色表示警报状态；工具库用于存放可供替换的工具；视觉摄像头和视觉显示器将检测到的信号发送给 PLC，再由 PLC 将检测信号传送给机器人，供其判断并以此执行不同的动作。

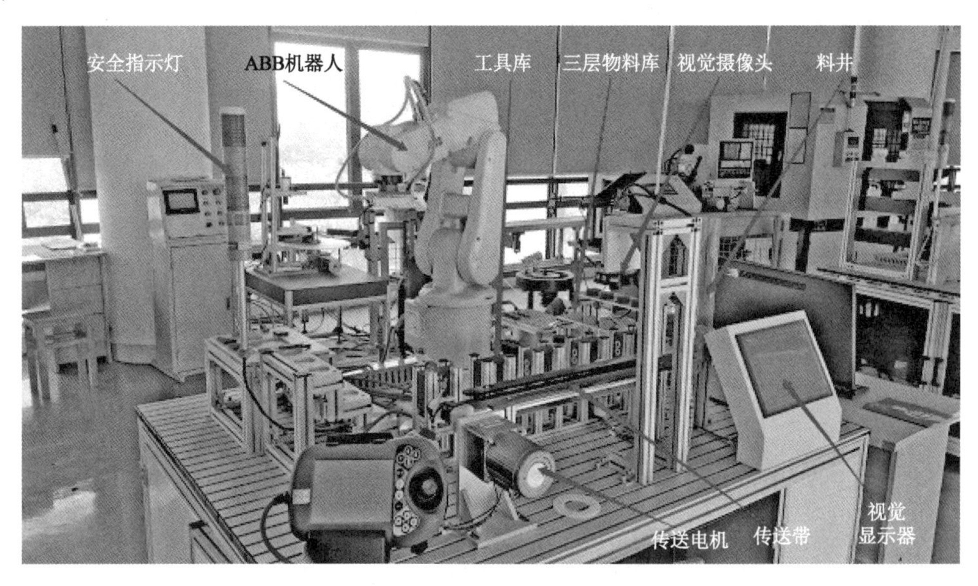

图 8-1　视觉分拣工作站

图 8-2　将不同颜色的物料分拣入库

8.1.2　视觉分拣工作站工作流程简介

工作流程如图 8-3 所示。

（1）ABB 机器人从工具库取出夹爪夹具并安装。

（2）推料汽缸进行推料。

（3）不同颜色的物料在传送带上运动到视觉摄像头下侧时，由视觉摄像头捕捉图像信号，经过视觉系统的分析判定，不同颜色的物料使视觉系统发出不同的数字信号，信号经过 PLC 分析处理，可控制机器人执行不同的操作。

（4）等到物料运行到传送带末端，机器人根据接收到的信号，运行其对应的程序，把不同颜色的物料放到三层物料库中相应的位置，也就实现了机器人对不同颜色物料的分拣功能。

下面将重点介绍上述流程中的（3）（4）步骤，也就是如何通过视觉系统与机器人协作，完成视觉分拣功能。

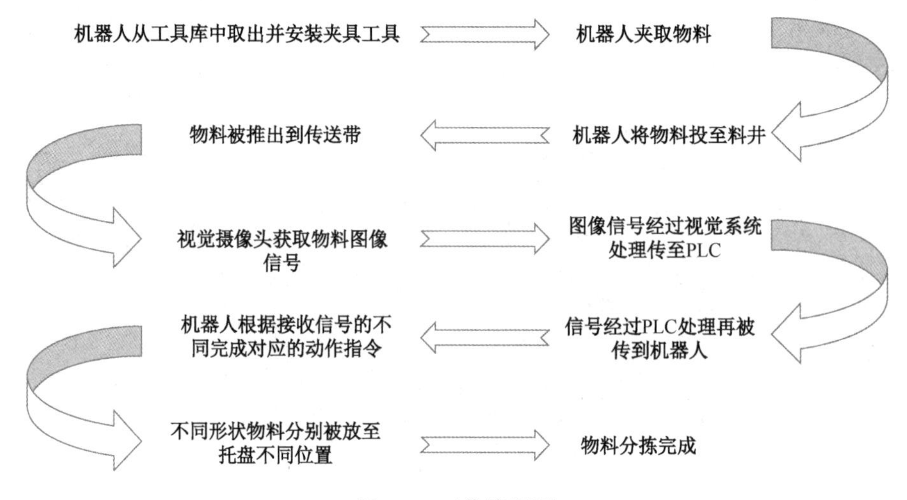

图 8-3　工作流程图

8.1.3　典型机器人视觉系统的应用

机器人视觉系统就是利用机器代替人眼来进行各种测量和判断的系统，在工业生产中应用机器人视觉系统有很多优点：

（1）可进行非接触测量，对于观测者与被观测者都不会产生任何损伤，从而提高系统的可靠性。

（2）具有较宽的光谱响应范围，例如，可采用人眼看不到的红外线进行测量，扩展了检测范围。

（3）能进行长时间的稳定工作，人类难以长时间对同一对象进行观察，而机器人视觉系统则可以长时间地进行测量、分析和识别。

在工业生产中，ABB 机器人视觉系统是较为常见的机器人视觉系统，它是目前较为先进的视觉系统，可在最具挑战性的生产条件下工作，且该视觉系统直观、易操作，能够自动选择特征并拟出参数，使配置时间大大减少；还搭载了用途广泛的 X-SIGHT 视觉传感器系统，如图 8-4 所示。下面将着重以 X-SIGHT 视觉传感器为例来讲述视觉系统的应用。

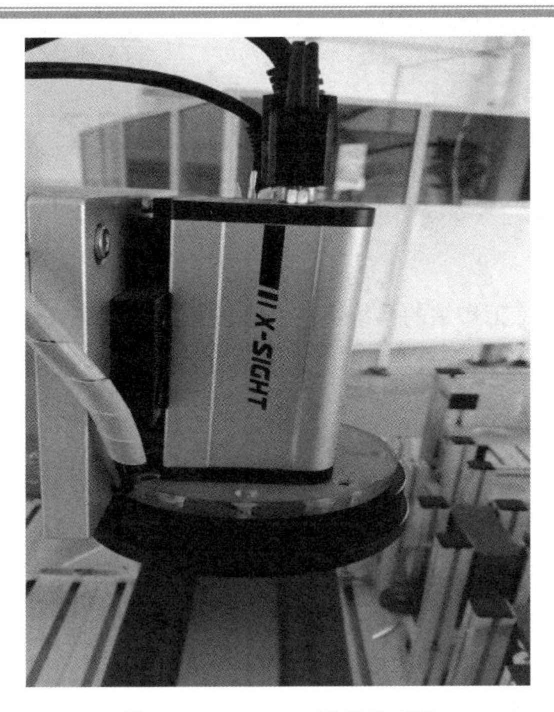

图 8-4　X-SIGHT 视觉传感器

任务 2　视觉系统的设定

视觉系统的设定

任务导读

前面介绍了视觉分拣工作站的系统组成，本任务将介绍视觉分拣工作站应用的视觉设备，以便读者学习视觉软件的设置方法及硬件的连接，并掌握 X-SIGHT 视觉传感器的应用。

相关知识

8.2.1　视觉软件的安装

X-SIGHT 视觉相机是一款高性能的一体式机器视觉系统，由 SV4/SV5 系列相机、多种工业镜头、各种光源、智能终端、光源控制器等全套产品组成，安装其配套软件后即可完成黑白或彩色物料识别，软件安装过程如下：

（1）解压软件安装包，如图 8-5 所示，双击打开“v2.4.7”文件夹。

X-Sight Studio SV4
共享　查看
此电脑 › DATA1 (D:) › X-Sight Studio SV4 › X-Sight Studio SV4
名称　修改日期　类型　大小
v2.4.7　2019/8/27 9:47　文件夹
固件　2019/8/27 9:47　文件夹

图 8-5　解压软件包

（2）找到并双击安装程序“setup.exe”，如图 8-6 所示。

图 8-6　双击安装程序

（3）单击如图 8-7 所示界面中的“下一步”，在如图 8-8 所示界面中选择合适的安装文件夹并单击“下一步”。

（4）单击如图 8-9 所示界面中的“下一步”，并在如图 8-10 所示界面中单击“安装”。

（5）安装完成后在如图 8-11 所示界面中单击“完成”。

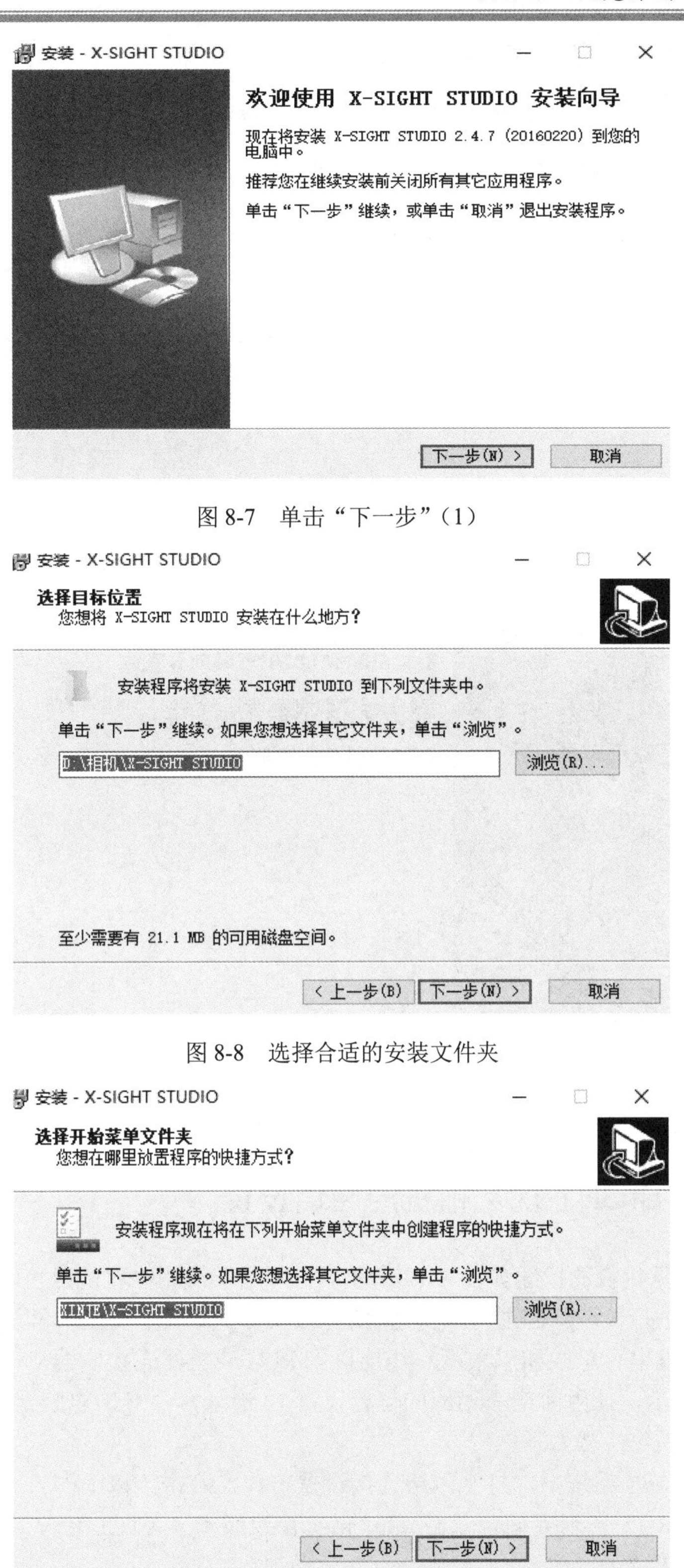

图 8-7 单击“下一步”（1）

图 8-8 选择合适的安装文件夹

图 8-9 单击“下一步”（2）

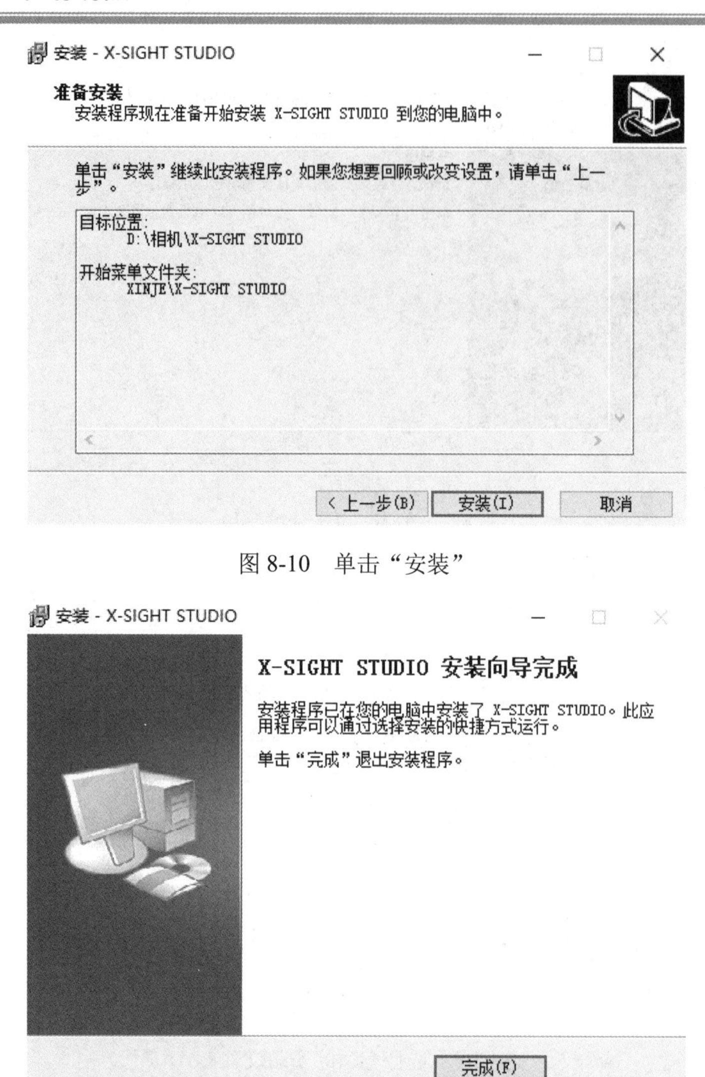

图 8-10　单击“安装”

图 8-11　安装完成

8.2.2　X-SIGHT 视觉相机的通信设置

X-SIGHT 视觉相机的接线如图 8-12 所示。它可用于检测物料的颜色、形状等特性，还可以对装配效果进行检测。它通过 I/O 电缆连接到 PLC 或机器人控制器，如果安装上相应模块，也可以通过串行总线和以太网总线连接到 PLC 或机器人控制器。

如图 8-13 所示，使用前应在相应的位置设置 IP 地址，注意，电脑上的 IP 地址也需要进行相应设置，操作步骤如下。

（1）在 Windows 系统中，打开网络连接设置窗口，双击“以太网”，如图 8-14 所示。

（2）在如图 8-15 所示界面中双击“Internet 协议版本 4（TCP/IPv4）”，进入如图 8-16 所示的 IP 地址设置界面。

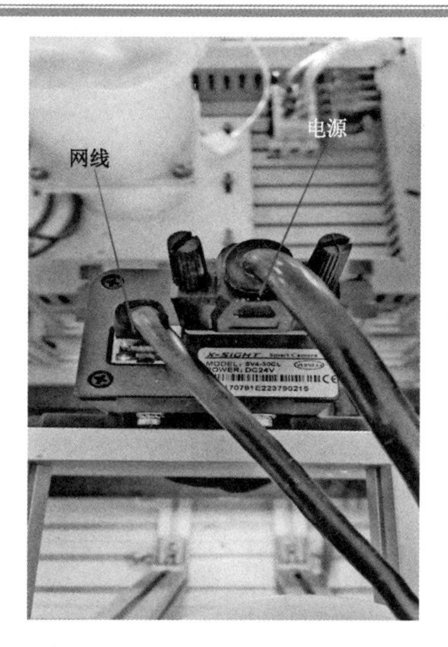

图 8-12　X-SIGHT 视觉相机的接线

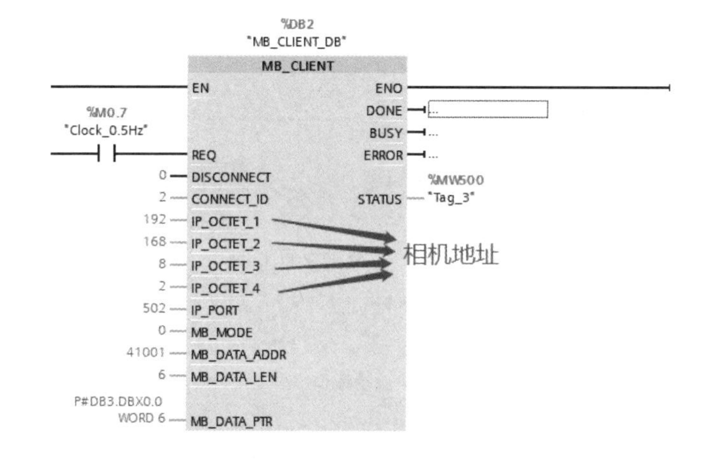

图 8-13　用 PLC 程序设置 IP 地址

图 8-14　双击“以太网”

（3）将电脑上的 IP 地址设置为图 8-17 中显示的数值。

图 8-15　双击“Internet 协议版本 4（TCP/IPv4）”

图 8-16　IP 地址设置界面

图 8-17　设置好的 IP 地址

注意：图中 IP 地址的最后一位为 55。使用者在设置西门子 S7-1200 PLC 编程软件以及视觉相机的 IP 的过程中，应保证前三位 IP 值相同，最后一位 IP 值不同，且各位 IP 值不超过 255。

8.2.3　图像处理软件界面介绍

X-SIGHT 视觉相机对应的图像处理软件可用于控制单元对视觉相机的图像采集和处理。以下是对图像处理软件界面的简要介绍。

1）主界面

打开图像处理软件，默认的主界面如图 8-18 所示。

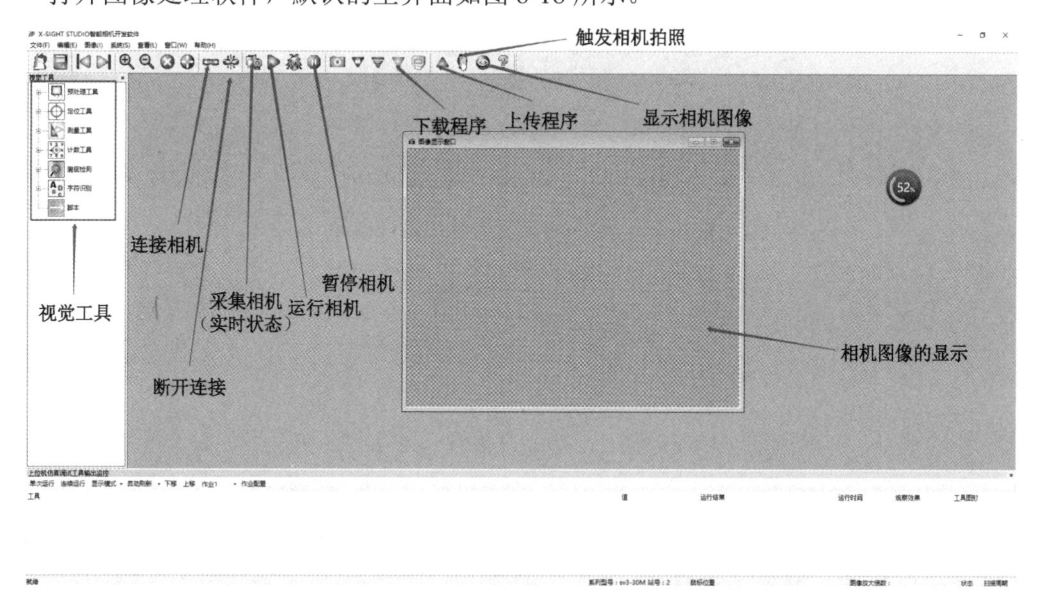

图 8-18　图像处理软件的主界面

2）视觉脚本编程界面

视觉脚本编程界面如图 8-19 所示，单击“添加”可添加变量，单击“编辑”可更改变量属性，单击“删除”可删除变量，单击“检查”可判断脚本语句是否有误，单击“确定”完成脚本编写。

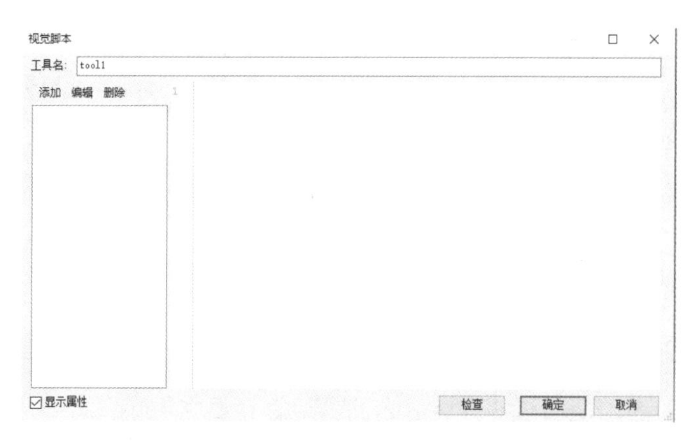

图 8-19　视觉脚本编程界面

3）Modbus 配置与输出监控界面

Modbus 配置与输出监控界面如图 8-20 所示，Modbus 配置界面用于输入视觉相机变量数据，Modbus 输出监控界面是显示视觉相机变量数据的界面。

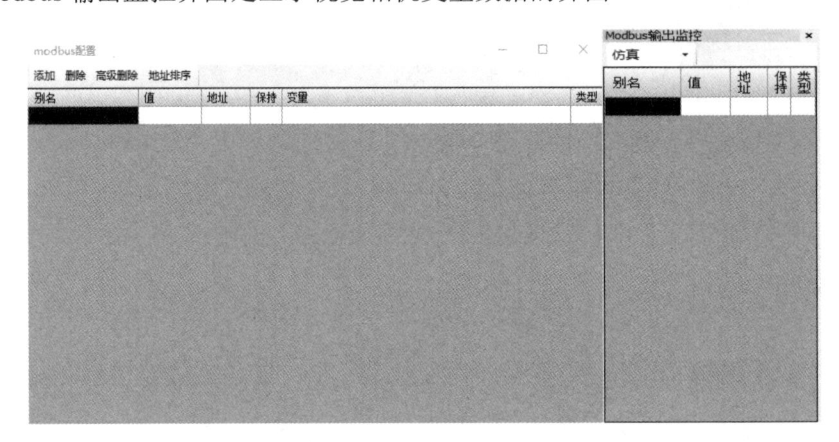

图 8-20 Modbus 配置与输出监控界面

任务 3　视觉分拣工作站编程

视觉分拣工作站的编程

任务导读

在前文中介绍了视觉系统的设定，本任务将主要介绍如何根据给定任务设置视觉分拣工作站的工作流程，通过对 PLC、机器人控制和视觉分拣的编程方法的学习，完成视觉分拣工作站的应用。

相关知识

8.3.1　典型工作任务分析

现有 A、B、C 三种颜色不同的物料，其形状一致，如图 8-21 所示。A 为红色，B 为蓝色，C 为黄色。三种物料随机排序，并由传送带传送，在传送的过程中经过视觉系统的检测，到达传送装置的末端后，由机器人拾取并按种类摆放在不同的位置。

图 8-21　三种物料

通过本任务的学习，我们可以熟悉视觉系统各部分之间的连接及其与外部设备的连接；熟悉图像处理的工作原理并掌握颜色检测的方法；掌握机器人工作站借助视觉系统来实现产品分类的综合编程应用。

本任务选用 BNRT-MI120 机器人加工检测工作站，通过西门子 S7-1200 PLC 完成视觉系统与机器人系统的连接。

（1）建立西门子 S7-1200 PLC 与视觉系统的连接，其对应的变量及地址如表 8-1 所示。

表 8-1　PLC 与视觉系统连接对应的变量及地址

PLC 变量名	PLC 地址	备注
Do2	I3.6	机器人启动推料汽缸信号
三色灯黄	Q0.6	故障信号
di8	Q2.0	机器人接收红色物料信号
di9	Q2.1	机器人接收蓝色物料信号
di10	Q2.2	机器人接收黄色物料信号
di11	Q2.3	物料到达传输带末端信号
变频器正转	Q3.0	传送带启动

（2）建立西门子 S7-1200 PLC 与机器人系统的连接，其对应的通信地址如表 8-2 所示。

表 8-2　PLC 与机器人系统连接对应的通信地址

机器人地址	PLC 地址
DO1	I3.5
DO2	I3.6
DO3	I3.7
DI8	Q2.0
DI9	Q2.1
DI10	Q2.2
DI11	Q2.3
DI12	Q2.4
DI13	Q2.5
DI14	Q2.6

8.3.2　PLC 视觉分拣控制编程

PLC 编程

1．PLC 编程

（1）在西门子 S7-1200 PLC 博途编程软件中建立两个 DB 块数组，名称分别是“color”“color1”，用来存放视觉相机通信数据，如图 8-22 所示。

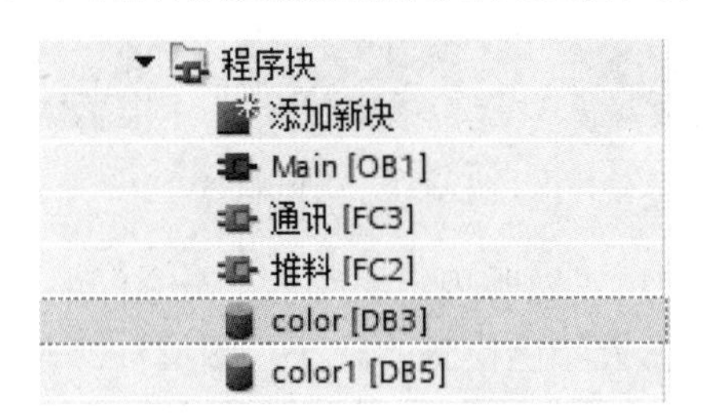

图 8-22　建立 DB 块数组

（2）在“color”中设置变量名及数据类型，如图 8-23 所示。

Static			
red	DWord	...	16#0
blue	DWord	...	16#0
yellow	DWord	...	16#0

图 8-23　在“color”中设置变量名及数据类型

（3）在“color1”数据块中设置变量名及数据类型，如图 8-24 所示。

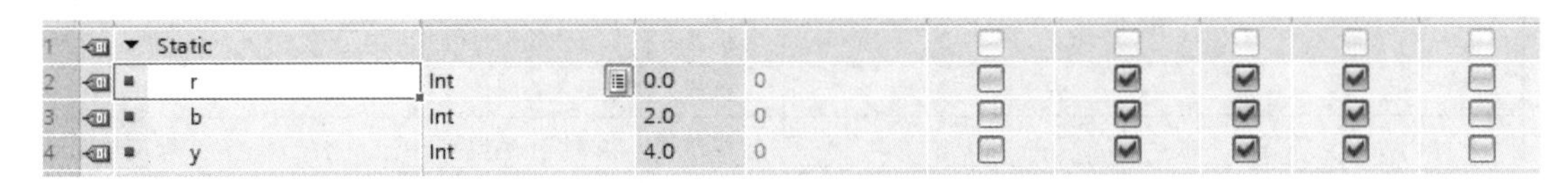

图 8-24　在“color1”数据块中设置变量名及数据类型

（4）视觉相机传输的数据类型为 DWORD 型，我们在 PLC 程序中需要将其转换为 INT 型来进行比较判断，转换语句如图 8-25 所示。

```
1  "color1".b := DWORD_TO_INT(ROL(IN := "color".blue, N := 16));
2  "color1".r := DWORD_TO_INT(ROL(IN := "color".red, N := 16));
3  "color1".y := DWORD_TO_INT(ROL(IN := "color".yellow, N := 16));
```

"color1"	%DB5
"color1"	%DB5
"color1".r	%DB5.DBW0
"color"	%DB3
"color".red	%DB3.DBD4

图 8-25　数据类型转换语句

（5）机器人拾取夹爪夹具并安装后会将信号 do2 置位，来启动后续流程，物料被推至视觉相机下侧，相关程序如图 8-26 所示。

图 8-26　推料流程

（6）color.r、color.b、color.y 分别为已创建的 DB 块数组“color1”中的变量，通过判断这三个变量的值，确定视觉相机拍到的物料的颜色，再通过信号 di8、di9、di10 将颜色信息传给机器人，以此确定抓取后放置的位置，相关程序如图 8-27 所示。

```
1
2  IF "流 程" = 6 THEN
3      IF "color1".r = 1 AND "color1".b = 0 AND "color1".y = 0 THEN
4          "di8" := 1;
5          "变频器正转" := 1;
6      END_IF;
7      IF "color1".b = 1 AND "color1".r = 0 AND "color1".y = 0 THEN
8          "di9" := 1;
9          "变频器正转" := 1;
10     END_IF;
11     IF "color1".y = 1 AND "color1".b = 0 AND "color1".r = 0 THEN
12         "di10" := 1;
13         "变频器正转" := 1;
14     END_IF;
15     IF "color1".r= 0 AND "color1".b = 0 AND "color1".y = 0 THEN
16         "三色灯黄" := 1;
17     END_IF;
18
19     "流 程" := 7;
20 END_IF;
```

图 8-27　判断物料颜色并输出相关信号

2．脚本的编程

脚本的编程

（1）在软件中间的图像显示窗口将会实时显示视觉相机当前拍摄的画面，如图 8-28 所示。

（2）如图 8-29 所示，通过调节视觉相机镜头前的光圈使显示的画面清晰亮度适中（上方为曝光率，下方为焦距）。

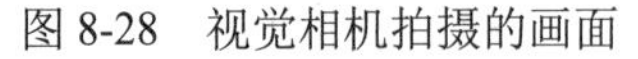
图 8-28 视觉相机拍摄的画面

图 8-29 视觉相机调节

（3）画面调节完成后，单击上方工具栏中的“运行”按钮运行视觉相机；然后单击菜单栏中的触发按钮触发视觉相机进行一次拍照，如图 8-30 所示。

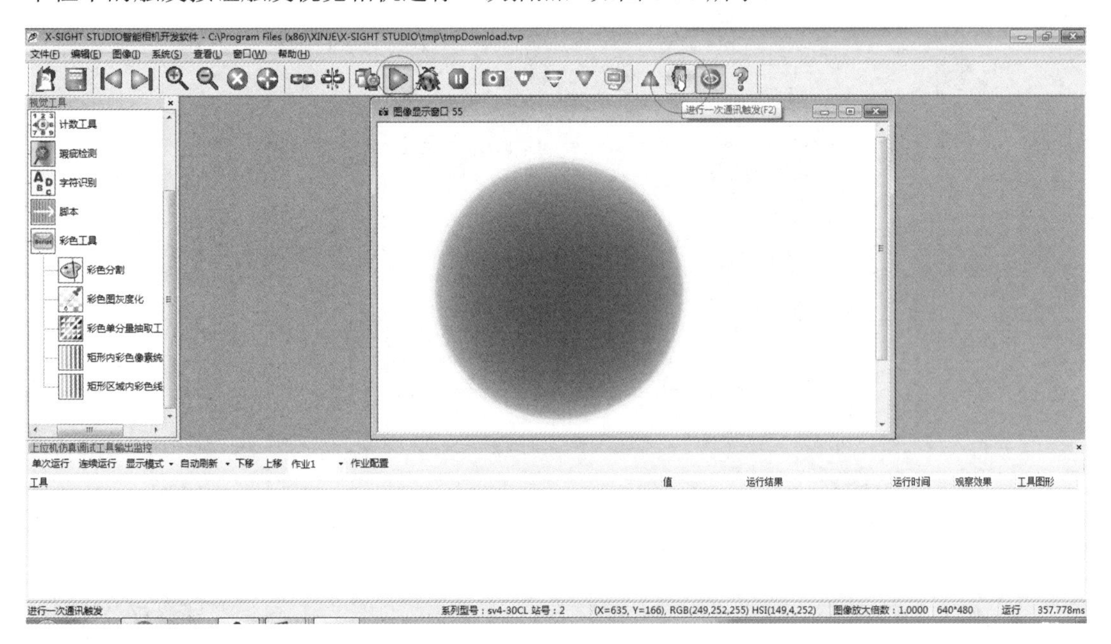

图 8-30 视觉相机拍照触发

（4）打开左侧工具栏中的“彩色工具”，左键单击选中“彩色分割”（即彩色图像分割）。然后在中间的图像显示窗口中需要采集的目标上按住鼠标左键拖曳出一个窗口，如图 8-31 所示。

（5）选中目标后弹出如图 8-32 所示界面，单击学习模板下的“学习”按钮记录当前颜色。

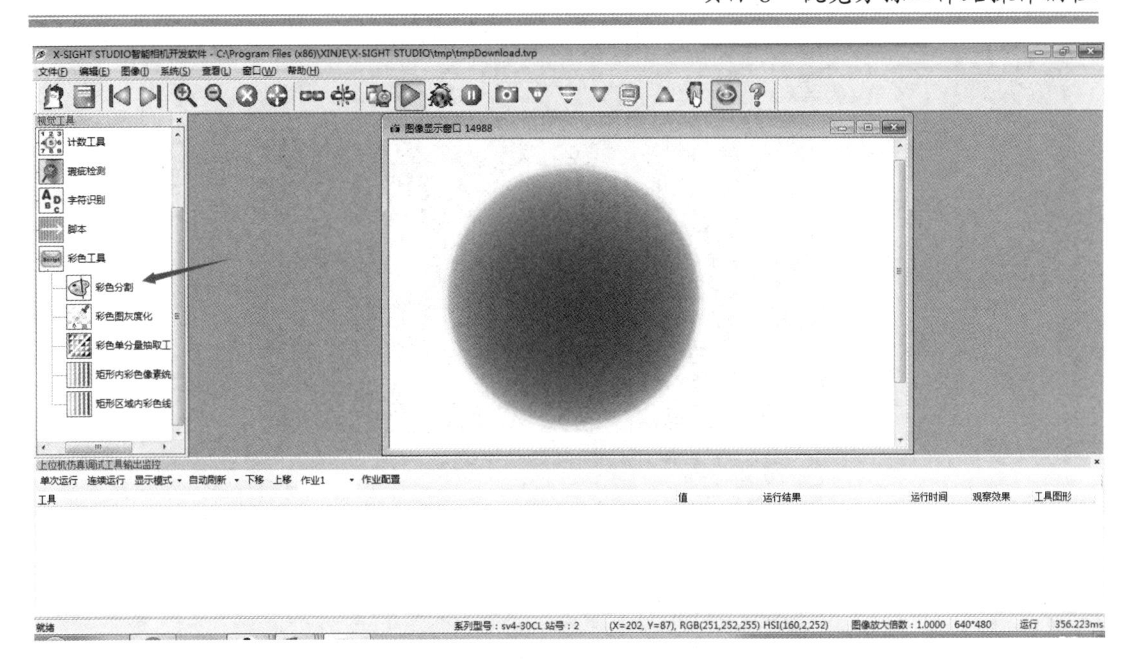

图 8-31　彩色图像分割

（6）学习完成后在如图 8-32 所示界面中单击“确定”按钮，如图 8-33 下方工具栏中会出现我们刚刚创建的彩色图像分割工具 tool，工具名称由系统自动生成；图中矩形框选中部分为视觉相机识别出来与我们前面学习的颜色一致的区域。

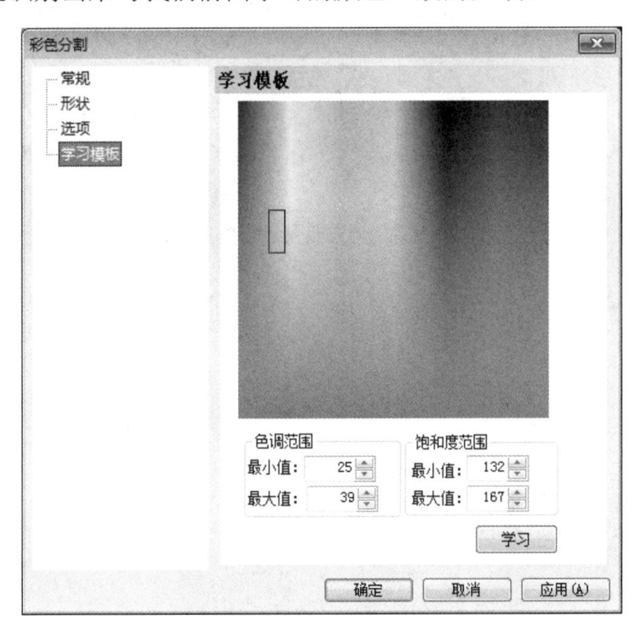

图 8-32　记录当前颜色

（7）颜色分割建立好以后，我们将对识别出来的部分进行定位，下面就将用到左侧工具栏“定位工具”中的斑点定位，如图 8-34 所示。

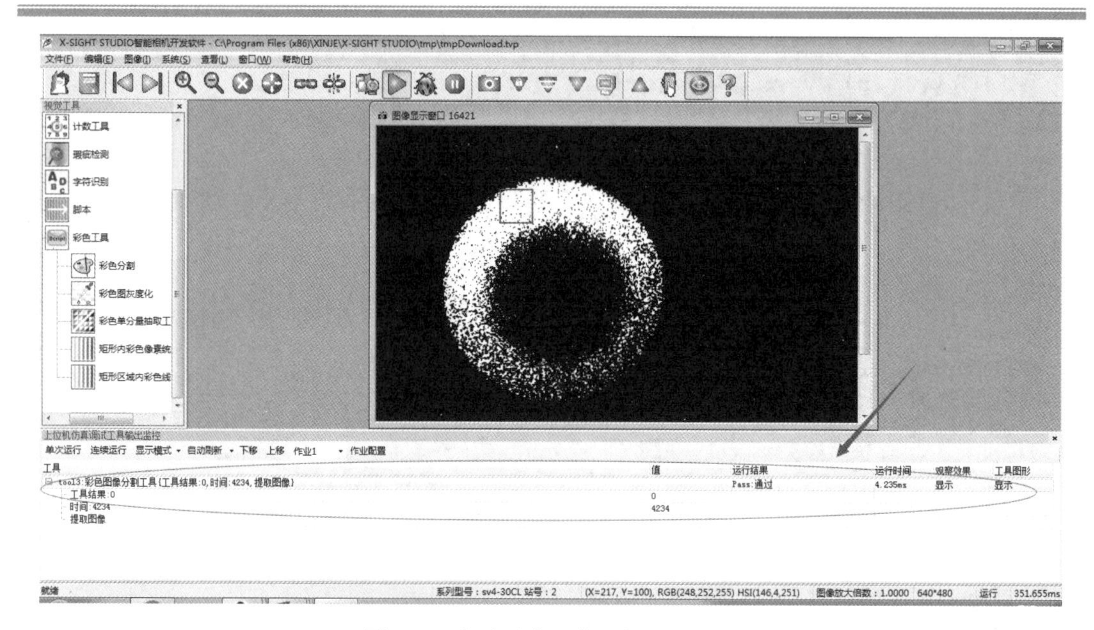

图 8-33　创建彩色图像分割工具 tool

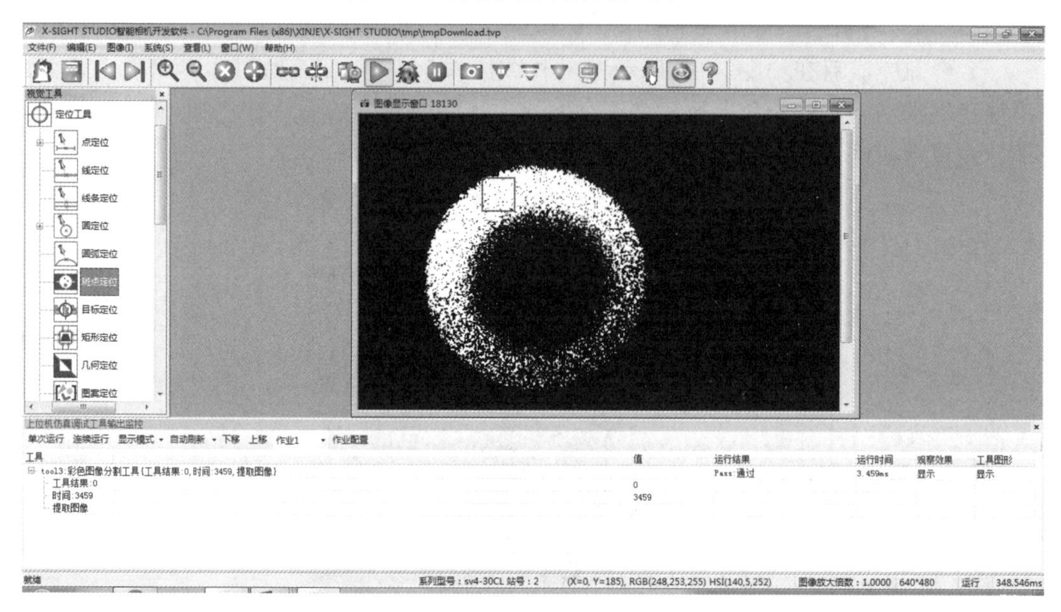

图 8-34　斑点定位

（8）选中斑点定位，在图像显示窗口拖出矩形框，框选我们所要检测的物料，完成后出现如图 8-35 所示界面。

（9）点开“选项”栏，如图 8-36 所示，将斑点属性改为“白”。

（10）点开“模型对象”栏，如图 8-37 所示设置参数。单击“重新学习”，然后单击“设为标准”，最后单击“应用”即可。

（11）按照上述步骤依次将需要识别的物料学习一遍，再学习下一个物料的时候需要将之前学习完成的工具隐藏，观察效果与工具图形都要隐藏，如图 8-38 所示。

图 8-35　建立工具名

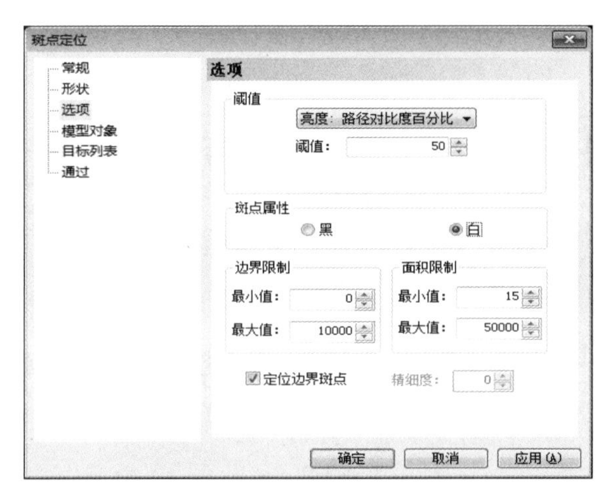

图 8-36　斑点属性设置

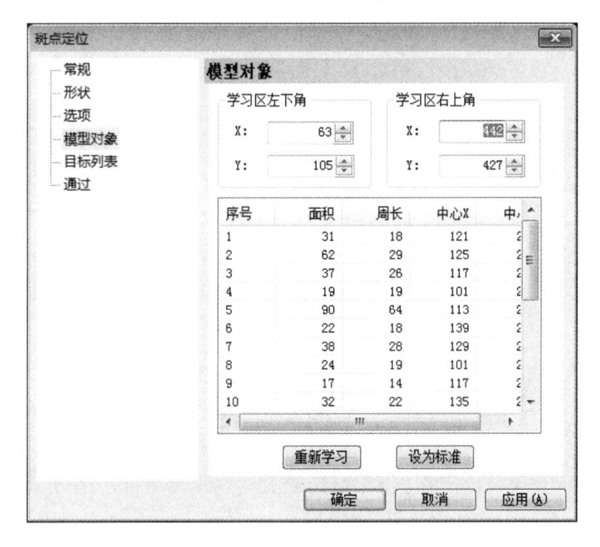

图 8-37　模型对象设置

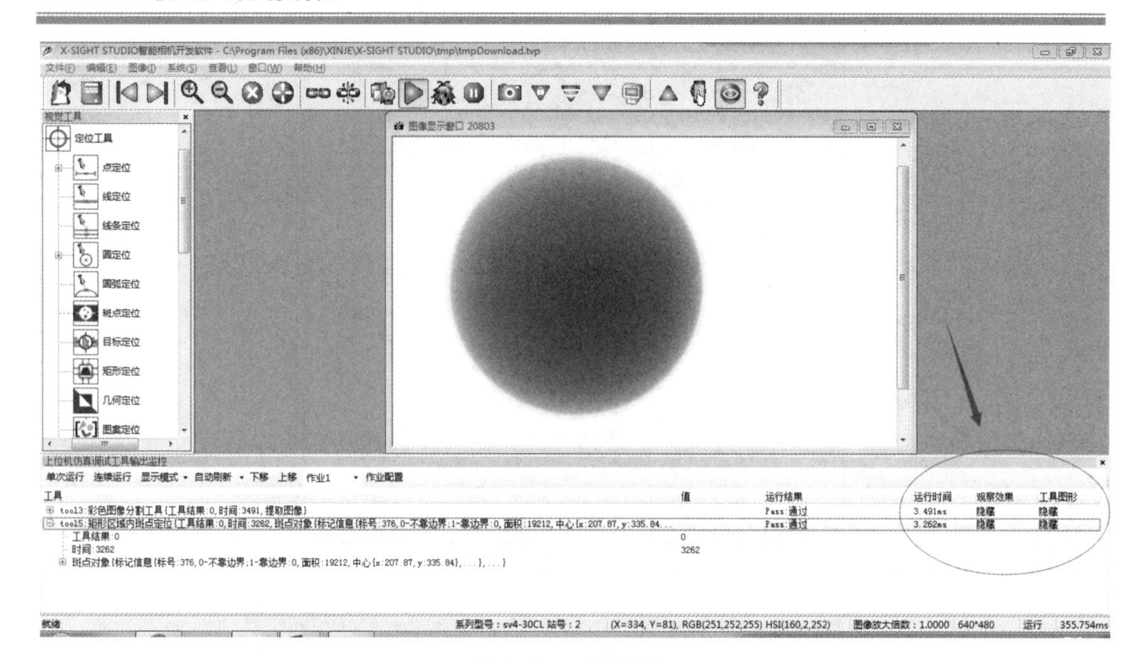

图 8-38　工具隐藏

（12）所有物料都学习完成后，单击左侧工具栏中的脚本工具来创建一个脚本，如图 8-39 所示。

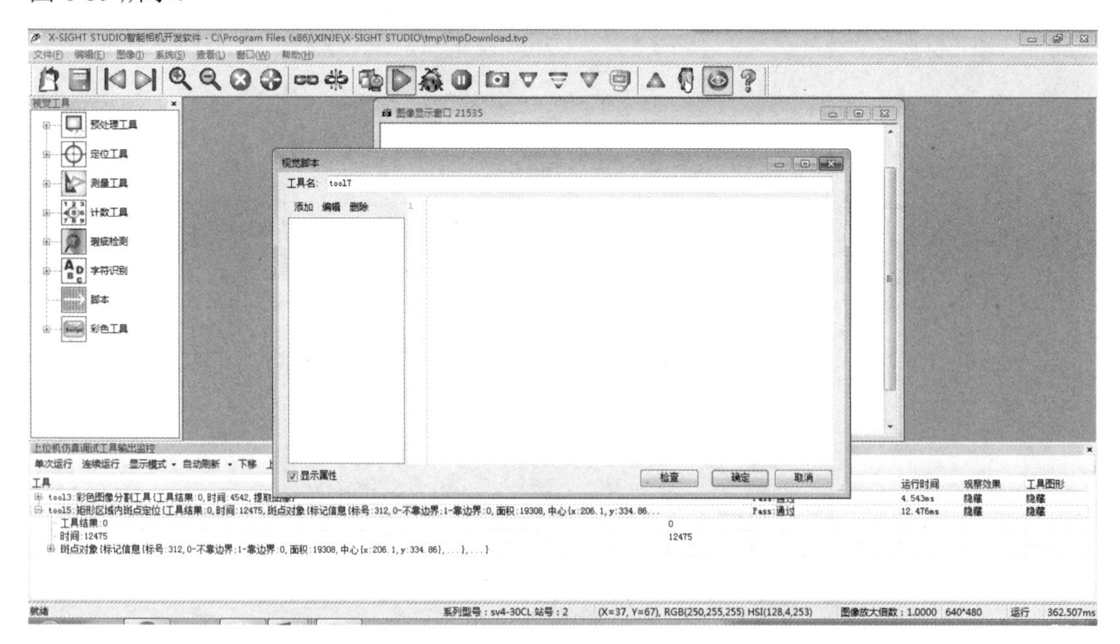

图 8-39　创建脚本

（13）脚本创建后要建立变量，单击左侧的“添加”，将我们所用的变量添加进去，如图 8-40 所示。

（14）变量建立完成后，在右侧区域编写程序，如图 8-41 所示。编写完成后单击“检查”按钮，没有报错后单击“确定”即可。

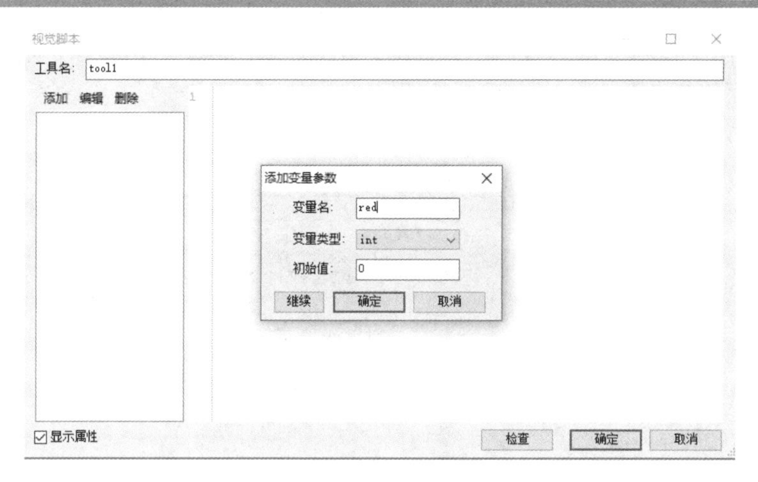

图 8-40　添加变量

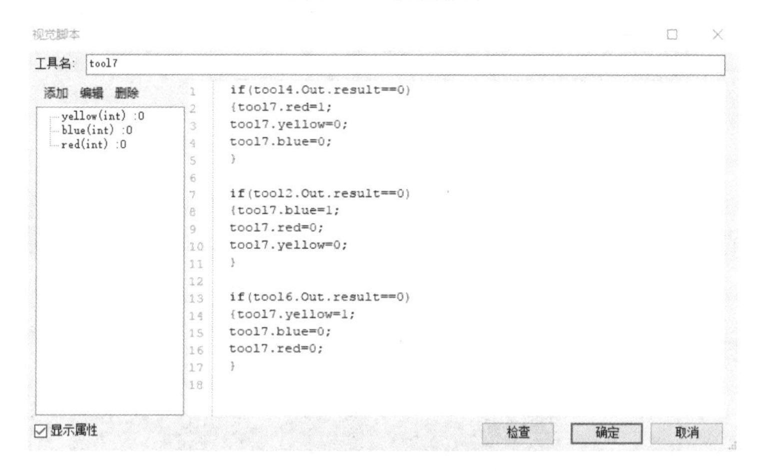

图 8-41　脚本程序

（15）如图 8-42 所示，单击上方“窗口”菜单项下的“Modbus 配置”。

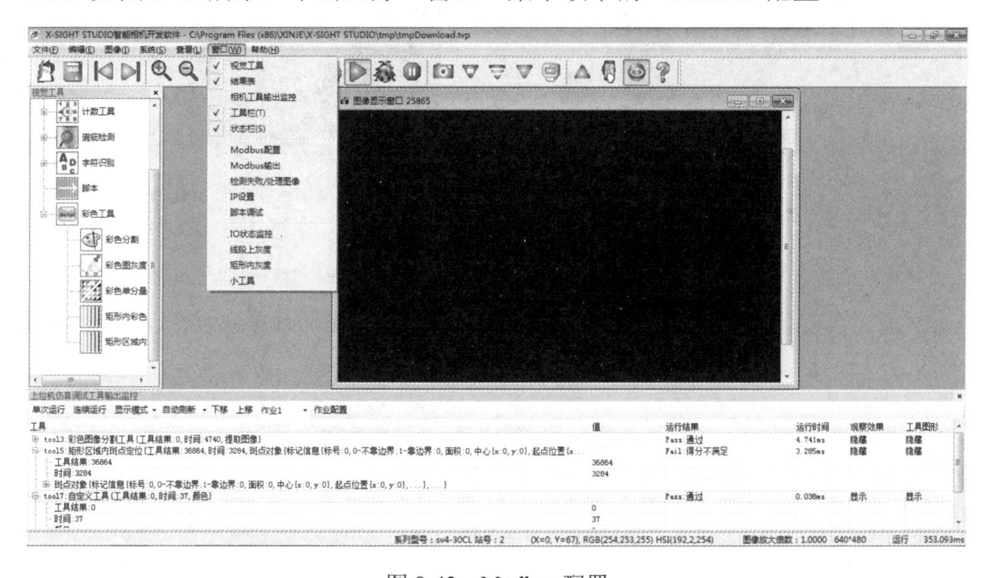

图 8-42　Modbus 配置

（16）在弹出窗口中变量下方空白处双击，出现如图 8-43 所示界面，选择前面所建脚本的工具名下面的颜色，添加完成后关闭即可。

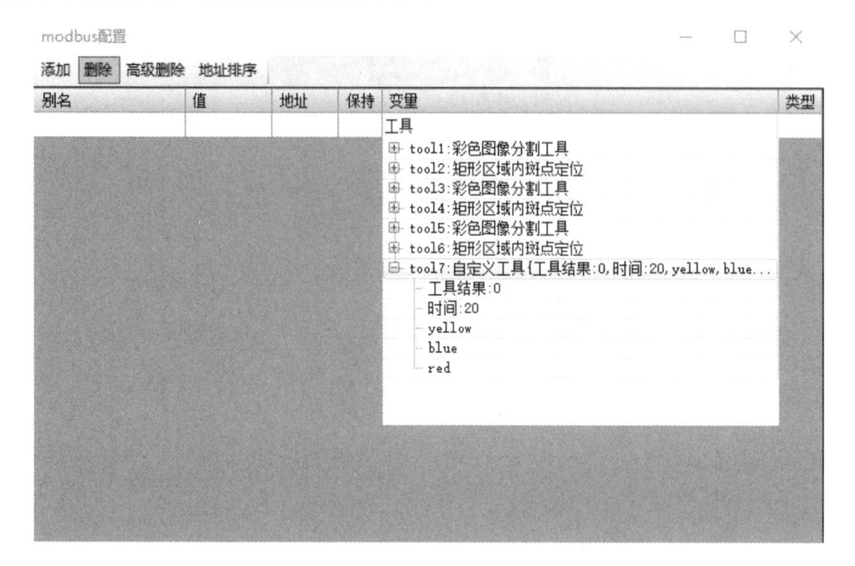

图 8-43　选择已建脚本

（17）如图 8-44 所示，单击图像显示窗口下方的“作业配置”按钮，将触发方式改为“通信触发”。

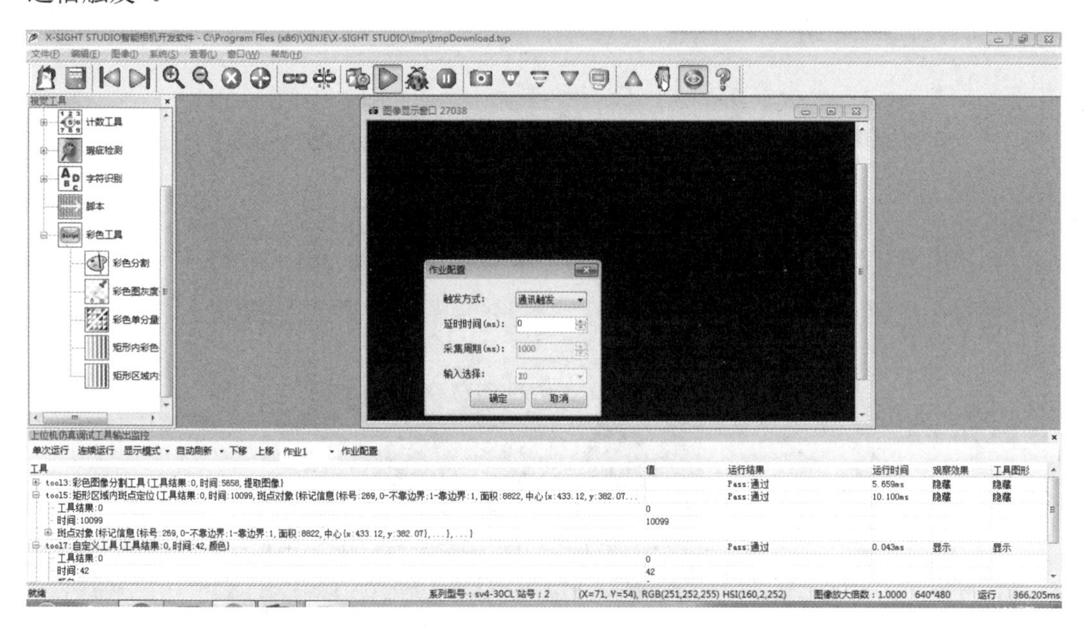

图 8-44　单击图像显示窗口下方的“作业配置”按钮

（18）如图 8-45 所示，单击上方菜单栏中的“一键下载”按钮，将程序下载至视觉相机，然后单击“运行”按钮。

在使用此软件时可能会找不到颜色工具，那是因为此工具默认处于隐藏状态，在软件图标中右击“属性”，打开文件所在位置，设置“config.ini”文件，如图 8-46 所示。找到“ShowColorTool=0”并将等号后面的值修改为 1，如图 8-47 所示，重新启动软件后即可发现颜色工具。

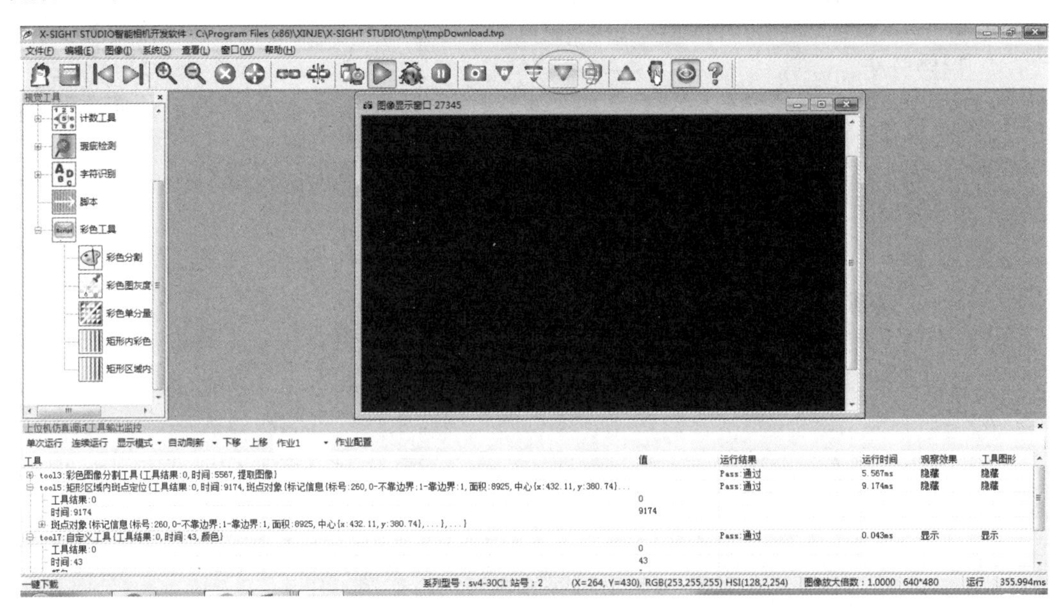

图 8-45　单击上方菜单栏中的“一键下载”按钮

名称	修改日期	类型	大小
barCodeTool.dll	2016/7/12 16:41	应用程序扩展	148 KB
Camera.dll	2016/7/12 16:23	应用程序扩展	8 KB
cipher.dll	2011/8/29 12:31	应用程序扩展	7 KB
ColorTool.dll	2016/7/12 16:41	应用程序扩展	56 KB
CommonLib.dll	2015/11/23 14:09	应用程序扩展	72 KB
CommonTools.dll	2015/11/23 14:09	应用程序扩展	128 KB
Compiler.Dynamic.dll	2013/4/27 14:22	应用程序扩展	28 KB
config.ini	2017/5/8 11:52	配置设置	1 KB
ContourPosTool.dll	2016/7/12 17:04	应用程序扩展	164 KB
cximage.dll	2011/12/2 15:52	应用程序扩展	460 KB
DataAdapter.dll	2016/7/12 16:41	应用程序扩展	21 KB
DefectLineScanTool.dll	2016/7/12 16:27	应用程序扩展	43 KB
DefectQuartzCrystalTool.dll	2016/7/12 16:27	应用程序扩展	31 KB

图 8-46　设置“config.ini”文件

```
config.ini - 记事本
文件(F) 编辑(E) 格式(O) 查看(V) 帮助(H)
FlashTimeout = 0;

[App]
ImagesFolder=C:\saveimages\
ShowDownloadButton=0
ShowInternalTool=0
ShowLayoutTool=0
ShowWarpTool=0
ShowLaserTool=0
ShowColorTool=1
ConvertInternalToolToWarpTool=0
Debug=0
IgnoreTool=
```

图 8-47　修改“ShowColorTool”的值

8.3.3　机器人编程

1. 程序分析

在进行机器人视觉分拣编程之前，先进行任务分析：

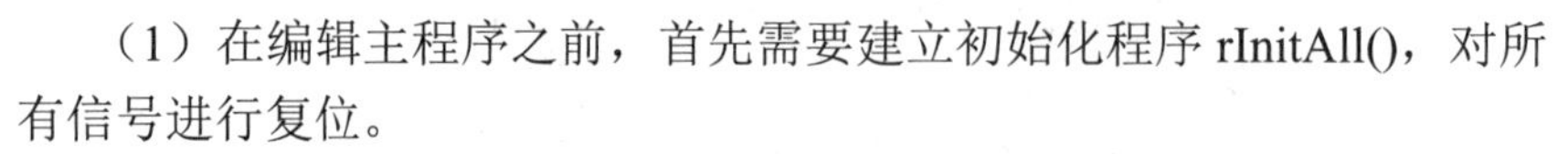

（1）在编辑主程序之前，首先需要建立初始化程序 rInitAll()，对所有信号进行复位。

（2）机器人拾取夹具后，从物料存放区上拾取三种物料各四个，全部放进料井，相关程序为 object_grip()。

（3）物料下落，由推料汽缸推至传送带上进行传送，并经由视觉系统进行检测，此过程由 PLC 进行控制，相关知识参见本项目任务 2，机器人编程和 PLC 编程没有先后顺序。

（4）物料到达传送带末端停止运动，末端的传感器发送信号给机器人。

（5）编写机器人拾取传送带末端物料的子程序（3 个），第 1 个是拾取红色物料的程序 Fang_red()，机器人会拾取红色物料并放置到物料库第一层；第 2 个是拾取蓝色物料的程序 Fang_blue()，机器人会拾取蓝色物料并放置到物料库第二层；第 3 个是拾取黄色物料的程序 Fang_yellow()，机器人会拾取黄色物料并放置到物料库第三层。

（6）最后需要建立主程序 main()，将前几个程序串联起来，形成一个整体，即：

若视觉系统识别到红色物料则机器人执行将红色物料置于特定位置的运动；

若视觉系统识别到蓝色物料则机器人执行将蓝色物料置于特定位置的运动；

若视觉系统识别到黄色物料则机器人执行将黄色物料置于特定位置的运动；

若物料未到达则机器人保持在 HOME 点位置；

若物料搬运完成则机器人返回 HOME 点。

2. 程序内容编辑

根据表 8-2（学习者也可自行分配通信地址），建立视觉分拣主程序“main()”，如图 8-48 所示，主程序的编程及说明如下。

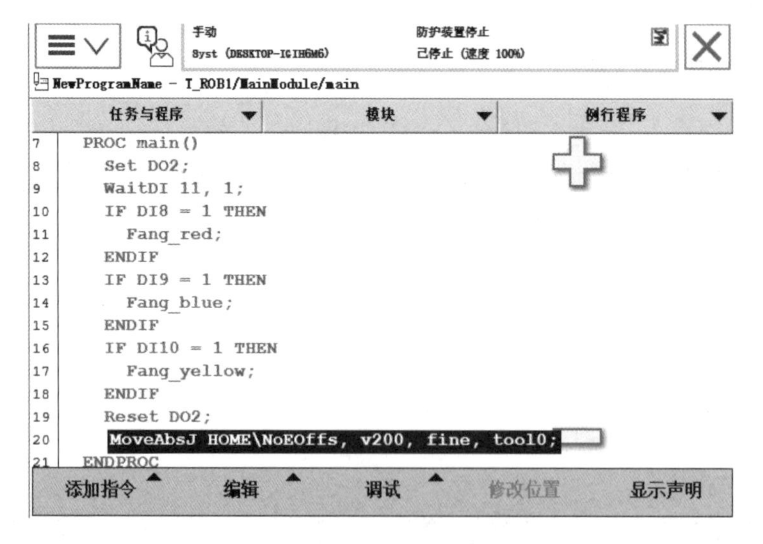

图 8-48　视觉分拣主程序设计

```
PROC main()
MoveAbsJ HOME\NoEoffs，v200，fine，tool0；！程序运行开始机器人回到HOME点
SET DO2；！机器人启动推料
WaitDI DI11，1；！等待物料到达传送带末端发出到位信号
IF DI8=1 THEN
Fang_red()；！如果输入信号8为1，则机器人执行Fang_red()
ENDIF
IF DI9=1 THEN
Fang_blue()；！如果输入信号9为1，则机器人执行Fang_blue()
ENDIF
IF DI10=1 THEN
Fang_yellow()；！如果输入信号10为1，则机器人执行Fang_yellow()
ENDIF
RESET DO2；！复位推料信号
MoveAbsj HOME\NoEoffs，v200，fine，tool0；！回到HOME点
ENDPROC；！程序结束
```

思考与练习

1. 视觉系统中的视觉摄像头的功能是什么？
2. 回忆上述内容，根据流程重新制作一份工作站流程图。
3. 简述工具窗口的功能。
4. 仿照给出的参考程序，编辑一份完整的成品分拣程序（3 红、3 蓝、3 黄）。
5. PLC 与机器人通信地址接口可以自行定义吗（如 di8 与 di9 可否互换）？

参 考 文 献

[1] 陈小艳，郭炳宇，林燕文．工业机器人现场编程（ABB）[M]．北京：高等教育出版社，2018.

[2] 吴海波，李海龙．工业机器人现场编程（ABB）[M]．北京：高等教育出版社，2018.

[3] 邓三鹏，周旺发，祁宇明．ABB 工业机器人编程与操作[M]．北京：机械工业出版社，2018.

[4] 邢美峰．工业机器人操作与编程[M]．北京：电子工业出版社，2016.

[5] 张超，张继媛．ABB 工业机器人现场编程[M]．北京：机械工业出版社，2016.

[6] 胡伟．工业机器人行业应用实训教程[M]．北京：机械工业出版社，2015.

[7] 叶晖．工业机器人典型应用案例精析[M]．北京：机械工业出版社，2013.